普通高等教育"十二五"规划教材

工程概预算

主　编　王广月　王善举
副主编　刘俊杰　陈付军　赵庆双

中国水利水电出版社
www.waterpub.com.cn

内 容 提 要

　　本书系统地讲述了土木工程定额编制的原理与方法，详细阐述了建筑工程消耗量定额工程量计算方法和工程量清单计价的基本原理。内容包括：绪论，工程定额概述，施工定额，预算定额，概算定额与概算指标，建筑工程项目费用计算，建筑工程消耗量定额工程量计算，工程量清单计价，建设项目投资估算与设计概算。

　　本书是以 GB 50500—2008《建设工程工程量清单计价规范》、建筑工程量计算规则等为主要依据编制的，每章均附有习题。通过对本书的学习，可全面、系统地掌握工程造价基础理论知识及定额与规范的应用。

　　本书内容简明扼要、通俗易懂，可作为高等院校土木工程、工程管理、工程造价和财经类专业教材，也可作为高职高专院校相关专业教材，以及相关专业人员培训用教材。

图书在版编目（CIP）数据

工程概预算/王广月，王善举主编．—北京：中
国水利水电出版社，2010.9（2018.7 重印）
高等学校"十二五"精品规划教材
ISBN 978 - 7 - 5084 - 7874 - 6

Ⅰ．①工… Ⅱ．①王…②王… Ⅲ．①建筑工程-概
算编制-高等学校-教材②建筑工程-预算编制-高等学
校-教材 Ⅳ．①TU723.3

中国版本图书馆 CIP 数据核字（2010）第 175676 号

书　　名	高等学校"十二五"精品规划教材 **工程概预算**
作　　者	主　编　王广月　王善举 副主编　刘俊杰　陈付军　赵庆双
出版发行	中国水利水电出版社 （北京市海淀区玉渊潭南路 1 号 D 座　　100038） 网址：www.waterpub.com.cn E - mail：sales@waterpub.com.cn 电话：（010）68367658（营销中心）
经　　售	北京科水图书销售中心（零售） 电话：（010）88383994、63202643、68545874 全国各地新华书店和相关出版物销售网点
排　　版	中国水利水电出版社微机排版中心
印　　刷	天津嘉恒印务有限公司
规　　格	184mm×260mm　16 开本　17.25 印张　409 千字
版　　次	2010 年 9 月第 1 版　2018 年 7 月第 7 次印刷
印　　数	17001—19000 册
定　　价	**38.00 元**

前言

为了贯彻 GB 50500—2008《建设工程工程量清单计价规范》，更好地满足专业教学与工程技术人员的需要，我们在总结以往教材编写经验的基础上，采用最新的计价文件资料，编写了本书。本书为高等学校"十二五"精品规划教材，着重阐述了建筑工程消耗量定额工程量计算方法，对工程量清单的概念、编制原则、项目单价组成、工程量清单内容、采用清单计价后的合同问题、工程结算及其应用等进行了详细的论述，提供了工程量清单格式、工程量清单计价格式以及常用的计价表。本书在讲述基本理论和概念的基础上，力求理论联系实际，深入浅出，既重视理论阐述，又注重操作能力的培养，书中列举了较多的实例，以利于消化理解。

本书由王广月、王善举主编，刘俊杰、陈付军、赵庆双为副主编，崔松涛等同志参加了编写，张琦和孙盈同志参加了书中部分例题的计算工作，全书由王广月修改定稿。

本书在编写过程中，参考和引用了许多专家和学者的一些书籍和文献，在此表示由衷感谢。

由于编者水平有限，书中难免有疏漏和不当之处，恳请专家和读者给予批评指正。

编　者

2010 年 6 月

目录

第一章 绪 论

第一节 基本建设的概念

一、基本建设的含义

基本建设是指国民经济各部门的新建、扩建和恢复工程及设备等的购置活动。因此，它是一种经济活动或固定资产投资活动，其结果是形成固定资产，即基本建设项目。在国民经济计划与统计中，固定资产投资划分为"基本建设投资"与"更新改造措施投资"两类。因此，这里所指的基本建设并非全部固定资产投资活动。

二、基本建设的内容

基本建设的内容包括固定资产的建造、安置、设备购置及与之相关的工作。按国家现行制度规定，凡利用预算内基建拨款、自筹资金、国内外基本建设贷款以及其他专项资金进行的、以扩大生产能力和新增工程效益为主要目的的新建、扩建、改建、恢复工程及有关工作，均属于基本建设。以上所说的"相关工作"或"有关工作"，是指勘察设计、征购土地、拆迁原有建筑物、培训职工、科学试验及建设单位管理工作等。具体说来，包括以下几个方面。

（1）为经济、科技和社会发展而新建的项目。

（2）为扩大生产能力或新增效益增建的分厂、主要生产车间、矿井、铁路干支线（包括复线）、码头、泊位等扩建项目。

（3）为改变生产力布局而进行的全厂性迁建项目。

（4）因遭受灾害需要重建的恢复性项目。

（5）行政、事业单位增建业务用房或职工宿舍项目。

上述项目从酝酿、筹建、施工到验收等一系列工作都属于基本建设工作的内容。

三、基本建设项目的分类

基本建设工作是在各个建设项目中进行的。所谓基本建设项目，就是按照一个总体设计建设的工程，也可称为工程项目。基本建设项目有以下几种不同的分类方法。

（一）按建设性质分类

（1）新建项目。通常指从无到有，平地起家。有的建设项目虽非从无到有，但其原有基础较小，经扩大建设规模后，新增加的固定资产价值超过原有固定资产价值的三倍以上，也可称作新建项目。

（2）扩建项目。指企业、事业单位，为了扩大原有产品的生产能力（或效益），或为了增加新产品的生产能力或效益，而新建主要车间或工程的建设项目。

（3）改建项目。指原有的企业，为了提高生产效率。改善产品质量，改变生产方向，对有的设备或工程进行技术改造的项目。有的企业，为了平衡生产能力，新建一些附属、辅助车间或非生产性工程，也算作改建项目。

（4）恢复项目。指企业、事业单位，因自然灾害或战争等原因，其原有的固定资产已全部或部分报废，以后又按原有规模重新恢复起来的项目。如果在恢复的同时进行扩建的，则应属扩建项目。

（二）按建设规模分类

建设项目的建设规模，决定于其设计能力（非工业建设项目为效益）或投资额。工业建设项目分为大型项目、中型项目和小型项目；非工业项目一般分为大中型项目和小型项目。一个建设项目只属于其中的一种类型。分类的界限由国家颁发的《工业基本建设项目的大、中、小型划分标准》和《非工业建设项目大中型划分标准》确定。

（三）按隶属关系分类

基本建设项目按隶属关系可分为部直属项目和地方项目。

（1）部直属项目。这是国务院各部直属的建设项目，项目的计划由各部直接编制和下达。

（2）地方项目。这是省（自治区、直辖市）、县（市）等所属的项目。

第二节 建设项目的分解

由于建设项目是一个庞大的体系，它由许多不同功能的部分组成，而每个部分又有着构造上的差异，使得施工生产和造价计算都不可能简单化、统一化，必须有针对性地分别对待每一项具体内容，由部分至整体地实现生产和计算，这就产生了如何对建设项目进行具体划分的问题，"建设项目划分"指的就是怎样对建设项目进行分解。根据我国的有关规定和几十年来的一贯做法，以及建设项目建设和其价格确定的需要，建设项目按以下方式划分。

一、建设项目

建设项目是指按一个总的设计意图，由一个或几个单项工程所组成，经济上实行统一核算，行政上实行统一管理的建设单位。一般以一个企业、事业单位或独立的工程作为一个建设项目。

二、单项工程

单项工程是指具有独立的设计文件，可以独立施工，建成后能够独立发挥生产能力或效益的工程，如工业项目的生产车间、设计规定的主要产品生产线。非生产项目是指建设项目中能够发挥设计规定的主要效益的各个独立工程，如办公楼、影剧院、宿舍、教学楼等。单项工程是建设项目的组成部分。

三、单位工程

单位工程是指具有独立设计，可以独立组织施工，但完成后不能独立发挥效益的工程。它是单项工程的组成部分，如一个车间可以由土建工程和设备安装两个单位工程组成。

（一）建筑工程中的单位工程

（1）一般土建工程。

（2）工业管道工程。

（3）电气照明工程。

（4）卫生工程。

（5）庭院工程等。

（二）设备安装工程中的单位工程

（1）机械设备安装工程。

（2）通风设备安装工程。

（3）电气设备安装工程。

（4）电梯安装工程等。

四、分部工程

分部工程是单位工程的组成部分，建筑按主要部位划分，如基础工程、墙体工程、地面与楼面工程、门窗工程、装饰工程和屋面工程等；设备安装工程由设备组别（分项工程）组成，按照工程的设备种类和型号、专业等划分为建筑采暖工程、煤气工程、建筑电气安装工程、通风与空调工程、电梯安装工程等。

五、分项工程

分项工程是建设项目的基本组成单元，是由专业完成的中间产品，它可通过较为简单的施工过程生产出来，可以有适当的计量单位，它是计算工料消耗的最基本构造因素，如砖石工程按工程部分划分为内墙、外墙等分项工程。

第三节　基本建设的程序

基本建设全过程中，按照客观规律规定的各项工作必须先办什么，后办什么，所遵循的先后顺序叫基本建设程序。基本建设程序如图 1-1 所示。

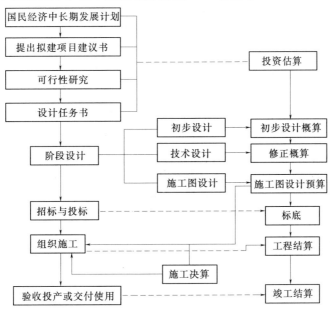

图 1-1　基本建设程序及其与建设预算之间关系示意图

由于基本建设自身的特点，决定了它涉及面广，内外协作关系、环节多。在多层次、多环节、多种要求的时间空间中组织建设，必须完善各阶段、各环节的相互衔接关系，使之成为一个有机的整体，才能较好地实施建设任务。

一、基本建设程序的必要性和重要性

基本建设程序体现了基建项目从决策、准备到实施过程中各阶段必须遵循的工作次序。它反映了基本建设活动全过程的内在客观规律，基本建设涉及面广，环节多，在实施过程中，包含着紧密联系的先后次序和阶段，不同阶段有着不同的内容，既不能相互代替，也不能颠倒或跳越，必须按照一定的工作顺序，有计划、有步骤地进行，上一阶段的工作为下一阶段的工作创造条件，下一阶段的工作又验证上一阶段工作的设想。所谓基本建设程序就是基本建设工作中必须遵循的先后工作顺序。

基本建设程序是人们进行基本建设活动中必须遵循的工作制度，是通过大量工作实践所总结的工程建设和客观规律的反映。

基本建设程序反映了客观社会经济规律。基本建设涉及水文地质、矿藏资源、气象、地理等自然条件，涉及原材料、能源、交通、劳动力资源、生产协作、市场供销等经济环境。在这个体系中，各方面要保持平衡，只有经过综合平衡后，才能列入年度计划付诸实施。基本建设程序反映了技术经济规律的要求。例如，就生产性基本建设而言，由于它要消耗大量人力、物力、财力，如果决策稍有失误，必然造成重大损失。因此，在提出项目建议书后，首先要对工程项目进行可行性研究，从建设的必要性、客观的可能性、技术的先进性和可行性、经济的合理性、投产后正常生产条件、经济效果和社会效益等方面作出全面论证。由于基本建设项目具有地点的固定性，因此，必须先进行勘察、选址后，才能进行设计；又由于基本建设项目具有个体性，对于不同的项目，因为工艺、厂址、建筑材料、气候和水文地质条件的不同，每项工程都要进行专门的设计，都要采用不同的施工组织设计方案与施工措施方法。因此，必须先设计后施工。

"一五"期间，我国陆续制定了一些关于基本建设程序的法规，具体规定了各建设阶段的工作依据、程序和内容。从1958年起的较长时期，这些法规被"左"的经济建设指导思想冲垮了。很多工程在建设条件尚不完全具备情况下，仓促上马，乱铺摊子，结果不是被迫下马，就是边建边改，"三边"工程比比皆是，或是工期一拖再拖，或是建成以后发挥不了作用，造成严重浪费。鉴于此，从1978年开始，我国反复强调按基本建设程序办事，使基本建设重新走上健康科学的发展道路。目前我国基本建设程序基本上是适用的，但是，随着社会主义市场经济的发展不断出现新的课题，例如技术改造能否完全套用基本建设程序等，以及人们对于事物的认识不断深化，对基本建设规律的认识逐渐深化，基本建设程序的内容完善，有待于通过实践不断认识、不断总结来完成。

二、基本建设程序的内容

（一）建设项目的论证和决策阶段

随着经济工作的逐步深入，提高了对项目论证、决策工作的要求，强调搞建设要有时间概念、利息概念和投入产出的投资效益概念。在经济效益的分析上由静态发展到动态；在工作阶段的划分上由设计任务书阶段，发展为项目建议书（含可行性研究报告）和设计任务书多阶段。

(1) 项目建议书。项目建议书是基本建设程序中最初阶段的工作,是各部门、各地区、各企业根据国民经济和社会发展的长远规划、行业规划、地区规划的要求,结合各项自然资源、生产力布局和市场预测等,经过调查分析,提出具体项目建设的必要性,并且在条件可行时,由申请主办单位向国家推荐建议书,它是国家选择建设项目和有计划地进行可行性研究的依据。

(2) 可行性研究。可行性研究是对建设项目在技术上、经济上是否可行的一种科学分析方法,是进行深入的技术、经济论证的阶段,是对建设项目能否成立进行决策和作为审批设计任务书的工作依据和基础。可行性研究由主管部门下达计划或由建设单位委托设计院或咨询单位进行,主要包括以下内容。

1) 市场需求、产品价格的分析和预测、生产规模的拟定。

2) 厂址选择、生产工艺、设备选型、原材料来源、能源供应、运输方式、生产协作、技术力量和环境保护等问题的分析和安排。

3) 投资、成本、利润的估算和资金来源。

4) 技术经济的分析和评价。

(3) 设计任务书(曾称计划任务书)。设计任务书是确定建设方案的基本文件。按现行规定,基本建设工程在进行可行性研究、技术经济论证之后,如果证明兴建是可行的,即可编制设计任务书,对可行性研究推荐的最佳方案予以确认。设计任务书是项目的最终决策并据此进行初步设计。设计任务书由建设项目的主管部门组织设计单位和有关单位负责编制。

(二) 建设准备阶段

(1) 勘察设计。勘察是设计的基础,设计是安排建设项目和组织施工的主要依据。设计任务书和厂址选点报告批准后,应委托勘察设计单位,按设计任务书的要求,进行勘察设计,编制设计文件。一般的大中型项目分初步设计和施工图设计两个阶段进行;特殊复杂的项目要增加技术设计阶段。初步设计阶段需编制设计概算,技术设计需编制修正总概算;施工图设计阶段,需由设计单位编制施工图设计预算。

(2) 年度计划。初步设计和总概算批准后的项目,由计划部门综合平衡后列入固定资产投资年度计划。

根据设计任务书和初步设计拟定的建设期限,再经过施工组织总设计的统筹合理安排,提出具体建设总进度。建设进度要讲究经济合理,有计划、有节奏、连续不断地组织施工。既讲需要,更讲可能,其全部需要的和分年度建设需用的资金、设备、材料、劳力和施工机械都要列入国家相应的年计划,将"量力而行"的建设方针,落实在可靠的物资基础上。

(三) 建设实施阶段

(1) 施工准备。开工前要完成征地拆迁、场地平整和"三通"(即通水、通电、通路),工程招标发包、合同签订,临时设施建设,也包括建筑安装工人生活基地、仓库堆场、附属加工厂等,以及技术资料、材料、设备、半成品的按计划供应。

(2) 全面施工和生产准备。必须在做好施工准备工作以后,才能办理开工报告,开工兴建正式工程。施工过程要严格按工程合同、设计图纸、施工验收规范组织施工,单位工程必须编制施工组织设计，在进度与质量发生矛盾时，首先要保证工程质量。要加强经济核算，大力推行成熟的新技术。

在全面施工的同时，要做好生产准备工作，包括建立生产指挥系统，制定安全生产操作规程，培训生产、管理骨干和技术工人，并组织工具、器具、家具、工装、备品配件的供应以及原材、燃料供应。

（3）交工验收。交工验收包括由建设单位组织负荷试车、技术验收、竣工结算、施工技术资料交接、工程技术经济资料整理总结、工程建设后评估等。

三、基本建设程序中业主的工程经济工作

基本建设程序中业主的工程经济工作见表 1-1。

表 1-1　　　　　　　　　　基本建设程序中业主的工程经济工作

序 号	阶 段	概 预 算 工 作
一	项目建议书	投资估算及投资分析控制
二	可行性研究	参与技术经济评估论证
三	勘察设计	提供概预算定额、价格资料、编制初步设计概算、施工图设计预算、组织概预算审查
四	年度计划	提供单项工程、单位工程概预算
五	建设准备	招标、定标、工程合同签订
六	全面施工	协调施工中合同预算事宜，预算管理，技术经济资料收集整理
七	交工验收	工程决算、技术经济分析、投资效益评价

四、探索技术改造工作程序是工程建设的重要课题

（一）技术改造工程的特点

（1）资金自筹、负债建设，决定了项目工期的短、紧、快。

（2）技术改造不同于新建、扩建工程，施工环境复杂、条件困难与生产交错，来自外界干扰多。

（3）适应技术进步和设备更新换代的需要，引进项目多，工艺先进，对施工技术要求高。

（二）技术改造工程的矛盾及解决矛盾的出路

（1）工期紧导致工作程序合理交叉和"三边"的一定程度的合理性。建设程序中大阶段要严格划分，但阶段边缘要合理交叉。

（2）技术先进对施工的高标准要求与工期紧、施工条件困难的矛盾。要求指挥调度的高度统一性和权威性，要充分调动二级生产厂矿业主角色的积极性。

（3）技术先进、工期紧，要求建设单位工程管理人员具有高素质。通过经济责任制、培训教育，优选人才，严格考核，提高人员素质。

（4）资金筹措困难和高投资且集中花费的矛盾。由于工期紧，建设条件差，求建心切势必引起工程造价的上涨，高于正常建设的造价。

可通过引进竞争机制与施工单位横向联系，采取效益分成，重奖抑价措施。对内壮大自有建设队伍，创造条件，对设计、施工、设备材料订货招标议标，设立工期、造价、质量、奖罚等经济手段缓解矛盾。

（5）要求业主决策层正确处理三个矛盾。

1）运用投资控制的最有效手段——技术与经济相结合。在工程建设全过程中，以提高项目投资效益为最高目的，正确处理技术与经济对立统一关系，力求技术上先进可行，经济上合理合算。

2）运用价值工程原理，摆好建设项目投资额与项目产生效益的关系，追求高生产效益的同时掂量建设投资；增减投资的同时要计算对生产效益的影响。追求投资产出率 S 的最优值。即

$$S = \frac{单位产品净效益设计指标\,Q}{单位产品投资\,P} \div 建设工期(T)$$

3）正确处理建设项目一次性投资与项目寿命费用的矛盾。建设的目的是生产，投资的目的是生产收益，合理投资必须顾及项目全寿命费用，即项目运行维护直到报废拆除费用。不能顾此失彼，必须统筹考虑。

第四节　建设项目的费用组成

建设项目的费用由建筑工程费、设备安装工程费、设备、工具、器具及生产家具购置费、工程建设其他费组成。

一、建筑工程费

建筑工程费包括以下内容。

（1）各种房屋和构筑物的建造费用。包括其中的各种管道、输电线和电讯导线的敷设费用。

（2）设备基础、支柱、工作台、梯子等的建造费用，炼焦炉等各种特殊炉的砌筑工程费用及金属结构工程费用。

（3）为施工而进行的建筑物场地的布置和障碍物的拆除费用，原有建筑物和障碍物的拆除费用，平整土地费用，设计中规定为施工而进行的工程地质勘探费用，建筑场地完工后的清理和绿化费用。

（4）矿井开凿、露天矿的开拓工程、石油和天然气的钻井工程费。

（5）水利工程费。

（6）防空等特殊工程费。

二、设备安装工程费

（1）生产、动力、起重、运输、传动和医疗、实验费用、各种需要安装的机械设备的装配、装置工程费、与设备相连的工作台、梯子等装设费、附属于被安装设备的管线敷设费、被安装设备的绝缘、保温、油漆等费用。

（2）为测定安装工作质量，对单个设备进行的各种试车工作费用。

这部分费用中，不包括被安装设备本身的价值，在施工现场制造、改造、修配的设备价值也不包括在内。

三、设备、工具、器具及生产家具购置费

这部分费用是指购置及在施工现场制造、改造、修配的达到固定资产要求的设备、工

具、器具、生产家具等所支出的费用。但新建单位和扩建单位的新建车间购置或自制的全部设备、工具、器具、生产家具，不论是否达到固定资产标准，均计入该项费用之中。

四、工程建设其他费

这部分费用是建设项目建设全过程中必须支出的。从其内容上看部分支出能使固定资产增加，如勘察设计费、征用上地费等；一部分支出属消耗性的，不增加固定资产，如生产人员培训费、施工单位迁移等。这部分费用，内容比较广泛，一般都有全国统一的规定，或部门、地方的统一的规定，而且往往随时间的不同而增减变化，主要包括以下内容。

（1）国家建设征用土地费。

（2）建设基金，如公用设施建设费、电源建设集资、供电贴费。

（3）建设单位管理费及其他。

第五节　基本建设工程概预算

一、概念

基本建设工程概预算（简称建设预算），是基本建设工程设计文件的重要组成部分，它是根据不同设计阶段的具体内容，国家规定的定额、指标和各项费用取费标准，预先计算和确定每项新建、扩建、改建和重建工程，从筹建至竣工验收全过程所需投资额的经济文件。它是国家对基本建设进行科学管理和监督的重要手段之一。

建筑安装工程概算和预算是建设预算的重要组成部分。它是根据不同设计阶段的具体内容，国家规定的定额、指标和各项费用取费标准，预先计算和确定基本建设中建筑安装工程部分所需要的全部投资额的文件。

建设预算所确定的每一个建设项目、单项工程或其中单位工程的投资额，实质上就是相应工程的计划价格。在实际工作中称为概算造价或预算造价。在基本建设中，用编制基本建设工程预算的方法来确定基建产品的计划价格，是由建筑工业产品及生产不同于一般工业的技术经济特点和社会主义商品经济规律所决定的。

二、分类及作用

根据我国的设计及概预算文件编制和管理方法，并结合建设工程概预算编制的顺序，将基本建设工程概预算分为以下几类。

（1）投资估算。投资估算一般是指在项目建议书或可行性研究阶段，建设单位向国家或主管部门申请基本建设投资时，为了确定建设项目的投资总额而编制的经济文件。它是国家或主管部门审批或确定基本建设投资计划的重要文件。投资估算主要根据估算指标、概算指标或类似工程预（决）算等资料进行编制。

（2）设计概算。设计概算是指在初步设计或扩大初步设计阶段，由设计单位根据初步设计图纸、概算定额或概算指标，设备预算价格，各项费用的定额或取费标准，建设地区的自然、技术经济条件等资料，预先计算建设项目由筹建至竣工验收、交付使用全部建设费用的经济文件。设计概算的主要作用包括以下几点。

1）国家确定和控制建设项目总投资的依据。未经规定的程序批准，不能突破总概算的这一限额。

2）编制基本建设计划的依据。每个建设项目，只有当初步设计和概算文件被批准后，才能列入基本建设计划。

3）进行设计概算、施工图预算和竣工决算，"三算"对比的基础。

4）实行投资包干和招标承包制的依据，也是银行办理工程贷款和结算，以及实行财政监督的重要依据。

5）考核设计方案的经济合理性，选择最优设计方案的重要依据。利用概算对设计方案进行经济性比较，是提高设计质量的重要手段之一。

（3）修正概算。修正概算是指当采用三阶段设计时，在技术设计阶段，随着设计内容的具体化，建设规模、结构性质、设备类型和数量等方面内容与初步设计可能有出入，为此，设计单位应对投资进行具体核算，对初步设计的概算进行修正而形成的经济文件。

修正概算的作用与设计概算基本相同。一般情况下，修正概算不应超过原批准的设计概算。

（4）施工图预算。施工图预算是指在施工图设计阶段，设计全部完成并经过会审，单位工程开工之前，设计咨询或施工单位根据施工图纸，施工组织设计，预算定额或规范，人材机单价和各项费用取费标准，建设地区的自然、技术经济条件等资料，预先计算和确定单项工程和单位工程全部建设费用的经济文件。

施工图预算的主要作用包括以下几点。

1）确定建筑安装工程预算造价的具体文件。

2）签订建筑安装工程施工合同、实行工程预算包干、进行工程竣工结算的依据。

3）银行借贷工程价款的依据。

4）施工企业加强经营管理，搞好经济核算，实行对施工预算和施工图预算"两算对比"的基础，也是施工企业编制经营计划、进行施工准备的依据。

5）建设单位编制标底和施工单位编制报价文件的依据。

（5）施工预算。施工预算是指施工阶段，在施工图预算的控制下，施工单位根据施工图计算的分项工程量、施工定额、单位工程施工组织设计等资料，通过工料分析，计算和确定拟建工程所需的人工、材料、机械台班消耗量及其相应费用的技术经济文件。

施工预算的主要作用包括以下几点。

1）施工企业对单位工程实行计划管理，编制施工作业计划的依据。

2）施工队向班组签发施工任务单，实行班组经济核算，考核单位用工，限额领料的依据。

3）班组推行全优综合奖励制度，实行按劳分配的依据。

4）施工企业开展经济活动分析，进行"两算"对比的依据。

（6）工程结算。工程结算是指一个单项工程、单位工程、分部工程或分项工程完工，并经建设单位及有关部门验收或验收点交后，施工企业根据合同规定，按照施工时现场实际情况记录、设计变更通知书、现场签证、预算定额、工程量清单、人工材料机械单价和各项费用取费标准等资料，向建设单位办理结算工程价款并取得收入。它是用以补偿施工过程中的资金耗费，确定施工盈亏的经济文件。

工程结算一般有定期结算、阶段结算、竣工结算等方式，其作用包括以下几点。

1）施工企业取得货币收入，用以补偿资金耗费的依据。

2）进行成本控制和分析的依据。

（7）竣工决算。竣工决算是指在竣工验收阶段，当一个建设项目完工并经验收后，建设单位编制的从筹建到竣工验收、交付使用全过程实际支付的建设费用的经济文件，其内容由文字说明和决策报表两部分组成。

竣工决算的主要作用包括以下几点。

1）国家或主管部门验收小组验收时的依据。

2）全面反映基本建设经济效果、核定新增固定资产和流动资产价值、办理交付使用的依据。

综上所述，建设预算的各项技术经济文件均以价值形态贯穿整个基本建设过程之中，如图1-2所示。

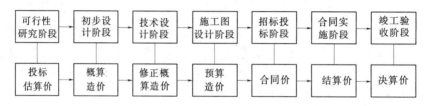

图1-2 建设工程计价过程

估算、概算、预算、结算、决算从申请建设项目、确定和控制基本建设投资，到确定基建产品计划价格，进行基本建设经济管理和施工企业经济核算，最后以决算形成企、事业单位的固定资产。总之，这些经济文件反映了基本建设中的主要经济活动。在一定意义上说，它们是基本建设经济活动的血液，这是一个有机的整体，缺一不可。申请项目要编估算，设计要编概算，施工要编预算，并在其基础上投标报价，签订工程合同；竣工时要编结算和决算。同时，国家要求决算不能超过预算，预算不能超过概算。

第六节　建筑产品及其价格特点

一、建筑产品的特点

（一）建筑产品的固定性

建筑产品有固定性的特点。它建筑在大地之上，基础构造受地质、水文条件的制约，生产集中在固定地点，建成后以特定的"验收交工"方式买卖，只能在特定的环境下使用的，它的生产也只能是流动的。

（二）建筑产品的多样性

每项建筑产品都与其他建筑产品有区别，形成了建筑产品多样性的特点。多样性体现在建筑形式、建筑结构、建筑造价等多方面。多样性是根据多种使用功能要求、多种艺术要求及各种特殊地基条件等决定的。因此，需要单独进行设计，单件进行施工，逐件计算价格，逐项进行评价，无疑，多样性带来了建设工作和价格管理的难度。

（三）建筑产品的庞大性

建筑产品体积庞大，大于任何工业产品，由此决定了它的生产周期长、消耗资源多、露天作业等特点，它的价格计算也十分复杂和繁琐。建筑产品又是一个庞大的系统，由土建、水、电、热力、设备安装、室外市政工程等系统组成一个整体而发挥作用。

二、建筑产品的价格特点

（一）建筑产品是商品

商品是用来交换、能满足他人某种需要的产品，它具有使用价值和价值两种因素。建筑产品也是商品，建筑企业进行的生产是商品生产。

（1）建筑企业生产的建筑产品是为了满足建设或使用单位的需要。由于建筑产品的固定性、多样性和庞大性，建筑企业必须从使用者（购买者）手中取得生产任务（承包），按使用者（发包者）的要求（或按设计）进行施工，建成后再移交给使用者。这实际上是一种"加工订做"方式。先有买主，再进行生产和交换。所以，建筑产品是一种特殊的商品，有特殊的交换关系。

（2）建筑产品也有使用价值和价值两种因素。其使用价值，表现在它能满足用户的需要，这是它的自然属性决定的。它是构成社会物质财富的物质内容之一。在商品经济条件下，建筑产品的使用价值是它的价值的物质承担者。

建筑产品的价值是指它凝结了物化劳动和活劳动成果，是物化了的人类劳动。正因为它具有价值，才使建筑产品可以进行交换，在交换中体现了价值量，并以货币形式表现为价格。

（二）建筑产品价格的特点

建筑产品作为商品，其价格与所有商品一样，是价值的倾向表现，是由成本、税金和利润组成的。在我国，商品的价格有计划价格和浮动价格两种定价形式。计划价格是由国家有关物价部门根据经济规律和价格政策制定的。浮动价格是由价值规律和供求关系决定的。然而建筑产品作为一种特殊的商品，其价格必然有它自身的特点，这些特点主要表现在以下几个方面。

（1）建筑产品的价格不能像工业产品那样有统一的价格，一般都需要通过逐个编制工程预算文件进行估价。这是由于建筑产品的多样性和庞大性所决定的。实行招标承包的工程，价格经过竞争、决标，以签订承包合同的形式予以确定。建筑产品的价格是一次性的。

（2）建筑产品的价格具有地区差异性。这是由建筑产品的固定性特点决定的。建筑产品坐落的地区不同，材料的出厂价格、运输费用、水、电资源的供应费用都会有所不同，建筑职工的工资标准也有差异，建筑施工的某些取费标准也因地而异。由于建筑产品的价格是一种综合性价格，所以不同地区的价格水平必然存在着差异。

在社会主义市场经济条件下，定额价只起参考作用。编制概预算时必须根据市场价格进行调整，并对工程在施工期内的变动幅度对造价的影响作出预测。

习 题

1. 什么是基本建设？其内容是什么？
2. 基本建设的程序是什么？
3. 举例说明建设项目的划分。
4. 建设项目由哪些费用组成的？
5. 什么是基本建设概预算？如何进行分类？
6. 建筑产品及其价格特点是什么？

第二章 工程定额概述

第一节 工程定额的概念及分类

一、我国建筑工程定额的发展概况

新中国成立以来，为适应我国经济建设发展的需要，党和政府对建立和加强各种定额的管理工作十分重视，就我国建筑工程劳动定额而言，它是随着国家经济的恢复和发展而建立起来的，并结合我国工程建设的实际情况，在各个时期制定和实行了统一劳动定额。它的发展过程，是从无到有，从不健全到逐步健全的过程，在管理体制上，经历了从分散到集中，从集中到分散，又从分散到集中统一领导与分级管理相结合的过程。

早在 1955 年，劳动部和建筑工程部联合编制了《全国统一建筑安装工程劳动定额》，这是我国建筑业第一次编制的全国统一劳动定额。1962、1966 年建筑工程部先后两次修订并颁发了《全国建筑安装统一劳动定额》。这一时期是定额管理工作比较健全的时期，由于集中统一领导，执行定额认真，同时广泛开展技术测定，定额的深度和广度都有发展，当时对组织施工、改善劳动组织、降低工程成本，提高劳动生产率起到了有力的促进作用。

在"十年浩劫"中，行之有效的定额管理制度遭到了严重破坏，定额管理制度被取消，造成劳动无定额、核算无标准、效率无考核，施工企业出现严重亏损，给我国建筑业造成了了不可弥补的损失。

党的十一届三中全会以来，随着全党工作重点的转移，工程定额在建筑业的作用逐步得到恢复和发展，国家建工总局为恢复和加强定额工作，1979 年编制并颁发了《建筑安装工作统一劳动定额》，之后，各省、市、自治区相继设立了定额管理机构，企业配备了定额人员，并在此基础上编制了本地区的《建筑工程施工定额》，使定额管理工作进一步适应各地区生产发展的需要，调动了广大建筑工人的生产积极性，对提高劳动生产率起到了明显的促进作用。为适应建筑业的发展和施工中不断涌现的新结构、新技术、新材料的需要，城乡建设环境保护部于 1985 年编制并颁发了《全国建筑安装工程统一劳动定额》。

随着工程预算制度的建立和发展，工程预算定额也相应产生并不断发展。1955 年建筑工程部编制了《全国统一建筑工程预算定额》，1957 年国家建委在此基础上进行了修订并颁发全国统一的《建筑工程预算定额》；之后，国家建委通知将建筑工程预算编制和管理工作，下放到省（自治区、直辖市）。各省（自治区、直辖市）于以后几年间先后组织编制了本地区的建筑安装工程预算定额，1981 年国家建委组织编制了《建筑工程预算定额》（修改稿）。各省（自治区、直辖市）在此基础上于 1984 年、1985 年先后编制了适合本地区的建筑安装工程预算定额，预算定额是预算制度的产物，它为各地区建筑产品价格的确定提供了重要依据。

以上定额的发展情况表明，新中国成立以来的定额工作，是在党和政府的领导下，由有关部委规定了一系列有关定额的方针政策，并在广大职工积极努力配合下，才迅速发展起来的，同时也看到几十年来，定额工作的开展不是一帆风顺的，既有经验也有教训。事实说明，只要按客观经济规律办事，正确发挥定额作用，劳动生产率才能提高，才有经济效益可言；反之，劳动生产率明显下降，经济效益就差。因此，实行科学的定额管理，充分认识定额在现代科学管理中的重要地位和作用，是社会主义生产发展的客观要求。

二、定额的概念

在工程施工中，为了完成某合格产品，就要消耗一定数量的人工、材料、机械台班及资金。

建筑工程定额是指在正常的施工条件下，完成一定计量单位的合格产品所必须消耗的劳动力、材料、机械台班的数量标准。正常的施工条件是指在生产过程中，按生产工艺和施工验收规范操作，施工条件完善，劳动组织合理，机械运转正常，材料储备合理。在上述条件下，对完成一定计量单位的产品进行定员（定工日）、定质量、定数量，同时规定了各分项工程中的工作内容和安全要求等。这种量的规定，反映出完成建筑工程中的某项合格产品与各种生产消耗之间特定的数量关系。例如，砌 $1m^3$ 砖内墙规定消耗（摘自某地区预算定额）如下。

人工：1.45 工日

材料：机砖 510 块

25 号水泥砂浆：$0.26m^3$

机械：$2\sim6t$ 塔吊 0.052 台班

预算价值：51.5 元$/m^3$

定额是根据国家一定时期的管理体制和管理制度，根据定额的不同用途和适用范围，由国家规定的机构按照一定程序编制的，并按照规定的程序审批和颁发执行。在建筑工程中实行定额管理的目的，是为了在施工中力求最少的人力、物力和资金消耗量，生产出更多、更好的合格产品，取得最好的经济效益。

三、定额的分类

定额是一个综合概念，是工程中生产消耗性定额的总称。它包括的定额种类很多。为了对工程定额从概念上有一个全面的了解，按其内容、形式、用途和使用要求，可大致分为以下几类。

（1）按生产要素分类。定额按其生产要素分类，可分为劳动消耗定额、材料消耗定额和机械台班消耗定额。

（2）按用途分类。定额按其用途分类，可分为施工定额、预算定额、概算定额及概算指标等。

（3）按费用性质分类。定额按其费用性质分类，可分为直接费定额、间接费定额等。

（4）按主编单位和执行范围分类。定额按其主编单位和执行范围分类，可分为全国统一定额、主管部定额、地方统一定额及企业定额。

工程通常包括一般土建工程、构筑物工程、电气照明工程、卫生技术（水暖通风）工程及工业管道工程等，都在建筑工程定额的总范围之内。因此，建筑工程定额在整个工程定额中是一种非常重要的定额，在定额管理中占有突出的位置。

设备安装工程一般包括机械设备安装和电气设备安装工程。

建筑工程和设备安装工程在施工工艺及施工方法上虽然有较大的差别。但它们又同是某项工程的两个组成部分。从这个意义上来讲，通常把建筑工程和安装工程作为一个统一的施工过程来看待，即建筑安装工程。所以，在工程定额中把建筑工程定额和安装工程定额合在一起，称为建筑安装工程定额。

定额分类如图 2-1 所示。

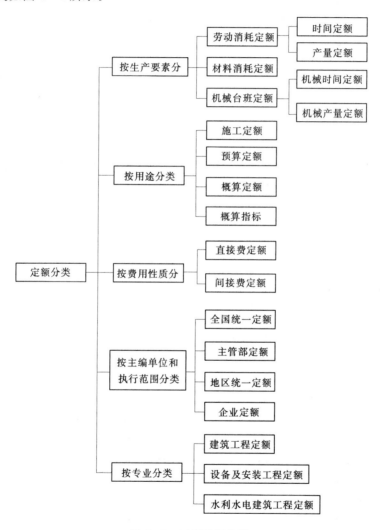

图 2-1 工程定额分类

第二节 定额的性质及作用

一、工程定额的性质

定额的性质决定于生产关系的性质，我国建筑工程定额具有科学性、法令性、群众性、稳定性和时效性。

1. 定额的科学性

定额的科学性，表现为定额的编制是在认真研究客观规律的基础上，自觉遵循客观规律的要求，用科学方法确定各项消耗量标准，所确定的定额水平，是大多数企业和职工经过努力能够达到的平均先进水平。

2. 定额的法令性

定额的法令性是指定额一经国家、地方主管部门或授权单位颁发，各地区及有关施工企业单位，都必须严格遵守和执行，不得随意变更定额的内容和水平。定额的法令性保证了建筑工程统一的造价与核算尺度。

3. 定额的群众性

定额的拟定和执行，都要有广泛的群众基础。定额的拟定，通常采取工人、技术人员和专职定额人员三结合方式，使拟定定额时能够从实际出发，反映建筑安装工人的实际水平，并保持一定的先进性，使定额容易为广大职工所掌握。

4. 定额的稳定性和时效性

工程定额中的任何一种定额，在一段时期内都表现出稳定的状态。根据具体情况不同，稳定的时间有长有短，一般在5～10年之间。但是，任何一种工程定额，都只能反映一定时期的生产力水平，当生产力向前发展了，定额就会变得陈旧了。所以，定额在具有稳定性特点的同时，也具有显著的时效性。当定额不再起到它应有作用的时候，定额就要重新编制或重新修订了。

二、工程定额的作用

工程定额主要有以下几方面的作用。

1. 定额是编制计划的基础

无论国家还是企业编制计划时，都以各种定额作为计算人力、物力、财力等各项资源需要量的依据，所以定额是编制计划的基础。

2. 定额是确定建筑产品成本和造价的依据

建筑产品的生产所消耗的劳动力、材料、机械台班和资金的数量，是构成产品成本和造价的决定性因素，而它们的消耗量又是根据定额决定的，因此定额是确定产品成本和造价的依据。同时建筑产品由于采用不同设计方案，它们的经济效果是不一样的，因此就需要对设计方案进行技术经济比较，选择其经济合理的方案。而定额是比较和评价设计方案是否经济合理的尺度。

3. 定额是加强企业管理的重要工具

定额本身是一种法定标准，因此要求每一个编制定额的人，都必须严格遵守定额的要求，并在生产过程中进行监督，从而达到提高劳动生产率，降低工程成本的目的。

另外，企业在计算和平衡资源需要量、组织材料供应、编制施工进度计划和作业计划、组织劳动力、签发任务书、限额领料单、实行承包责任制等管理工作时，都需要以定额作为计算标准，因此它是加强企业管理的重要工具。

4. 定额是贯彻按劳分配的依据

由于工时消耗定额具体落实到每个劳动者身上，因此用定额来确定他所完成的劳动量，并以此来决定应支付给他的劳动报酬。

5. 定额是总结和推广先进生产方法的手段

定额是在先进合理的条件下，通过对生产过程的观察、实测、分析、研究、综合后制定的。它可以准确地反映出生产技术和劳动组织的先进合理程度。因此，可以用定额标定的方法为手段，对同一产品在同一操作条件下的不同的生产方法进行观察、分析和研究，从而总结出比较完善、合理的生产方法。然后再经过试验，在生产中进行推广运用。所以合理地制定定额、认真执行定额，在社会主义建设中，在改善企业管理工作中具有重要的意义。

习　　题

1. 什么是工程定额？如何进行分类？
2. 定额性质和作用是什么？

第三章　施　工　定　额

第一节　施　工　定　额　概　述

一、施工定额的概念

施工定额是直接用于施工管理中的定额，它是在正常的施工条件下，以施工过程为标定对象而规定的完成单位合格产品所需消耗的人工、材料和机械台班的数量标准。

施工定额由劳动定额、机械消耗定额和材料消耗定额三个相对独立的部分组成。为了适应组织施工生产和管理的需要，施工定额的项目划分很细，是建筑工程定额中分项最细、定额子目最多的一种定额，也是建筑工程定额中的基础性定额。在预算定额的编制过程中，施工定额的劳动、机械、材料消耗数量标准，是计算预算定额中劳动、机械、材料消耗数量标准的重要依据。

二、施工定额的作用

施工定额的作用主要表现在合理组织施工生产和按劳分配两个方面。认真执行施工定额，正确发挥施工定额在施工管理中的作用，对促进企业的发展有着重要的意义。其作用具体表现在以下几个方面。

（1）施工定额是衡量工人劳动生产率的主要标准。

（2）施工定额是施工企业编制施工组织设计和施工作业计划的依据。

（3）施工定额是编制施工预算的主要依据。

（4）施工定额是施工队向班组签发施工任务单和限额领料的基本依据。

（5）施工定额是编制预算定额和单位估价表的基础。

（6）施工定额是加强企业成本核算和实现施工投标承包制的基础。

三、施工定额的编制

（一）编制原则

（1）施工定额应为平均先进水平。定额水平是指规定消耗在单位建筑产品上人工、材料和机械台班数量的多少。消耗量越多，说明定额水平越低。所谓平均先进水平，就是在正常条件下，多数工人和多数施工企业经过努力能够达到和超过的水平。它低于先进水平，略高于平均水平。定额水平既要反映先进，反映已经成熟并得到推广的先进技术和先进经验，又要从实际出发，认真分析各种有利和不利因素，做到合理可行。

（2）施工定额的内容和形式要简明适用。施工定额的内容和形式要方便于定额的贯彻和执行，要有多方面的适应性。既要满足组织施工生产和计算工人劳动报酬等不同用途的需要，又要简单明了，容易为工人所掌握。要做到定额项目设置齐全、项目划分合理、定额步距适当。

所谓定额步距，是指同类一组定额相互之间的间隔。如砌筑砖墙的一组定额，其步距

可以按砖墙厚度分 $\frac{1}{4}$ 砖墙、$\frac{1}{2}$ 砖墙、$\frac{3}{4}$ 砖墙、1 砖墙、1 $\frac{1}{2}$ 砖墙、2 砖墙等。这样步距就保持在 $\frac{1}{4} \sim \frac{1}{2}$ 墙厚之间。

为了使定额项目划分和步距合理，对于主要工种、常用的工程项目，定额要划分细些、步距小一些，对于不常用的、次要项目，定额可划分粗一些、步距大一些。

施工定额的文字说明、注释等，要清楚、简练、易懂，计算方法力求简化，名词术语、计量单位的选择，应符合国家标准及通用的原则使其能正确地反映人工与材料的消耗量标准。定额手册中章、节的编排，尽可能同施工过程一致，做到便于组织施工、便于计算工程量、便于施工企业的使用。

（3）贯彻专业人员与群众相结合，并以专业人员为主的原则。施工定额编制工作量大，工作周期长，编制工作本身又具有很强的技术性和政策性。因此，不但要有专门的机构和专业人员组织把握方针政策，做经常性的积累资料和管理工作，还要有工人群众相配合。因为工人是施工定额的直接执行者，他们熟悉施工过程，了解实际消耗水平，知道定额在执行过程中的情况和存在的问题。

（二）施工定额的编制依据

（1）现行的全国建筑安装工程统一劳动定额、建筑材料消耗定额。

（2）现行的国家建筑安装工程施工验收规范、工程质量检查评定标准、技术安全操作规程等资料。

（3）有关的建筑安装工程历史资料及定额测定资料。

（4）建筑安装工人技术等级资料。

（5）有关建筑安装工程标准图。

（三）编制方法

施工定额的编制方法，目前全国尚无统一规定，都是各地区（企业）根据需要自己组织编制的。但总的归纳起来，施工定额有两种编制方法：一是实物法，即施工定额由劳动消耗定额、材料消耗定额、机械台班消耗定额三部分消耗量组成（劳动消耗定额、材料消耗定额、机械台班消耗定额的编制详见本章第二节）；二是实物单价法，即由劳动消耗定额、材料消耗定额和机械台班定额的消耗数量，分别乘以相应单价并汇总得出单位总价，称为施工定额单价表。

目前，施工定额中的劳动定额部分，是以全国建筑安装工程统一劳动定额为依据，实行统一领导、分级管理的办法。材料消耗定额和机械台班消耗定额则由各地区（企业）根据需要进行编制和管理。

1. 定额的册、章、节的编制

施工定额册、章、节的编排主要是依据劳动定额编排的。故其册、章、节的编排与现行全国统一劳动定额相似。现以北京市建筑工程局 1982 年编制的《建筑安装工程施工定额》土建工程部分为例，叙述如下：

土建工程施工定额分为十三册：《材料运输及材料加工》、《人力土方工程》、《架子工程》、《砖石工程》、《抹灰工程》、《手工木作工程》、《模板工程》、《钢筋工程》、《混凝土及钢筋混凝土工程》、《防水工程》、《油漆玻璃工程》、《金属制品制作及安装工程》、《暂设工程》等。各分册按不同分部和不同生产工艺划分为若干章。例如第六册《手工木作工程》，分为门窗工程、屋盖工程、楼地面、间隔墙、天棚、室内木装修及其他等。

每一章按构件的不同类别和材料以及施工操作方法的不同，又划分为若干节。例如《手工木作工程》分册的屋盖工程一章内，划分为屋架制作安装、屋面木基层及石棉瓦屋面共二节。

各节内又设若干定额项目（或称定额子目）。

2. 定额项目的划分

（1）施工定额项目按构件的类型及形、体划分。如混凝土及钢筋混凝土构件模板工程，由于构件类型的不同，其表面形状及体积也就不同。模板的支模方式及材料消耗量也不相同。例如现浇钢筋混凝土基础工程，按带形基础、满堂红基础、独立基础、杯形基础、桩承台等分别列项。而且，满堂红基础按箱式和无梁式、独立基础按 $2m^3$ 以内，$5m^3$ 以内，$5m^3$ 以外又分别列项，等等。

（2）施工定额按建筑材料的品种和规格划分。建筑材料的品种和规格的不同，对于劳动量影响很大。如镶贴块料面层项目，按缸砖、马赛克、瓷砖、预制水磨石等不同材料划分。

（3）按不同的构造作法和质量要求划分。不同的构造做法和质量要求，对单位产品的工时消耗、材料消耗有很大的差别。例如砌砖墙按双面清水、单面清水、混水内墙、混水外墙、空斗墙、花式墙等分别列项；并在此基础上还按 $\frac{1}{2}$ 砖、$\frac{3}{4}$ 砖、1 砖、$1\frac{1}{2}$ 砖、2 砖以上等不同墙厚又分别列项。

（4）按工作高度划分。施工的操作高度对工时影响很大。例如管道脚手架项目，按管道高在 5m、8m、12m、16m、20m、24m、28m 以内等分别列项。

（5）按操作的难易程度划分。施工操作的难易程度对工时影响很大。例如人工挖土，按土壤的类别分为一类、二类、三类、四类土分别列项。

3. 选择定额项目的计量单位

定额项目计量单位要能够最确切地反映工日、材料以及建筑产品的数量，便于工人掌握，一般尽可能同建筑产品的计量单位一致。例如砌砖工程项目的计量单位，就要与砌体的计量单位一致为立方米。又如，墙面抹灰工程项目的计量单位，就要同抹灰墙的计量单位一致，即按 m^2 计。

第二节 劳 动 定 额

一、劳动定额的概念

劳动定额，也称人工定额。劳动定额由于其表现形式不同，可分为时间定额和产量定额两种。

1. 时间定额

时间定额是指在一定的生产技术和生产条件下，某工种、某技术等级的工人班组或个人，完成单位合格产品所必须消耗的工作时间。定额时间包括工人的有效工作时间（准备与结束时间、基本工作时间、辅助工作时间）、不可避免的中断时间以及休息时间。

时间定额以工日为单位，每个工日工作时间按现行制度规定为 8h，其计算方法为

$$单位产品时间定额（工日）＝\frac{1}{每工产量}$$

或

$$单位产品时间定额＝\frac{小组成员工数总和}{小组的台班产量}$$

2. 产量定额

产量定额是指在一定的生产技术和生产组织条件下，某工种、某种技术等级的工人班或个人，在单位时间内（工日）应完成合格产品的数量，其计算方法为

$$每工产量＝\frac{1}{单位产品时间定额}$$

或

$$台班产量＝\frac{小组成员工日数总和}{单位产品时间定额}$$

时间定额与产量定额在数值上互为倒数关系，即

$$时间定额＝\frac{1}{产量定额}$$

或

$$产量定额＝\frac{1}{时间定额}$$

定额表 3-1 采用复式表形式。横线上面数字表示单位产品时间定额，横线下方数字表示单位时间产量定额。

表 3-1　　　　　　　　　　　每 1 台班的劳动定额　　　　　　　　　　单位：100m³

项　目			装　车			不　装　车			编号
			一、二类土	三类土	四类土	一、二类土	三类土	四类土	
正铲挖土机斗容量	0.5	挖土深度（m）	1.5 以内						
			$\frac{0.466}{4.29}$	$\frac{0.539}{3.71}$	$\frac{0.629}{3.18}$	$\frac{0.442}{4.52}$	$\frac{0.490}{4.08}$	$\frac{0.578}{3.46}$	94
			1.5 以外 $\frac{0.444}{4.50}$	$\frac{0.513}{3.90}$	$\frac{0.612}{3.27}$	$\frac{0.422}{4.74}$	$\frac{0.466}{4.29}$	$\frac{0.563}{3.55}$	95
	0.75		2 以内 $\frac{0.400}{5.00}$	$\frac{0.454}{4.41}$	$\frac{0.545}{3.67}$	$\frac{0.370}{5.41}$	$\frac{0.420}{4.76}$	$\frac{0.512}{3.91}$	96
			2 以外 $\frac{0.382}{5.24}$	$\frac{0.431}{4.64}$	$\frac{0.518}{3.86}$	$\frac{0.353}{5.67}$	$\frac{0.400}{5.00}$	$\frac{0.485}{4.12}$	97
	1.00		2 以内 $\frac{0.322}{6.21}$	$\frac{0.369}{5.42}$	$\frac{0.420}{4.76}$	$\frac{0.299}{6.69}$	$\frac{0.351}{5.70}$	$\frac{0.420}{4.76}$	98
			2 以外 $\frac{0.307}{6.51}$	$\frac{0.351}{5.69}$	$\frac{0.398}{5.02}$	$\frac{0.285}{7.01}$	$\frac{0.334}{5.99}$	$\frac{0.398}{5.02}$	99
序号			一	二	三	四	五	六	

注　定额表用复式形式表示，表中分子数据为人工时间定额，分母数据为每一台班产量定额。

时间定额和产量定额，虽然以不同的形式表示同一个劳动定额，但却有不同的用途。时间定额是以工日为计量单位，便于计算某分部（项）工程所需的总工日数，也易于核算工资和编制施工进度计划。产量定额是以产品数量为计量单位，便于施工小组分配任务，考核工人劳动生产率。现举例说明时间定额和产量定额的不同用途。

【例 1】 某工日有 120m³ 一砖基础，每天有 22 名专业工人投入施工，时间定额为 0.89 工日/m³，试计算完成该项工程的定额施工天数。

解： 完成砖基础需要的总工日数＝0.89×120＝106.80（工日）

需要的施工天数＝106.80÷22＝5（d）

即完成该项工程定额施工天数 5d。

【例 2】 某抹灰班有 13 名工人抹某住宅楼白灰砂浆墙面，施工 25d 完成抹灰任务。产量定额为 10.20m²/工日。试计算抹灰班应完成的抹灰面积。

解： 抹灰班完成的工日数量 13×15＝325（工日）

抹灰班应完成的抹灰面积 10.2×325＝3315（m²）

二、劳动定额的编制

（一）劳动定额编制前的准备工作

1. 施工过程的分类

施工过程是指在施工现场范围内所进行的建筑安装活动的生产过程。对施工过程的研究是制定劳动定额的基本环节。施工过程，按其使用的工具、设备的机械化程度不同，分为手工施工过程、机械施工过程和机手并动施工过程；按施工过程组织上的复杂程度不同，可分为工序、工作过程和综合工作过程。

（1）工序。工序是指在组织上不可分割而在操作上属于同一类的施工过程。工序的基本特点是工人、工具和使用的材料均不发生变化。在工作时，若其中一个条件有了变化，那就表明已由一个工序转入了另一个工序。例如钢筋制作这一施工过程，是由调直（冷拉）、切断、弯曲工序组成，当冷拉完成后，钢筋由冷拉机转入切断机并开始工作时，由于工具的改变，冷拉工序就转入了切断工序。

（2）工作过程。工作过程是由同一工人或同一小组所完成的在技术操作上相互联系的工序的组合。其特点是人员编制不变，而材料和工具可以变换。例如，门窗油漆，属于个人施工过程；五人小组砌砖，属于小组工作过程。

（3）综合工作过程。又称复合施工过程，它是由几个在组织上有直接关系的并在同一时间进行的，为完成一个最终产品结合起来的几个工作过程所组成。例如，砖墙砌砖工程是由搅拌砂浆、运砖、运砂浆、砌砖等工作过程组成一个综合工作过程。

2. 施工过程的影响因素

在建筑安装施工过程中，影响单位产品所需工作时间消耗量的因素很多，主要归纳为以下三类。

（1）技术因素。

1）完成产品的类别、规格、技术特征和质量要求。

2）所有材料、半成品、构配件的类别、规格、性能和质量。

3）所有工具、机械设备的类别、型号、规格和性能。

各项技术因素数值的组合，构成了每一施工过程的特点。同时各个施工过程因其技术因素的不同，其单位产品的工时消耗也随之各不相同。如砌砖施工过程的技术因素包括砖墙的类别、厚度、门窗洞口的面积、墙面艺术形式、砖的种类及规格、砂浆的种类和使用的工具设备等。

（2）组织因素。

1）施工组织与管理水平。

2）施工方法。

3）劳动组织。

4）工人技术水平、操作方法及劳动态度。

5）工资分配形式和劳动竞赛开展情况。

研究和分析施工过程的技术因素和组织因素，对于确定定额的技术组织条件和单位产品工时消耗标准，是十分重要的。另外在生产过程中，可以充分利用有利因素，克服不利因素，使完成单位产品工时消耗减少，以促进劳动生产率的提高。

（3）其他因素。其他因素包括雨雪、大风、冰冻、高温及水、电供应情况等。此类因素与施工技术、管理人员和工人无直接关系，一般不作为确定单位产品工时消耗的依据。

3. 工人工作时间的分析

工人工作时间的分析如图 3-1 所示。

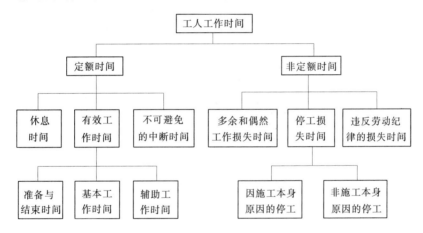

图 3-1 工人工作时间的分析

（1）定额时间。定额时间是指工人在正常的施工条件下，完成一定数量的产品所必须消耗的工作时间。它包括有效工作时间、不可避免的中断时间和休息时间。

1）有效工作时间。指与完成产品有直接关系的工作时间消耗。它包括准备与结束时间、基本工作时间和辅助工作时间。

准备与结束时间是指在工人在执行任务前的准备工作和完成任务后的结束工作所需消耗的时间。如熟悉施工图纸、领取材料与工具、布置操作地点、保养机具、清理工作地点等。其特点是它与生产任务的大小无关，但和工作内容有关。

基本工作时间是指直接与施工过程的技术操作发生关系的时间消耗。例如砌砖墙工作中所需进行的校正皮数杆、挂线、铺灰、选砖、吊直、找平等技术操作所消耗的时间。

辅助工作时间是指为了保证基本工作进行而做的与施工过程的技术操作没有直接关系的辅助工作所需消耗的时间。如修磨工具、转移工作地点等所需消耗的时间。

2）不可避免的中断时间。指工人在施工过程中由于技术操作和施工组织的原因而引起的工作中断所需要消耗的时间。如汽车司机等候装货、安装工人等候起吊构件等所消耗的时间。

3）休息时间。指在施工过程中，工人为了恢复体力所必需的暂时休息，以及工人生理上的要求（如喝水、大小便等）所必须消耗的时间。

（2）非定额时间

1）多余和偶然工作的时间。指在正常的施工条件下不应发生的时间消耗，以及由于意外情况所引起的工作所消耗的时间。如质量不符合要求，返工所造成的多余的时间消耗。

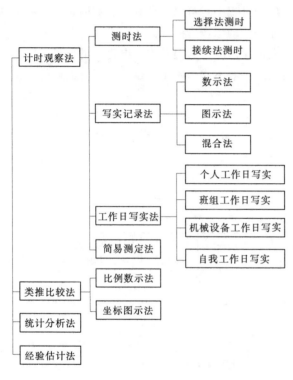

图 3-2　劳动定额测定方法

2）停工时间。指在施工过程中，由于施工或非施工本身的原因造成停工的损失时间。前者是由于施工组织和劳动组织不善，材料供应不及时，施工准备工作没法做好而引起的停工时间，后者是由于外部原因，例如水电供应临时中断以及由于气候条件（如大雨、风暴、酷热等）所造成的停工时间。

3）违反劳动纪律。指工人不遵守劳动纪律而造成的损失时间，如迟到、早退、擅自离开工作岗位、工作时间聊天以及由个别人违反劳动纪律而使其他的工人无法工作的时间损失。

上述非定额时间，在确定单位产品加工标准时，都不予考虑。

（二）劳动定额的编制方法

劳动定额水平测定的方法较多，一般比较常用的方法有计时观察法、类推比较法、统计分析法和经验估计法四种，如图 3-2 所示。

1. 计时观察法

计时观察法是在正常的施工条件下，对施工过程各工序时间的各个组成要素，进行现场观察测定，分别测定出每一工序的工时消耗，然后对测定的资料进行分析整理来制定定额的方法，该方法是制定定额最基本的方法。

根据施工过程的特点和技术测定的目的、对象和方法的不同，计时观察法又分为测时法、写实记录法、工作日写实法和简易测定法四种。

（1）测时法。测时法主要用来观察研究施工过程某些重复的循环工作的工时消耗，它不研究工人休息、准备与结束及其他非循环性的工作时间。可为制定劳动定额提供单位产品所必需的基本工作时间的技术数据。按使用秒表和记录时间的方法不同，测时法又分为选择法测时和接续法测时两种。

1）选择法测时是指不连续测定施工过程的全部循环组成部分，而是有选择地进行测定，测定开始时立即开动秒表，过程终止时立即停表，然后将所测定的时间记载下来，下一个组成部分开始时再将秒表拨到零重新记录。采用选择法测时，应特别注意掌握定时点，以免影响测时资料的准确性。观察结束后再进行整理，求出平均修正值。

2）接续法测时是施工过程循环的组成部分进行不间断地连续测不定期。不能遗漏任何一个循环的组成部分。这种方法较复杂，但精确度高，比较准确完善。其特点是在工作进行中一直不停止秒表，根据各组成部分之间的定时点，记录它的终止时间。一般情况下，其观察次数越多，所获得组成部分的延续时间越正确。

（2）写实记录法。写实记录法是研究各种性质的工作时间消耗的方法。它包括基本工作时间、辅助工作时间、不可避免的中断时间、准备与结束时间、休息时间以及各种损失时间。通过写实记录，可以获得分析工时消耗和制定定额的全部资料。这种测定方法比较简便，易于掌握，并能保证必需的精度。因此，写实记录法在实际工作中得到广泛采用。

写时记录法按记录时间的方法不同又可分为数示法、图示法和混合法三种。

1）数示法是指测定时直接用数字记录时间，填写在数示法写实记录中，这种方法可同时对两个以内的工人进行测定。适用于组成部分较少而且比较稳定的施工过程，记录时间的精确度为 $5\sim10s$。

2）图示法是指用图表的形式记录时间，用线段表示施工过程各个组成部分的工时消耗的一种测定方法。它适用于观察三个以上的工人共同完成某一产品的施工过程，记录时间的精确度程度可达 $0.5\sim1min$。此种方法记录时间与数示法相比具有记录技术简单、时间记录一目了然、整理方便等优点。因此，在实际工作中，使用较为普遍。

3）混合法是指用数字和图示分别表示施工过程各个组成部分的工时消耗和工人人数的一种方法。图示法的表格记录所测各个组成部分的延续时间，数示法的表格记录完成各个组成部分的人数。这种方法适用于同时观察三个以上工人工作时的集体写实记录。

（3）工作日写实法。工作日写实法是对工人在整个工作班内的全部工时利用情况，按照时间消耗的顺序进行实地的观察、记录和分析研究的一种测定方法。根据工作日写实的记录资料，可以分析哪些工时消耗是合理的、哪些工时消耗是无效的，并找出工时损失的原因，拟定措施，消除引起工时损失的因素，从而进一步促进劳动生产率的提高。因此工作日写实法是一种应用广泛而行之有效的方法。

（4）简易测定法。测时法、写实记录法和工作日写实法所得资料，对收集编制定额、研究工人操作方法和工作时间利用情况，分析损失时间的原因以及改进施工组织管理等，均能得到满足。但这些方法需要花费较大的人力和时间，有时往往受条件的限制，不容易实现。简易测定法是简化技术测定的方法，但仍然保持了现场实地观察记录的基本原则。将观察对象的组成部分简化，只测定额组成时间的基本工作时间或不可避免的中断时间等某一种定额时间，而其他时间则借助"工时消耗规范"来获得所需数据，然后利用计算公式，计算和确定出定额指标。它的优点是方法简便，速度快，容易掌握，时间和人力消耗少，在大量搜集定额水平资料情况下，这种方法最为适用。同时企业编制补充定额时也常用此方法。

根据测定的资料可运用下面的计算公式计算基本工作时间的消耗。

$$H_{基本} = \sum H_{工序}$$

式中　$H_{基本}$——基本工作时间；

　　　$H_{工序}$——工序基本工作时间消耗。

定额的其他时间可借助"定额工时消耗规范"取得。

定额时间可用以下公式计算。

$$定额时间 = \frac{基本工作时间}{1 - 规范时间\%}$$

【例3】　测定一砖厚（24墙）的基础墙，采用简易测定法，通过现场观察，记录、分析、整理，每平方米砌体基本工作时间为0.29工日，试求其时间定额与每工产量定额。

已知：基本工作时间为0.29工日；准备与结束时间占工作班时间比例为5.45%；休息时间占工作班时间比例为5.84%；不可避免中断时间占工作班时间比例为2.49%；

解：

$$时间定额 = \frac{0.29}{1 - (5.45\% + 5.84\% + 2.49\%)}$$

$$= 0.34（工日）$$

$$每工产量 = \frac{1}{0.34} = 0.94（m^3）$$

2. 统计分析法

统计分析法是把过去一定时期内实际施工中的同类工程或生产同类产品的实际工时消耗和产品数量的统计资料（如施工任务书、考勤报表和其他有关的统计资料）与当前生产技术组织条件的变化结合起来，进行分析研究制定定额的方法。

统计分析法简便易行，节约人力与时间，有较多资料依据，能很好地反映生产实际情况。它适用于施工（生产）条件比较正常的、量大面广的常见工程。在统计工作制度健全的企业里，与技术测定法并用。但是由于原始统计资料只是施工过程中实耗工时的记录，在统计时并没有排除生产技术组织中不合理的因素，据此编制的定额，只能反映以往阶段的定额水平，不能预计今后施工水平的改进与发展，因此定额的可靠性较差。

过去的统计数据中，包含施工过程中某些不合理的因素。因而这个水平偏于保守，为了使定额水平保持平均先进性质，可采用"二次平均法"对统计资料进行整理，求出平均先进值，作为定额水平，计算步骤如下：

（1）删除统计资料中特别偏高、偏低的明显不合理的数据。

（2）计算出算术平均数或加权平均数。

算术平均数的计算公式为

$$\overline{X} = \frac{x_1 + x_2 + \cdots + x_n}{n} = \frac{\sum x}{n}$$

式中　n——数据个数；

　　　$\sum x$——各个数据之和。

或加权平均数的计算公式为

$$\overline{X} = \frac{1}{\sum f} \sum fx = \frac{1}{n} \sum fx$$

式中　f——频数，即某一数值在数列中出现的次数；

　　　$\sum f$——数列中每一数值出现的次数加总；

　　　$\sum fx$——数列中每一数值与各自出现的次数相乘，然后把各个乘积加总。

（3）计算平均先进值。算术平均数（或加权平均数）与数列中小于平均数的各数值相加，再求其平均数，亦即第二次平均，即为确定定额水平的依据。

【例4】　现有统计得来的工时消耗数据为 40、40、50、55、60、70、60、70、60、95，试用二次平均法计算其平均先进值。

解：　（1）上述数列中 95 明显是偏高的数据，就删除。

（2）计算算术平均数

$$\overline{X} = \frac{1}{9}(40+40+50+55+60+70+60+70+60)$$

$$= 56.1$$

或加权平均数

$$\overline{X} = \frac{1}{2+1+1+3+2} \times (2\times40+50+55+3\times60+2\times70)$$

$$= 56.1$$

（3）数列中小于平均数 56.1 有 2 个 40、1 个 50、1 个 55。

则

$$二次平均先进值 = \frac{56.1+2\times40+50+55}{1+2+1+1}$$

$$= 48.22$$

此 48.22 即可作为这一级统计资料整理后的数值，用此作为确定定额水平的依据。

3. 类推比较法

类推比较法，又称"典型定额法"，它是以同类产品或工序定额作为依据，经过分析比较，以此推算出同一组定额中相邻项目定额的一种方法。

采用这种方法编制定额时，对典型定额的选择必须恰当。通常采用主要项目和常用项目作为典型定额比较类推。对用来对比的工序、产品的施工工艺和劳动组织等特征必须是"类似"或"近似"，这样才具有可比性，才可以做到提高定额的准确性。

这种方法简便，工作量小，适用于产品品种多、批量小的施工过程。比较类推法常用的方法有以下两种。

（1）比例数示法。比例数示法是在选择定额项目后，经过技术测定或统计资料确定出它们的定额水平以及和相邻项目的比例关系。再根据比例关系计算出同一组定额中其余相邻项目的定额水平的方法。例如表 3-2 中挖地槽、地沟时间定额水平的确定就采用了这种方法。

表 3-2 挖地槽、地沟时间定额确定表

项 目	比 例 关 系	挖地槽、地沟深在 1.5m 以内		
		上口宽在（m 以内）		
		0.8	1.5	3
一类土	1.00	0.167	0.144	0.133
二类土	1.43	0.238	0.205	0.192
三类土	2.50	0.417	0.357	0.333
四类土	3.76	0.629	0.538	0.500

表中一类土各项目的时间定额和与二类、三类、四类土的比例关系，就是根据技术测定的数据确定的。二类、三类、四类土的时间定额则是根据一类土的时间定额按比例关系计算得来的。

其计算公式为

$$t = pt_0$$

式中　　t——比较类推相邻定额项目的时间定额；

　　　　t_0——典型项目的时间定额；

　　　　p——比例系数。

【例5】 已知挖地槽、地沟的一类土时间定额及各类土工时消耗的比例 p，试计算二、三、四类土的时间定额。

解： 当上口宽在 0.8m 以内时，由表 3-2 查得

一类土：$t = 0.167$

二类土：$t = 1.43 \times 0.167 = 0.238$

三类土：$t = 2.50 \times 0.167 = 0.147$

四类土：$t = 3.76 \times 0.167 = 0.629$

其余上口宽 1.5m，3m 的求解类同，见表 3-2。

（2）坐标图示法。坐标图示法以横坐标表示影响因素值的变化，纵坐标表示产量或工时消耗的变化。选择一种同类型的典型定额项目（一般为四项），并用技术测定或统计资料确定出各类型定额项目的水平，在坐标图上用"点"表示，连接各点或一曲线即是影响因素与工时或产量之间的变化关系。从曲线上可找出同类型全部项目的定额水平。

如：在确定机动翻斗车运石子、矿渣的劳动定额指标时，首先选出运距分别为 100m、400m、900m、1600m 等典型定额项目，再用技术测定法分别确定出它们的产量定额标准，依次分别为 $4.63m^3$、$3.6m^3$、$2.84m^3$、$2.25m^3$，根据这四组数据，绘出运石子、矿渣的曲线图（图 3-3）。

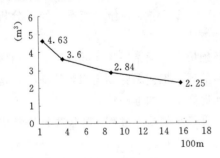

图 3-3　机动翻斗车运石子、矿渣曲线图

根据图中曲线，可以类推出运距分别为 200m、600m、1200m 时的产量定额，依次分

别为 $4.2m^3$、$3.3m^3$、$2.55m^3$。

4. 经验估计法

经验估计法根据老工人、施工技术人员和定额员的实践经验，并参照有关技术资料，结合施工图纸、施工工艺、施工组织条件和操作方法等进行分析、座谈讨论、反复平衡制定定额的方法。

由于估工人员的经验和水平的差异，同一项目往往提出一组不同的定额数据。此时应对提出的各种不同数据进行认真地分析处理，反复平衡，并根据统筹法原理，进行优化以确定出平均先进的指标，计算公式为

$$t = \frac{a + 4m + b}{6}$$

式中　　t——定额优化时间（平均先进水平）；

　　　　a——先进作业时间（乐观估计）；

　　　　m——一般作业时间（最大可能）；

　　　　b——后进作业时间（保守估计）。

【例6】　某一施工过程单位产品的工时消耗，通过座谈讨论估计出了三种不同的工时消耗，分别是 0.5 工日、0.6 工日、0.7 工日，计算定额时间。

解：
$$t = \frac{0.5 + 4 \times 0.6 + 0.7}{6} = 0.6 （工日）$$

经验估计法具有制定定额的工作过程短、工作量较小、省时、简便易行的特点。但是其准确度在很大程度上决定于参加估工人员的经验，有一定的局限性。因此，它只适用于产品品种多，批量小，某些次要定额项目中使用。

上述几种测定定额的方法，可以根据施工过程的特点以及测定的目的分别选用，在实际工作中也可以互相结合起来使用。

第三节　材料消耗定额

一、概念

材料消耗定额是指在节约与合理使用材料的条件下，生产单位合格产品所必须消耗的一定规格的建筑材料、半成品或配件的数量标准。

材料消耗定额是确定材料需要量、编制材料计划的基础，也是施工队向工人班组签发限额领料单、考核和分析材料利用情况的依据。

二、组成

单位合格产品所必须消耗的材料数量，由合格产品的材料净用量和在生产过程中合理的材料损耗量两部分组成。

（1）合格产品的材料净用量。指在不计废料和损耗的情况下，直接用于建筑物上的材料。

（2）在生产过程中合理的材料损耗量。指在施工过程不可避免的废料和损耗，其损耗范围是由现场仓库或露天堆放场地运到施工地点的运输损耗及施工操作，但不包括可以避

免的浪费和损失的材料。

材料损耗量的计算方法有两种，材料总消耗量的计算方法也有两种。

1）材料损耗量的计算方法。

$$材料损耗量＝材料总消耗量×材料损耗率$$

$$材料损耗率＝材料损耗量材料总消耗量×100\%$$

$$材料损耗量≈材料净用量×材料损耗率$$

$$材料损耗率≈材料损耗量材料净用量×100\%$$

2）材料总消耗量的计算方法。

$$材料净用量＝材料总消耗量－材料损耗量$$

$$材料净用量＝材料总消耗量（1－损耗率）$$

$$材料总消耗量 = \frac{材料净用量}{1 - 材料损耗率}$$

$$材料净用量≈材料总耗用量－损耗量$$

$$材料总消耗量≈材料净用量×（1＋材料损耗率）$$

以上两种计算方法其差值很小，而第二种计算方法较为简便，因此一般材料消耗定额的编制中采用较多。

三、编制方法

（一）直接性材料消耗定额的编制方法

根据工程需要直接构成实体消耗材料，为直接性材料。材料消耗定额的制定方法，主要有观测法、试验法、统计法和计算法。

1. 观测法

观测法是在合理与节约使用材料的条件下，对施工过程中实际完成产品的数量与所消耗的各种材料数量进行现场观察、测定，通过分析整理和计算确定建筑材料消耗定额的方法。这种方法最适宜用来制定材料的损耗定额，因为只有通过现场观察和测定才能区别出哪些属于不可避免的损耗，哪些是可以避免的损耗，不应计入定额内。

2. 试验法

试验法是通过专门的试验仪器和设备，在试验室内进行观察和测定，再通过整理计算出材料消耗定额的一种方法。此方法能够更深入、详细地研究各种因素对材料消耗的影响，保证原始材料的准确性。由于这种方法是在试验室条件下进行的，从而难以充分估计到现场施工中某些因素对材料消耗量的影响。因此，要求试验室条件尽量符合施工过程的正常施工条件，同时在测定以后还要用观察法进行审核和修正。

3. 统计法

统计法，也称统计分析法，是以现场积累的分部分项工程拨付材料数量、完成产品数量、完成工作后材料的剩余数量的统计资料为基础，经分析，计算出单位产品的材料消耗量的方法。此法比较简单易行，不需要组织专人测定或试验，但是其精确程度受统计资料和实际使用材料的影响。所以要注意统计资料的真实性和系统性，要有准确的领退料统计数字和完成工程量的统计资料，同时要有较多的统计资料作为依据，统计对象也应认真选择。

4. 计算法

计算法也称理论计算法，是根据施工图纸和其他技术资料用理论计算公式制定材料消耗定额的方法。

计算法主要用于制定块状、板类建筑材料（如砖、钢材、玻璃、油毡等）的消耗定额。因为这些材料，只要根据图纸及材料规格和施工验收规范，就可以通过公式计算出材料消耗数量。

采用计算法计算材料消耗定额时首先计算出材料的净用量，而后算出材料的损耗量，两者相加即得材料总消耗量。

例如：每立方米砖砌体材料消耗量的计算

$$砖净用量（块）=\frac{墙厚砖数\times 2}{墙厚\times（砖长+灰缝）\times（砖厚+灰缝）}$$

$$砖消耗量=砖净用量（1+损耗率）$$

$$砂浆消耗量（m^3）=（1-砖净用量\times 每块砖体积）\times（1+损耗率）$$

【例7】 计算标准砖墙每立方米砌体砖和砂浆的消耗量（砖和砂浆损耗率均为 1%）。

解：

$$砖净用量=\frac{1.5\times 2}{0.365\times（0.24+0.01）\times（0.053+0.01）}$$

$$=522（块）$$

$$砖消耗量=522\times（1+0.01）=527（块）$$

$$砂浆消耗量=（1-522\times 0.24\times 0.115\times 0.053）\times（1+0.01）$$

$$=0.238（m^3）$$

（二）周转性材料消耗量的确定

在建筑工程施工中，除了构成产品实体的直接性消耗材料外，还有另一类周转性材料。周转材料是指在施工中不是一次性消耗的材料，它是随着多次使用而逐渐消耗的材料，并在使用过程不断补充，多次重复使用，如脚手架、挡土板、临时支撑、混凝土工程的模板等。因此，周期性材料的消耗量，应按照多次使用、分次摊销的方法进行计算。周转性材料指标分别用一次使用量和摊销量两个指标表示。

一次使用量是指材料在不重复使用的条件下的一次使用量。一般供建设单位和施工企业申请备料和编制施工作业计划之后。

摊销量是按照多次使用，应分摊到每一计量单位分项工程或结构构件上的材料消耗数量。下面介绍模板摊销量的计算。

1. 现浇结构模板摊销量的计算

$$摊销量=周期使用量-回收量$$

其中

$$周转使用量=\frac{一次使用量+（一次使用量）（周转次数-1）\times 损耗率}{周转次数}$$

$$=（一次使用量）\times \frac{1+（周转次数-1）\times 损耗率}{周转次数}$$

$$回收量=\frac{一次使用量-（一次使用量\times 损耗率）}{周转次数}$$

$$=（一次使用量）\times \frac{1-损耗率}{周转次数}$$

周转次数是指新的周转材料从第一次使用（假定不补充新料）起，到材料不能再使用时的使用次数。

2. 预制构件模板摊销量的计算

预制钢筋混凝土构件模板虽然多次使用，反复周转，但与现浇构件计算方法不同，预制钢筋混凝土构件按多次使用平均摊销的计算方法，不计算每次周转损耗率（即补充损耗率）。因此计算预制构件模板摊销量时，只需要确定其周转次数，按图纸计算出模板一次使用量后，摊销量按下列公式计算

$$摊销量 = \frac{一次使用量}{周转次数}$$

【例8】　某工程现浇钢筋混凝土大梁，查施工材料消耗定额得知需一次使用模板料 $1.77m^3$，支撑料 $2.47m^3$ 周转 6 次，每次周转损耗 15%，计算施工定额摊销量是多少。

解：
$$模板回收量 = \frac{1.775-(1.775\times 15\%)}{6}$$
$$= 0.2515（m^3）$$
$$支撑回收率 = \frac{2.475-(2.475\times 15\%)}{6}$$
$$= 0.3507（m^3）$$
$$模板周转使用量 = 1.775\times \frac{1+(6-1)\times 15\%}{6}$$
$$= 0.5178（m^3）$$
$$支撑周转使用量 = 2.475\times \frac{1+(6-1)\times 15\%}{6}$$
$$= 0.7220（m^3）$$
$$模板摊销量 = 0.5178-0.2515 = 0.2663（m^3）$$
$$支撑摊销量 = 0.7220-0.3507 = 0.3713（m^3）$$

第四节　机械台班使用定额

一、概念

1. 定义

在工程施工中，有些工程项目是由人工完成的，有些工程是由机械完成的，有些则由人工和机械共同完成的。在人工完成的产品中所必须消耗的时间就是人工时间定额，由机械完成的或由人工机械共同完成的产品，就有一个完成单位合格产品机械所消耗的工作时间。

在合理使用机械和合理的施工组织条件下，完成单位合格产品所必须消耗的机械台班的数量标准，就称为机械台班消耗定额，也称为机械台班使用定额。

所谓"台班"，就是一台机械工作一个工作班（即 8h）称为一个台班。如两台机械共

同工作一个工作班，或者一台机械工作两个工作班，则称为两个台班。

2. 表示形式

（1）机械时间定额。该定额是在正常的施工条件和劳动组织的条件下，使用某种规定的机械，完成单位合格产品所必须消耗的台班数量，即

$$机械时间定额＝\frac{1}{机械台班产量定额}（台班）$$

（2）机械台班产量定额。该定额是在正常的施工条件和劳动组织条件下，某种机械在一个台班时间内必须完成的单位合格产品数量，即

$$机械台班产量定额＝\frac{1}{机械时间定额}$$

机械的时间定额与机械台班产量定额之间互为倒数。

（3）机械和人工共同工作时的人工定额。

1）时间定额＝$\dfrac{机械台班内工人的工日数}{机械的台班产量}$

2）机械台班产量定额＝$\dfrac{机械台班内工人的工日数}{时间定额}$

【例 9】 用 6t 塔式起重机吊装某种混凝土构件，由 1 名吊车司机、7 名安装起重工、2 名电焊工组成的综合小组共同完成，已知机械台班产量定额为 40 块，试求吊装每一块构件的机械时间定额和人工时间定额。

解：计算步骤为：

（1）吊装每一块混凝土构件的机械时间定额。

$$机械时间定额＝\frac{1}{机械台班产量定额}＝\frac{1}{40}＝0.025（台班）$$

（2）吊装每一块混凝土构件的人工时间定额。

1）分工种计算。

$$吊装司机时间定额＝1×0.025＝0.025（工日）$$
$$安装起重工时间定额＝7×0.025＝0.175（工日）$$
$$电焊工时间定额＝2×0.025＝0.050（工日）$$

2）按综合小组计算。

$$人工时间定额＝(1＋7＋2)×0.025＝0.25（工日）$$

或

$$人工时间定额＝\frac{1＋7＋2}{40}＝0.25（工日）$$

二、编制

1. 机械工作时间的分析

机械工作时间的分析如图 3-4 所示。

（1）机械的定额时间。机械的定额时间包括有效工作时间、不可避免的无负荷时间和不可避免的中断时间三部分。

1）有效工作时间。包括正常负荷下的工作时间和降低负荷下的工作时间。正常负荷下的工作时间是指机械与说明书规定的负荷相等的正常负荷下进行工作的时间。降低负荷

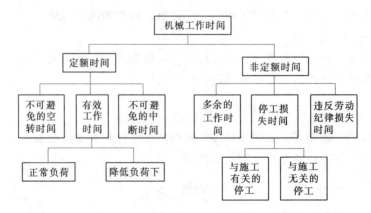

图 3-4 机械工作时间的分析

下的工作时间是在个别情况下由于技术上的原因，造成机械在低于其规定的负荷下工作的时间。如汽车装运货物，其重量轻体积大，而不能充分利用汽车的载重吨位，这种情况下也视为有效工作时间。

2）不可避免的中断时间是指由于操作和施工过程的特性，而造成的机械工作中断时间。

与操作有关的不可避免中断时间：如汽车装、卸货的停歇时间。

与机械有关的不可避免中断时间是指用机械工作的工人在准备与结束工作时机械暂停的中断时间。

工人休息时间是指因工人必需的休息时间而引起的机械中断时间。

3）不可避免的无负荷工作时间是指由于施工过程的特性和机械的特点所造成的机械无负荷工作时间，如铲运机返回到铲土地点。

（2）机械的非定额时间。

1）多余的工作时间是指可以避免的机械无负荷（如工人没及时给混凝土搅拌机装料）而引起的机械空转，或者在负荷下的多做工作（如搅拌机搅拌混凝土时超过了规定搅拌时间）。

2）停工损失时间按其性质分为由于施工本身造成的停工时间和非施工本身造成的停工时间。前者是由于施工组织不善、机械维护不良而引起的停工时间；后者指的是如水源、电源中断以及气候条件（暴雨、大风等）的影响而引起的机械停工时间。

3）违反劳动纪律的损失时间是指由于工人迟到早退及其他违反劳动纪律的行为而引起的机械停歇时间。

2. 机械台班定额的编制方法

施工机械台班定额是施工机械生产效率的反映。编者按制机械定额的程序及方法如下：

（1）确定正常的工作地点。就是将施工地点、机械、材料和构件堆放的位置及工人从事操作的条件作出科学合理的平面布置和空间的安排，使之有利于机械运转和工人操作，减轻工人的劳动强度，充分利用工时，以便最大限度地发挥机械的生产效率。

（2）拟定正常的工人编制。根据施工机械性能和设计能力及工人的专业分工和劳动工效，合理地确定操作机械的工人（如司机、维修工等）和直接参加机械化施工过程的工人（如混凝土搅拌机装料、卸料工人）的配备，确定正常的工人编制人数。

（3）确定机械一小时纯工作的正常生产效率（N）。机械一小时纯工作正常生产效率是指在正常的施工条件下，由具备机械操作知识和技术技能的工人驾驶机械，机械一小时内应达到的生产效率。

建筑机械可分为循环和连续动作两种类型，下面以确定循环机械一小时纯工作正常生产效率为例，步骤如下：

1）确定循环组成部分的延续时间。根据机械说明书计算出来的延续时间和计时观察所得到的延续时间，或者根据技术规范和操作规程，确定其循环组成部分的延续时间。

2）确定整个循环一次的正常延续时间。它等于机械该循环各组成部分的正常延续时间之和（$t_1 + t_2 + t_3 + \cdots + t_n = t$）。

3）确定机械一小时纯工作时间的正常循环次数（n）。

可由下列公式计算（时间单位：s）

$$n = \frac{3600}{t_1 + t_2 + t_3 + \cdots t_n}$$

（4）确定机械一小时纯工作的正常生产率（N_n），可由下式计算

$$N_n = nm$$

式中　N_n——机械一小时纯工作的正常生产率；

　　　n——机械一小时纯工作时间的正常循环次数；

　　　m——机械每循环一次的产品的数量。

【例10】　塔式起重机吊装大模板到五层就位，每次吊装一块，循环的各组成部分的延续时间如下：

　　解：挂钩时的停车时间：12s

　　　　　上升回转时间：63s

　　　　　下落就位时间：46s

　　　　　脱钩时间：13s

　　　　　空钩回转下降时间：43s

　　　　　合计：177s

纯工作一小时的循环次数 n 为：

$$n = 3600 \div 177 = 20.34 \text{（次）}$$

塔吊纯工作一小时的正常生产率 N_n 为：

$$N_n = 20.34 \times 1 \text{ 块/次} = 20.34 \text{ 块}$$

（5）拟定机械台班产量定额（N 台班）。

计算公式如下

$$N_{台班} = N_n T K_B$$

式中　$N_{台班}$——机械台班产量定额；

　　　N_n——机械一小时纯工作的正常生产率；

　　　T——工作班延续时间（一般为8h）；

K_B——机械时间利用系数，即：

$$K_B = \frac{\text{工作班内机械纯工作时间}}{T}$$

【例 11】 JG250 型混凝土搅拌机，正常生产率为 $6.25\text{m}^3/\text{h}$，工作班为 8h，工作班内机械纯工作时间为 7.2h，则

解：　　　　　机械时间利用系数（K_B）＝7.2÷8＝0.9

混凝土搅拌机台班产量定额（N 台班）＝8×6.25×0.9＝45（m^3）

混凝土搅拌机时间定额＝1÷45＝0.022（台班）

习　　题

1. 什么是施工定额？其作用是什么？

2. 施工定额的编制原则是什么？

3. 施工定额的内容是什么？

4. 什么是劳动定额？其表现形式是什么？

5. 什么是定额时间？什么是非定额时间？

6. 劳动定额的编制有哪些方法？

7. 什么是材料消耗定额？它是由什么组成的？

8. 材料消耗定额有哪些编制方法？

9. 什么是机械台班使用定额？其表现形式是什么？

10. 什么是机械定额时间和非定额时间？举例说明。

第四章 预 算 定 额

第一节 预 算 定 额 概 述

一、预算定额的概念

建筑工程预算定额是确定一定计量单位的分项工程或结构构件的人工、材料和机械台班消耗数量标准。

二、预算定额的作用

(1) 是编制建筑工程施工图预算,合理确定建筑工程预算造价的依据。

(2) 对实行招标投标的工程,建筑工程预算定额是计算确定工程标底和投标报价的依据。

(3) 是建设单位和建筑施工企业进行工程结算和决算的依据。

(4) 是编制建筑工程预算定额和概算指标的依据。

(5) 是编制建筑工程概算定额和核算指标的依据。

(6) 是建筑施工企业编制施工计划、组织施工、进行经济核算加强经营管理的重要工具。

三、编制预算定额的原则和依据

1. 原 则

建筑工程预算定额是确定建筑工程产品生产消耗量的一个标准。在颁发使用范围内,定额的使用具有法令性,使本地区内所有建筑工程的设计施工有一个统一的核算标准,所以预算定额的编制工作是一项严肃的经济立法工作,必须正确贯彻党和国家的方针政策,在广泛调查研究的基础上,总结一阶段预算定额执行中的经验教训和存在问题,使新编或修订的预算定额能正确反映当前的社会生产力水平,成为基本建设的经济管理的有效工具。

编制预算定额必须遵循以下各项原则。

(1) 必须贯彻技术先进,平均合理的原则。技术先进是指定额各项指标确定是以行之有效的、技术上比较先进和成熟的施工方法、结构构造和材料的使用为依据,不应该反映技术比较落后、消耗较大的设计和施工方法。所谓平均合理是指定额指标的确定是按社会必要劳动消耗量来确定定额水平。建筑安装工程也是一种商品。预算定额就是用以确定建筑产品的消耗和价格,必须依据全社会、同行业各生产企业在正常的生产组织和经营管理状态下的平均生产水平。

预算定额与施工定额的水平是不同的。施工定额反映的是平均先进水平,预算定额反映的是社会平均水平,是大多数企业能够达到和超过的水平,也就是预算定额的水平要稍低于施工定额的水平。

（2）必须体现"简明、准确、适用"的原则。计算一个工程的实物消耗与造价，一定要准确、完整。但工程的结构构造、材料品种、施工方法是非常复杂的，定额不可能包罗万象的全面反映，否则使用、计算过于复杂，也难免仍有挂一漏万的可能。因此，定额项目要简明扼要，数量不能太多。为使定额项目能较完整地反映常用的工程构造，少留活口，要作必要的简化和综合合并，通过细算粗编的办法，达到定额项目比较少，但内容全面完整，适用于各种不同情况。对影响造价较大的因素，如混凝土、砂浆强度等级、钢筋用量等可通过换算的办法，对价值较低的构件和材料项目，通过测算，定额综合反映其平均值，但不允许换算。这样，使定额的项目简明，计算准确，使用方便。

（3）要贯彻集中领导和分级管理的原则。定额的制订与管理应由中央主管部门加以领导，统一确定编制定额的原则、编制的方案和办法，领导定额的编制与修订，颁发有关的规章制度和条例细则，颁发全国统一的定额和费用标准等。

我国的幅员辽阔，各地区的自然条件、交通运输条件、材料资源条件等存在很大的差别，由此而影响各地区性的工业发展水平不平衡，反映在建筑工程中建筑结构构造、使用的材料品种、施工方法、技术水平等也有一定的差异。因此有必要在全国统一编制原则的基础上，结合本地区的技术经济条件，作适当的修订调整，编制成地区性预算定额。各地区性的工资标准、材料预算价格、机械台班费等也是不同的，定额单价表更无法统一，所以目前我国的建筑工程预算定额与单位估价表由各省（自治区、直辖市）颁发，由各省（自治区、直辖市）的基本建设主管部门管理。

2. 依据

预算定额的编制要依据以下各种文件和资料。

（1）现行的设计规范、施工及验收规范、质量评定标准及安全操作规程等建筑技术法规。

（2）通用标准图集和定型设计图纸及有代表性的设计图纸和图集。

（3）现行的全国统一劳动定额、各地区现行预算定额、材料消耗定额和施工机械台班定额。

（4）各地区现行的人工工资标准、材料预算价格和施工机械台班费。

（5）较成熟的新技术、新结构、新材料的数据和资料。

第二节　预算定额的编制

一、预算定额的编制程序

（1）制订预算定额的编制方案。预算定额的编制方案主要内容包括：建立相应的机构，确定编制定额的指导思想、编制原则和编制进度；明确定额的作用、编制的范围和内容；确定人工、材料、机械消耗定额的计算基础和收集有关的基础资料进行分析整理，使其资料系统化。

（2）确定定额项目及其工作内容。划分定额项目是以施工定额为基础，合理确定预算定额的步距，进一步考虑其综合性。尽量做到项目齐全、粗细适度、简明适用。在划分项目的同时，应将各工程项目的工程内容、范围予以确定。

(3) 确定分项工程的定额消耗指标。确定分项工程的定额消耗指标，应在选择计量单位、确定施工方法、计算工程量及含量测算的基础上进行。

1) 选择计量单位。预算定额的计量单位应使用方便，并与工程项目内容相适应，能反映分项工程量最终产品形态和实物量。计量单位一般就根据结构构件或分项工程的特征及变化规律来确定。

2) 确定施工方法。不同的施工方法，会直接影响预算定额中的人工、材料和施工机械台班的消耗指标。因此在编制定额时，必须以本地区的施工（生产）技术组织条件、施工验收规范、安全操作规程以及已经推广和成熟的新工艺、新结构、新材料和新的操作方法等为依据。合理地确定施工方法，使其正确反映当时社会生产力的水平。

3) 计算工程量及含量的测算。工程量计算应选择有代表性的图纸、资料和已经确定的定额项目、计量单位，按照工程量计算规则进行计算。

计算中应特别注意预算定额项目的工作内容范围及其所包括内容在该项目所占的比例，即含量的测算。通过含量的测算，保证定额项目的合理性，使定额内的人工、材料、机械台班的消耗做到相对准确。

4) 确定人工、材料、机械台班消耗量指标。

5) 编制定额项目表。

6) 修改定稿，颁发执行。

初稿编出后，应与以往相应定额进行对比，对新定额进行水平测算，然后根据测算结果，分析影响新定额水平提高或降低的因素，最后对初稿进行合理的修订。

在测算和修改的基础上，组织有关部门进行讨论并征求意见，定稿后连同编制说明书呈报上级主管部门审批。经批准后，在正式颁发执行前，要向各有关部门进行政策性和技术性的交底，以利于定额的正确贯彻执行。

二、定额项目人工、材料、施工机械消耗指标的确定

（一）人工消耗指标的确定

1. 人工消耗指标的组成

预算定额中人工消耗指标是由基本用工和其他用工两部分组成。

(1) 基本用工。基本用工是指为完成某个分项工程所需的主要用工量。例如砌筑各种墙体工程中的砌砖、调制砂浆以及运转和运砂浆的用工量。此外，还包括属于预算定额项目工作内容范围一些基本用量，如在墙体工程中的门窗洞口、砌砖石旋、垃圾道、预留抗震柱孔、附墙烟囱等工作内容。

(2) 其他用工。其他用工是辅助基本用工消耗的工日，按其工作内容分为以下三类。

1) 人工幅度差别用工。指在劳动定额中未包括的，而在一般正常施工中不可避免的，但又无法计量的用工，其内容包括：在正常施工组织的情况下，土建各工种间的工序搭接及土建工程与水电工程之间的交叉配合所需的停歇时间；场内施工机械，在单位工程之间交换位置及临时水电线路在施工中不可避免的工人操作间歇时间；工程质量检查及隐蔽工程验收而影响工人的操作时间；场内单位工程操作地点的转移而影响工人的操作时间；施工过程中，工种之间交叉作业造成损失所需要的修理费用工；施工中不可避免的少量零星用工。

2）超运距用工。指超过劳动定额规定的材料、半成品运距的用工数量。

3）辅助用工。指材料需要在现场加工的用工数量，如筛砂子、淋石灰膏、冲洗石子、混凝土养护、草袋场内运输等增加的用工量。

2. 各种用工数量及平均工资等级的计算

（1）用工量计算。

1）基本工。

$$基本工工日数＝\sum（工序工程量×时间定额）$$

2）超运距用工。

$$超运距＝预算定额规定的运距－劳动定额规定的运距$$
$$超运距用工＝\sum（材料数量×超运距的时间定额）$$

3）材料加工用工。

$$材料加工用工＝\sum（加工材料数量×时间定额）$$

4）人工幅度差用工。

$$人工幅度差用工＝（基本工超运距工＋材料加工用工）×人工幅度差系数$$

5）定额用工合计。

$$定额用工量＝基本工＋超运距用工＋材料加工用工＋人工幅度差用工$$

（2）平均等级计算。以上用工指标包含基本工、超运距用工、材料加工用工与幅度用工等，它们的等级各不相同，为了计算该定额项目的人工费，应计算出该用工指标的平均等级。计算方法如下：

1）基本工工资等级总系数。

$$基本工平均工资等级系数＝\frac{\sum（小组等级工人数×相应的工资等级系数）}{小组人数之和}$$

其他超运距、材料加工等平均工资等级系数求法相同。

$$基本工工资等级总系数＝基本工工日数×基本工平均工资等级系数$$

2）超运距用工工资等级总系数。

$$超运距用工工资等级总系数＝超运距用工工日数×超运距工平均工资等级系数$$

3）材料加工工资等级总系数。

$$材料加工用工工资等级总系数＝材料加工用工工日数×材料加工平均工资等级系数$$

4）人工幅度差用工工资等级总系数。

$$幅度差用工平均工资等级系数＝\frac{基本工超运距工材料加工工资等级总系数之和}{基本工超运距工材料加工用工工日数之和}$$

$$幅度差用工工资等级系数＝幅度差用工量×幅度差用工平均工资等级系数$$

5）预算定额项目的平均等级。

$$预算定额项目平均工工资等级系数＝\frac{各种用工工资等级总系数之和}{各种用工工日数之和}$$

根据该项目平均工资等级系数，即可求出相应的平均系数。

（二）材料消耗指标的确定

1. 材料消耗指标的组成。

预算定额中的材料用量是由材料的净用量和材料的损耗量组成。

预算定额内的材料，按其使用性质、用途和用量大小可划分为以下三类。

（1）主要材料。指直接构成工程实体而且用量较大的材料。

（2）周转性材料。又称工具性材料，施工中可多次使用，但不构成工程实体的材料，如模板、脚手架等。

（3）次要材料。指用量不多，价值不大的材料。可采用估算法计算，一般将此类材料合并为"其他材料费"其计量单位用"元"来表示。

2. 材料消耗指标的计算

材料消耗指标是在编制预算定额方案中已经确定的有关因素（如工程项目的划分、工程内容的范围计量单位和工程量计算）的基础上，分别采用观测法、试验法、统计法和计算法，首先确定出材料的净用量，而后确定材料的损耗率计算出材料的消耗量，并结合测定的资料，采用加权平均的方法计算确定出材料的消耗指标，材料损耗率见表4-1。

表 4 - 1 　　　　　　　　　　材料、成品、半成品损耗率参考表

材料名称	工程项目	损耗率（%）	材料名称	工程项目	损耗率（%）
标准砖	基础	0.4	石灰砂浆	抹墙及墙裙	1
标准砖	实砖墙	1	水泥砂浆	抹天棚	2.5
标准砖	方砖柱	3	水泥砂浆	抹墙及墙裙	2
白瓷砖		1.5	水泥砂浆	地面、屋面	1
陶瓷锦砖	（马赛克）	1	混凝土（现制）	地面	1
铺地砖	（缸砖）	0.8	混凝土（现制）	其余部分	1.5
砂	混凝土工程	1.5	混凝土（预制）	桩基础、梁、柱	1
砾石		2	混凝土（预制）	其余部分	1.5
生石灰		1	钢筋	现、预制混凝土	2
水泥		1	铁件	成品	1
砌筑砂浆	砖砌体	1	钢材		6
混合砂浆	抹墙及墙裙	2	木材	门窗	6
混合砂浆	抹天棚	3	玻璃	安装	3
石灰砂浆	抹天棚	1.5	沥青	操作	1

（1）采用理论计算法算主要材料消耗量。

例如：用理论计算法计算每立方米各种不同厚度砖墙的用砖数和砂浆量。

砖块数净用量公式

$$A = \frac{1}{墙厚（砖长＋灰缝）（砖厚＋灰缝）} \times 2K$$

式中　A——砖的净用量；

　　　　K——墙厚的砖数（0.5、1、1.5、2、…）。

砂浆净用量公式

$$B = 1 － A \times 每块砖的体积$$

式中 B——砂浆净利用量。

若标准黏土砖规格为 240mm×115mm×53mm，每块砖的体积为 $0.0014628m^3$，横直灰缝为 1cm，则一砖厚的砖墙 $1m^3$ 砖和砂浆的净用量为：

$$A=\frac{1}{0.24\times(0.24+0.01)\times(0.053+0.01)}\times2\times1$$
$$=529\text{（块）}$$
$$B=1-529\times0.0014628=0.226\text{（m}^3\text{）}$$

预算定额是一个综合性的定额，为了使工程量计算工作简单、方便，预算定额中材料净用量的确定应根据各分项工程的特点和相应的方法综合进行计算。预算定额砖墙工程量计算规则中指明：不扣除 $0.3m^2$ 以下的孔洞、梁头、梁垫、嵌入外墙的混凝土楼板头等所占的面积；也不增加突出墙面的窗台虎头砖、压顶线、山墙泛水、门窗套、三皮砖以下腰线的面积，这样计算墙身工程量简便。但在编制墙身预算定额砖和砂浆材料净用量时，除按理论计算方法计算出砖和砂浆的用量外，还必须测算几个工程，如墙壁体内重叠梁头、垫块、凸出墙面等按比例综合取定。

在上例中，一砖外墙理论计算砖的块数为 529 块，砂浆为 $0.226m^3$。在此基础上经过对五个工程砖墙砌体的测算，综合了以下几个系数：

凸出部分占 0.336%；

$0.3m^2$ 以内孔洞占 0.01%；

梁头占 0.058%。

增减相抵后为 0.336%－0.010%－0.058%＝0.268%。

在以上基础上考虑了施工现场材料运输、操作损耗率，砖取定 1%，砂浆 1%，则预算定额砖块净用量计算如下：

每 $1m^3$ 一砖外墙：

$$529\times(1+0.00268)\times1.01=536\text{（块）}$$

每 $10m^3$ 砌体：

$$536\times10=5360\text{（块）}$$

预算定额砂浆净用量计算如下：

$$0.226\times(1+0.00268)\times1.01=0.229\text{（m}^3\text{）}$$

每 $10m^3$ 砌体：

$$0.229\times10=2.29\text{（m}^3\text{）}$$

（2）周转性材料消耗量的确定。

以模板为例：

1）现浇结构模板用量的计算。

每 $1m^3$ 混凝土的模板一次使用量＝每 $1m^3$ 混凝土构件模板接触面积(m²)

$$\times\text{每 }1m^2\text{ 接触面积模板用量}\times(1+\text{损耗率})$$

$$\text{周转使用量}=\text{一次使用量}\times\frac{1+(\text{周转次数}-1)\times\text{补损率}}{\text{周转次数}}$$

$$=\text{一次使用量}\times K_1$$

式中 K_1——周转使用系数。

$$摊销量＝周转使用量－回收折旧系数×回收量＝一次使用量×K_2$$

式中 K_2——摊销量系数。

$$K_2＝K_1－\frac{(1－补损率)×回收折价率}{周转次数×(1＋间接费率)}$$

$$回收量＝\frac{一次使用量×(1－补损率)}{周转次数}$$

$$回收折旧系数＝\frac{回收折价率}{1＋间接费率}$$

K_1、K_2 均按不同的周转次数和补损率（表 4-2）。式中及表中一次使用量是指周转材料在不重复使用条件下的一次使用量。补损率是指周转性材料在第二次和以后各次周转中，为了补充难以避免的损耗所补充的数量。以每周转一次平均补损率来表示。周转次数是指周转性材料重复使用的次数。周转使用量是指每周转一次的平均使用量。回收量是指每周一次平均可回收的数量。摊销量是指定额规定的平均一次消耗量。

表 4-2　　　　　　　　　　周转次数、补损率、K_1、K_2 的关系

周转次数	补损率	周转使用系数 K_1	摊销量系数 K_2	周转次数	补损率	周转使用系数 K_1	摊销量系数 K_2
4	15	0.3625	0.2669	6	15	0.2917	0.2280
5	10	0.2800	0.1990	8	10	0.2125	0.1619
5	15	0.3200	0.2435	8	15	0.2563	0.2085
6	10	0.2500	0.1825	10	10	0.1900	0.1495

2）预制构件模板用量计算。

$$摊销量＝\frac{一次使用量}{周转次数}$$

（三）机械台班消耗指标的确定

1. 编制依据

预算定额中的机械台班消耗指标是以台班为单位，每个台班按 8h 计算。其中：

（1）以手工操作为主的工人班组所配备的施工机械（如砂浆、混凝土搅拌机、垂直运输用的塔式起重机）为小组配合使用，因此应以小组产量计算机械台班量。

（2）机械施工过程（如机械化土石方工程、打桩工程、机械化运输及吊装工程所用的大型机械及其他专用机械）应在劳动定额中的台班定额的基础上另加机械幅度差。

2. 机械幅度差

机械幅度差是指在劳动定额中机械台班耗用量中未包括的，而机械在合理的施工组织条件下所必需的停歇时间，这些因素会影响机械的生产效率，因此应另外增加一定的机械幅度差的因素。其内容包括：

（1）施工机械转移工作面及配套机械互相影响损失的时间。

（2）在正常施工情况下，机械施工中不可避免的工序间歇。

（3）工程结尾工作量不饱满所损失的时间。

（4）检查工程质量影响机械操作的时间。

（5）临时水电线路在施工过程中不可避免的工序间歇。

（6）冬季施工期发动机械操作的时间。

（7）不同厂牌机械的工效差。

（8）配合机械的人工在人工幅度差范围内的工人间歇，而且影响机械操作时间。

机械幅度差系数，一般根据测定和统计资料取定。大型机械幅度差系数规定为：土方机械为 1.25，打桩机械为 1.33，吊装机械为 1.3；其他分项工程机械，如木作、蛙式打夯机、水磨石机等专用机械，均为 1.1。

3. 预算定额中机械台班消耗指标的计算方法

（1）按工人小组配用的机械应按工人小组日产量计算机械台班量，不另增加机械幅度差。计算公式如下

$$分项定额机械台班使用量=\frac{预算定额项目计量单位值}{小组总产量}$$

其中　小组总产量＝小组总人数×∑（分项计算取定的比重×劳动定额每工综合产量）

（2）按机械台班产量计算

$$分项定额机械台班使用量=\frac{预算定额项目计量单位值}{机械台班产量}×机械幅度差系数$$

【例 1】　砌一砖厚内墙，定额单位 $10m^3$，其中：单面清水墙占 20%，双面混水墙占 80%，瓦工小组成员 22 人，定额项配备砂浆搅拌机一台，2～6t 塔式起重机一台，分别确定砂浆搅拌机和塔式起重机的台班产量。

解：　　　　　　小组总产量＝22（0.2×1.04＋0.8×1.24）＝26.4（m^3）

$$砂浆搅拌机=\frac{10}{26.4}=0.379（台班）$$

$$塔式起重机=\frac{10}{26.4}=0.379（台班）$$

以上两种机械均不增加机械幅度差。

习　　题

1. 什么是预算定额？其作用是什么？

2. 编制预算定额的原则和依据是什么？

3. 如何进行预算定额的编制？

4. 如何确定材料消耗量指标？

5. 什么是人工幅度差？

6. 什么是机械幅度差？

7. 某一砖半内墙长 258m，高 16m，计算砖和砂浆的用量。

第五章 概算定额与概算指标

第一节 概 算 定 额

一、概算定额的概念及其作用

1. 概念

概算定额，也叫扩大结构定额。它规定了完成一定计量单位的扩大结构构件或扩大分项工程的人工、材料和机械台班的数量标准。

概算定额是在综合定额的基础上适当的再一次综合扩大或者改变部分计算单位，达到简化工程量计算和概算编制的目的。如：钢筋混凝土基础还包括场内运土方，楼板还包括天棚和天棚抹灰；层架不用立方米体积计算，而利用屋面平方米面积计算；采用标准设计图纸部分的结构，如烟囱、水塔、水池等，可以以1为单位；对于工程项目或整个建筑物的工程造价影响不大的零星工程，可以不计工程量，按占主要工程的百分比计算，如便槽、搁板、水盘脚等。

2. 作用

概算定额是编制初步设计概算和技术设计修正概算的依据，是进行设计方案经济比较和编制概算指标的依据；也可作为编制工程建设总投资及主要材料申请计划的依据。

二、概算定额的编制

1. 编制原则

（1）相对预算定额或综合定额而言，概算定额应本着扩大综合和简化计算的原则进行编制。简化计算是指在综合的内容、工程量计算、活口处理和不同项目的换算等方面，力求简化。

（2）概算定额应做到简明适用。"简明"就是在章节的划分、项目的排列、说明、附注、定额内容和表现形式等方面，清晰醒目、一目了然，"适用"就是面对本地区，综合考虑到各种情况都能适用。

（3）为保证概算定额的质量，必须把定额水平控制在一定的幅度之内，使预算定额与概算定额之间幅度差的极限值控制在5%以内，一般控制在3%左右。

（4）细算粗编。"细算"是指含量的取定上，一定要正确地选择有代表性且质量高的图纸和可靠的资料，精心计算，全面分析。"粗编"是指综合内容时，贯彻以主代次的指导思想，以影响水平较大的项目为主，并将影响水平较小的项目综合项目。

2. 编制依据

（1）现行的设计标准及规范，施工验收规范。

（2）现行的建筑工程预算定额或综合预算定额。

（3）经过批准的标准设计和有代表性的设计图纸。

（4）人工工资标准、材料预算价格和机械台班费用等。

（5）现行的概算定额。

（6）本地区标准的编制步骤及方法。

3. 编制步骤及方法

概算定额的编制步骤一般分为三个阶段、即准备工作阶段、编制概算定额初稿阶段和审查定稿阶段。

在编制概算定额初稿阶段，应根据所制定的编制方案和定额项目，在收集资料和整理分析各种测算资料的基础上，根据选定有代表性的工程图纸计算出工程量。套用预算定额中的人工、材料和机械消耗量，再用加权平均得出概算项目的人工、材料、机械的消耗指标，并计算出概算项目的基价。

在审查定稿阶段，要对概算定额和预算定额水平进行测算，以保证两者在水平上的一致性。如与预算定额水平不一致或幅度差不合理，则需对概算定额做必要的修改，经定稿批准后，颁发执行。

第二节　概　算　指　标

一、概算指标的概念及作用

1. 概念

概算指标通常是以整个建筑物和构筑物为对象，以建筑面积、体积或万元造价为计量单位而规定的人工、材料及造价的定额指标。概算指标是比概算定额更为综合的指标。

2. 作用

（1）在设计深度不够的情况下，一般用概算指标来编制初步设计概算。

（2）概算指标是建设单位确定工程造件、申请投资拨款、编制基本建设计划和申请主要材料的依据。

（3）概算指标是设计单位进行设计方案比较，分析投资经济效果的尺度。

二、概算指标的编制依据

（1）标准设计图纸和各类工程典型设计。

（2）国家颁发的建筑标准、设计和施工规范。

（3）不同结构的造价指标及各类工程概算和结算资料。

（4）现行的概算指标、概算定额和预算定额。

（5）材料预算价格、人工工资标准和其他价格资料。

三、概算指标的内容

概算指标的主要内容有以下几点。

（1）总说明。包括概算指标的作用、编制依据、适用范围、工程量计算规则及使用方法等。

（2）经济指标。包括造价指标、人工和材料消耗量指标。

（3）结构特征及工程量指标。

（4）建筑物结构示意图。

四、概算指标的编制

概算指标编制可按以下步骤进行。

（1）填写资料审查意见表，主要填写设计资料名称、设计单位、设计日期、建筑面积及结构情况，提出审查和修改意见。

（2）在设计工程量的基础上编写单位工程预算书或概算书，以确定每百平方米建筑面积及结构构造情况，以及人工、材料的消耗量指标和单位造价的经济指标。

五、示例

某砖混结构教学楼概算指标。

（1）结构特征及适用范围见表5-1。

表5-1　　　　　　　　　砖混结构（教学楼）结构特征及适用范围

项　目	内　　容
建筑面积及层数	1458m³，长53.12m，宽6.37m，局部20.71m，3层，南向挑廊
地耐力、地震设防	14t/m³，圈梁三道，抗震柱
基础构造及深度	毛石基础，深1.8m
开间进深层高	开间：8.4m \ 3.6m；进深：5.7m、4.8m；层高：3.1m
地面构造	混凝土垫层8cm厚，水泥砂浆抹面
楼层构造	预应力空心板，4cm厚细石混凝土，内设双向钢筋网片，水泥砂浆抹面
内墙构造	1砖墙占87.36%，0.5砖墙占12.64%
外墙构造	1.5砖墙
门窗构造	木门、木窗占10.37%，双层钢窗89.63%
内装修	教室、厕所水泥墙裙，走廊、厕所油漆墙裙，墙面纸筋灰、喷白
外装修	水刷石外墙裙、窗间墙及檐下墙，外墙勾缝
挑廊作法	现浇平板，抹水泥砂浆，预制栏板，水刷石预制磨石扶手，挑廊154.05m²
屋面作法	预应力空心板，冷底子油二道，热沥青一道，炉渣找坡，水泥蛭石保温层10cm、水泥砂浆找平层，二毡三油一砂
天棚作法	刷火碱水一道，刷素水泥浆一道，抹白灰砂浆

（2）每100m²建筑面积经济指标见表5-2。

表5-2　　　　　　　　　经　济　指　标　　　　　　　单位：100m²建筑面积

项　目	直　接　费	人　工　费	材　料　费	机　械　费
费用（元）	10599	1171	8547	881

（3）每100m²建筑面积分项工程量指标及价值百分比指标，见表5-3。

（4）100m²建筑面积人工及主要材料消耗指标，见表5-4。

表 5－3　　　　　　　　　　　　　分项工程指标及价值百分比　　　　　　　　　单位：100m²

项　目	单位	工程量	％	项　目	单位	工程量	％
1. 基础工程			10.19	木窗	m²	1.93	0.85
土方	m³	69.58	2.26	黑板等			2.52
毛石基础	m³	20.78	6.32	5. 楼地面工程			4.97
混凝土柱基	m³	0.52	0.41	混凝土垫层	m³	1.97	0.71
砖基础	m³	0.66	0.19	细石混凝土垫层	m³	2.11	1.50
砖地沟	m³	2.68	1.01	抹地面	m³	83	1.53
2. 墙体工程			13.68	台阶、散水、厕所			1.23
1.5 砖外墙	m²	73.5	8.60	垫层及抹石			
1 砖内墙	m²	43.35	2.59	6. 屋面工程			6.96
0.5 砖内墙	m²	6.57	0.33	热沥青二道、冷底	m²	46.44	1.28
零星砌体			2.02	子油、找平层			
墙体加筋	t	0.05	0.32	炉渣找坡	m³	3.65	0.30
3. 混凝土工程			30.34	水泥蛭石保温层	m³	4.57	2.96
构造柱	m³	0.77	1.29	二毡三油一砂	m²	47.19	2.04
圈梁	m³	2.25	3.27	铁皮排水			0.38
过梁	m³	2.22	3.34	装饰工程			7.12
平板	m³	0.29	0.34	墙裙	m²	200.5	2.68
预应力空心板	m³	6.86	8.90	墙裙油漆	m²	29.5	0.37
楼梯	m²	8.41	3.66	水刷石	m²	49.96	1.51
挑廊	m²	10.57	3.40	抹水泥砂浆	m²	20.64	0.71
挑檐、雨篷及其他			5.60	其他抹面			0.47
钢筋调整	t	0.08	0.54	天棚抹灰	m²	81	1.38
4. 木结构工程			7.08	金属结构工程			16.23
木门	m²	9.56	3.71	其他工程			3.25

表 5－4　　　　　　　　　　　　　人工及主要材料消耗指标　　　　　　　　单位：100m² 建筑面积

材料名称	单　位	数　量	材料名称	单　位	数　量
人工	工日	482	中（粗）砂	m³	51.0
水泥 32.5	kg	8669	砾石	m³	24.4
水泥 42.5	kg	7822	毛石	m³	22.9
木料	m²	0.82	石灰膏	m³	4.3
红砖	千块	18.1			

习　　题

1. 概算定额的概念及作用是什么？
2. 概算定额的编制原则与依据是什么？
3. 概算指标的概念及作用是什么？
4. 概算指标的内容包括哪些？

第六章 建筑工程项目费用计算

第一节 建筑工程价目表

一、建筑工程价目表的概念

建筑工程价目表也称为工程定额单位估价表，它是以货币形式表示预算定额中各分项工程或结构件的预算价值的计算表，又称单价表。它是一个地区或一个城市范围内，根据全国（或地区）统一的预算定额或综合定额、地区建筑安装工人日工资标准、材料预算价格和施工机械台班预算价格，用货币形式金额数（元）表达一个子目的单价，是预算定额在该地区的具体表现形式，是用货币形式将预算定额的单位产品价格表现出来，即预算单价，用公式表达为

$$每一定额项目单价 = \sum（该项目工、料、机消耗指标 \times 相应预算价格）$$
$$= 定额项目人工费 + 定额项目材料费 + 定额项目机械费$$

其中
$$人工费 = \sum（定额工日数 \times 平均等级的日工资标准）$$
$$材料费 = \sum（定额材料数量 \times 相应的材料预算价格）$$
$$施工机械费 = \sum（定额台班使用量 \times 相应机械台班费）$$

由此可见编制单位估价表的主要依据为相应预算定额，地区的人工日工资标准，材料预算价格和施工机械台班费。

二、人工工资单价的确定

1. 人工工资单价的组成

人工工资单价是指在工程计价中，一个建筑工人在一个工作日应计入的全部人工费用，它体现了建筑工人的工资水平和一个建筑工人在一个工作日应得到的劳动报酬。建筑工程价目表中的人工费，是指根据消耗量定额中规定的完成该子项工程，或结构构件的合格产品，所消耗的人工数量与相应的日工资单价的乘积。

人工工资单价由基本工资、工资性津贴、生产工人辅助工资、职工福利费、生产工人劳动保护费组成。

（1）基本工资是指按企业工资标准发放给生产工人的基本工资。

（2）工资性津贴是按规定标准发放的物价补贴、煤、燃气补贴、交通补贴、住房补贴、流动施工津贴等。

（3）生产工人辅助工资是指生产工人按有效施工天数以外非作业天数的工资，包括职工学习、培训期间的工资，调动工作、探亲、休假期间的工资，因气候影响的停工工资，女工哺乳时间的工资，病假在六个月以内的工资及产、婚、丧假期的工资等。

（4）职工福利费是指按规定标准计提的生产工人福利费。

（5）生产工人劳动保护费，是指按规定标准发放的生产工人劳动保护用品的购置费及修理费、徒工服装补贴、防暑降温费、在有碍身体健康环境中施工的保健费用等。

2.影响人工工资单价的因素

（1）社会平均工资水平取决于经济发展水平。经济增长速度越快，社会平均工资涨幅也就越大。

（2）生产费指数的提高会影响人工单价的提高，以减少生活水平的下降，或维持原来的生活水平。生活消费指数的变动取决于物价的变动，尤其取决于生活消费品物价的变动。

（3）人工单价组成内容中的医疗保险、事业保险、住房消费等都列入人工单价就会提高人工单价。

（4）劳动力市场供需变化。劳动力市场供大于求，人工单价就会下降，反之就会提高。

（5）政府推行的社会保障和福利政策等。

3.人工工资单价的确定

不同企业、不同工种、不同的技术等级日工资单价是不相同的。劳动力的来源不同，工资单价也不相同。人工工资单价应根据工种、技术等级和劳动力来源（包括本企业的员工、外聘技工、当地劳务市场招聘的普工）的构成比例确定。还应根据本企业现状、工程特点及对生产工人的要求和当地劳务市场的劳动力资源的充足程度、技能水平及工资水平综合评价后，进行合理确定。

$$专业综合人工工资单价＝\sum（本专业某种来源的人力资源人工单价×构成比重）$$

$$综合人工工资单价＝\sum（某专业综合工日单价×权数）$$

其中权数的取定是根据各专业工日消耗量占总工日数的比重确定的，例如，土建专业工日消耗量占总工日数的比重为20%，则其权数为20%。

4.日工资单价的计算

$$日工资单价＝基本工资＋工资性津贴＋生产工人辅助工资＋职工福利费$$
$$＋生产工人劳动保护费$$

$$基本工资＝生产工人平均月工资/年平均每月法定工作日$$

$$工资性津贴＝\sum 年发放标准/（全年日历日－法定假日）$$
$$＋\sum 月发放标准/年平均每月法定工作日＋每工作日发放标准$$

$$生产工人辅助工资＝全年无效工作日×（基本工资＋工资性津贴）/（全年日历日－法定假日）$$

$$职工福利费＝（基本工资＋工资性津贴＋生产工人辅助工资）×福利费计提比例（%）$$

$$生产工人劳动保护费＝生产工人年平均支出劳动保护费/（全年日历日－法定假日）$$

三、材料预算价格的确定

材料预算价格系指由材料的来源地（或交货地）到达施工工地仓库（或不需入库露天堆放的地点）后的出库综合平均价格。

（一）材料预算价格的组成

（1）材料原价。

（2）材料供销部门手续费。

（3）材料包装费。

（4）材料运杂费。

（5）材料采购及保管费。

材料预算价格的计算公式为

材料预算价格＝［材料原价＋（1＋供销部门手续费率）＋包装费＋运杂费］

×（1＋采购及保管费率）－包装品回收价值

（二）材料预算价格中各种费用的确定

1. 材料原价

材料原价是指材料的出厂价格、国营商业批发牌价或市场批发价格以及进口材料的调拨价格等。

（1）国家统一分配的材料（简称统配材料）。按照国家规定的国营工业产品出厂价格计算。

（2）国务院各部分配的材料（简称部管材料）。按照各部规定的国营工业产品出厂价格计算。

（3）地方分配的材料（简称地方材料）。以地方主管部门规定的地方工业产品出厂价格算。

（4）市场采购材料。按国营商业部门规定的批发牌价或市场批发价格计算，并根据本地区实际供应和工程急需等情况，考虑部分零售价格。

（5）企业自销的产品。按其主管部门批准的出厂价格计算。

（6）进口材料。按照国家批准的进口材料调拨价格计算。

编制材料预算价格时，凡同一种材料，因其来源地、供应单位或制造厂不同而有几种价格时，可根据其不同材料来源地的供应数量比例，采取加权平均的办法计算其原价，计算公式为

$$X=\frac{X_1Y_1+X_2Y_2+\cdots+X_nY_n}{Y_1+Y_2+\cdots+Y_n}$$

式中　X——加权平均原价，分子为重量数，分母为权数。

这里要注意两点：虽来源地、厂家不同，但运距一样时，可直接将原价加权平均；如：某工用水泥由甲、乙、丙三厂供应，甲厂出厂价为200元/t，供应比例为40％，乙厂出厂价205元/t，供应比例30％，丙厂出厂价为202元/t，供应比例为30％，则这批水泥的平均原价为

$$200\times40\％+205\times30\％+202\times30\％=202.1（元/t）$$

由于材料来源地及供应单位不同，而运距也有很大差别时，则不能直接将原价加权平均，而应将全过程费用（包括运费）加权平均。

2. 供销部门手续费

有些材料（如冷扎钢板、镀锌铁丝）不能直接从生产厂采购、订货，而必须经过专门的供销部门（如物资局、材料公司、材料采购站）得到时，所附加的手续费称为供销部门手续费（服务费）。不经物资供应部门，直接从生产单位采购直达到货的材料，就不发生这笔费用。当供销部门手续费已经包括在原价内，就不应再计算此项费用。

计算公式为

供销部门手续费＝材料原价×供销部门手续费率×供应部门供应比重

手续费率目前一般为 $3\%\sim5\%$，国家规定为 $1\%\sim2.5\%$。

3. 包装费

包装费是指为了便于材料的运输或为保护材料而必须进行包装时所需的费用。材料的包装分以下两种情况：

（1）由生产厂负责包装的，其包装费已计入材料原价中，不再另行计算（如水泥、玻璃、铁钉、油漆等），但应计算包装材料的回收值，并在材料预算价格中扣除，其计算公式为

$$包装品回收价值＝\frac{包装品原价×回收量率×回收价值率}{包装器材（品）标准容量}$$

（2）材料由采购单位自备包装品的（如木箱、铁桶等），应按包装品的出厂价格根据使用次数折旧分摊计算，并计入材料预算价格中，计算公式为

$$包装费＝\frac{包装品原价×（1－回收量率×回收价值率）＋使用期间维修费}{周转使用次数×包装器材（品）标准容量}$$

$$使用期间维修费＝包装品原价×使用期间维修费率$$

一般纸质、棉、麻材料不计算维修费，金属材料如铁桶、铁等可按维修费率 75% 计算。

包装器材的回收价值及回收比例，可根据当地实际情况，本着节约精神制定，但回收率不应少于下列比例，地区如无规定，可参照以下比率确定：

（1）用木材制品包装者，以 70% 的回收量，按包装品原价 20% 计算。

（2）由铁皮、铁线制品包装者、铁桶以 95%、铁皮以 50%、铁线以 20% 的回收率，均按包装品原价的 52% 计算。

（3）用纸皮、纤维品包装者，以 70% 的回收量，按包装品原价的 30% 计算。

（4）用草绳、草袋制品包装者，不计算回收价值。

【例 6-1】 假定用火车运输原木，且原木的原价未计包装费，试计算运输 $1m^3$ 原木的包装费及回收值。已知每车皮装原木 $30m^3$，需包装用木立柱 10 根，每根作价 2.00 元，铁丝 10kg，每公斤作价 1.40 元。

解：

$$包装品原价＝\frac{(10×2)＋(10×1.4)}{30}$$

$$＝1.13（元/m^3）$$

$$回收值＝\frac{10×70\%×2×20\%＋10×20\%×1.4×50\%}{30}$$

$$＝0.14（元/m^3）$$

故应计入材料预算价格的包装费为：

$$1.13－0.14＝0.99（元/m^3）$$

4. 材料运杂费

材料运杂费是指材料由来源地或采购交货地点运至施工工地仓库或现场堆放处为止的运输全过程所发生的一切费用。

材料运杂费在材料预算价格中所占比重比较大，一般约占 10%～15%，大宗地方材料如砂、石等由于重量大、原价低，其运输费所占比重更大，有时会超过材料原价。由此可见，正确计算材料的运输费意义较大。

运输费的计算由材料来源地、运输里程、运输方式等因素确定，在符合材料的质量、规格与供应量的前提下，要尽量就近取材，以降低材料运输费。

材料由产地或交货点到工地仓库或堆放点的运输流程如图 6-1 所示。

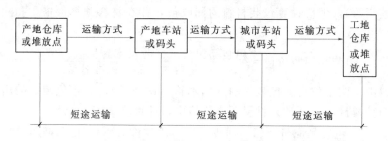

图 6-1　材料运输流程图

短途运输方式一般有汽车、马力、人力板车等。大型生产厂如有铁路专用线，短途运输则为火车；长途运输方式有铁路、水路及公路运输。

材料运杂费由以下各因素组成：运输费、装卸费、调车费或驳船费、附加工作费及运输损耗费。

运输费是运杂费中的主要部分，运输费一般由货物重量、运输里程和货物等级三个因素来计算的。

（1）运输费、装卸费、调车费。

1）铁路运输。铁路运输的运输费、装卸费、调车费等根据铁道部的铁路运价规程计算。

铁路运输的货物，分为"整车托运"与"零星拖运"两种方式，整车运输取费率比零担运输低，所以每批托运货物量较大时都有应按整车运输。整车运输货物以吨为单位，不足 1t 者，按 1t 计算。不够整车标准载量时，仍按整车标准载量计算。零担货物起码重量为 20kg，以 10kg 为计算单位，不足 10kg 者按 10kg 计算。

铁路运输的里程，按运输全程计费，但分区段，如以 50km 为一区段，同一区段内，运输全程计费是相同的。

铁路运输按托运货物价值、装卸、运输难易程度、危险性大小不同，分成等级，不同等级的货物各有自己的"运价号"，即不同运价号的货物运输费标准也不同。

所以铁路的货物运输费是以整车或零担，分别查该货物的运价号，再按全程计取。

铁路运输的整车装卸费，也是按货物的等级来区别规定费率，零担货物不计取装卸费。货物装、卸堆放地点与车皮的距离由铁路部门规定，超过规定的距离，还需支付站台搬运费。

调车费是指货物在企业的铁路专用线上装卸，由铁路部门取、送车辆发生的费用。调车费按机车往返里程计费，每取或送往返一次，分摊在单位货物上的调车费按下式计算

$$单位货物调车费 = \frac{调车里程 \times 2 \times 每机车公里调车费}{每次车皮数 \times 车厢额定装载量}$$

2）水路运输根据交通部水路货物运输规定计算。

3）公路运输分为汽车、马车、人力车等运输方式。它们的运费标准化也不一样，汽车、马车、人力车的运输标准按各省、市交通运输部门规定。

汽车短途（市内）运输的主要方式，其运输费计算也是按重量、运输里程与货物等级等因素来计算的。汽车运输有整车、零担之分，零担运输单价高于整车；里程有长途、短途之分，一般以20km以下为短途，20km以上为长途。零担托运不分长途、短途，一律以吨公里计算。整车长途以吨公里计算，短途则按里程分段计费，距离短者运输单价高。汽车装卸费按货物装卸的难易分级。

马车、人力车的运输费计算方法与汽车运输费基本相同，只是马车与人力车运输费中已包括装卸费，不另外计取装卸费。

汽车、马车等要按吨次加收运输基价，有的称作短途运输吨次数。

（2）附加工作费。附加工作费是指材料在运输过程中，以及运到工地仓库后，需要分类整理、搬运堆放等而发生的费用。如在途中发生，按运输部门规定的收费标准计算，到工地后按施工单位的规定执行。

（3）运输损耗。各种材料在运输过程中都会发生一定的损耗，通过调查合理的确定各种材料的运输损耗率，计入材料的运杂费中，材料的运输损耗率按各地区规定执行，运输损耗计算公式为

$$场外运输损耗费 = (原价 + 供销部门手续费 + 包装费 + 各种运费$$

$$+ 调车费或驳船费 + 装卸费 + 附加工作费) \times 运输损耗率$$

（4）平均运距及平均运输费计算。同一种材料往往有几个来源地，它们到地区中心点（车站、码头）的距离不等，各来源地的供货数量也不相等，这就需要计算平均运距或平均运输费。由地区中心点至各用料工地的距离，用料数量等也不相同，也需要计算平均运距或平均运输费，所以不管是长途运输还是短途运输，都需要计算平均运距或平均运费。

材料运距或运输的加权平均值计算公式为

$$T = \frac{K_1 T_1 + K_2 T_2 + \cdots + K_n T_n}{K_1 + K_2 + \cdots + K_n}$$

式中 T——平均运距或平均运输费；

K_1、K_2、$\cdots$、K_n——同一材料由各来源地的供应数量；

T_1、T_2、$\cdots$、T_n——同一材料由各来源地到中心点的距离或运输费。

上式又可表示为

$$T = \frac{K_1}{\sum K} T_1 + \frac{K_2}{\sum K} T_2 + \cdots + \frac{K_n}{\sum K} T_n$$

式中 $\dfrac{K_1}{\sum K}$——同一材料各来源地的供应比例。

5. 材料采购及保管费

材料采购及保管费是指材料供应管理部门（包括工地仓库及以上各级材料管理部门）在组织采购供应和保管材料过程中所需的各项费用。其中包括：各级材料采购及保管人员的工资，职工福利费、办公费、差旅交通费、固定资产使用费、工具用具使用费、劳动保护费、检验试验费、材料储备损耗及其他零星费用。

材料采购及保管费计算公式为

材料采购及保管费=（原价+供销部门手续费+包装费+运杂费）×采购及保管费率

目前各地区性一般按综合费率 2.5%（采购费率 1%，保管费率 1.5%）。

综合上述，材料预算价格的计算公式为

材料预算价格=（原价+供销部门手续费+包装费+运杂费）

×（1+采购及保管费率）-包装回收价值

四、施工机械台班使用费的确定

施工机械使用费以"台班"为计量单位，一台某种机械工作 8h，称为一个台班；为使机械正常运转，一个台班中所支出和分摊的各种费用之和，称为机械台班使用费或机械台班单价。

机械台班使用费是编制预算定额基价的基础之一，是施工企业对施工机械费用进行成本核算的依据。机械台班使用费的高低，直接影响建筑工程造价和企业的经营效果。因此，确定合理的机械台班费用定额，对加速建筑施工机械化步伐，提高企业劳动生产率，降低工程造价具有一定的现实意义。

（一）施工机械台班使用费的组成

施工机械台班使用费分为第一类费用和第二类费用。

（1）第一类费用。包括机械折旧费、机械大修理费、经常维修费、替换设备及工具附加费、润滑及擦拭材料费、安装拆卸费及辅助设施费，机械场外迁移费、机械保管费。

第一类费用是根据施工机械全部使用期或年工作制度决定的费用。它的特点是不因施工地点或条件而发生变化，是一种比较固定的分摊到每一台班中的经常费用，由国家主管部门统一制定颁发，用货币形式列入施工机械台班使用费定额，各地区在编制机械台班费时不允许调整改变，所以第一类费用也称不变费用。

（2）第二类费用。包括机上工作人员工资、动力或燃料费、车辆养路费及牌照税等。这类费用先计算机械运行时所消耗的实物数量，再按所在地区的工资标准、材料预算价格和交通部门规定的养路费标准计算，不同地区价格不同，所以第二类费用又称为可变费用。

（二）施工机械台班使用费的确定

1. 第一类费用

（1）台班折旧费。机械按规定使用期限，陆续收回其原始价格的台班摊销费用，其费用应根据机械的预算价格、机械使用总台班、机械残值率等资料确定，计算公式为

$$台班机械折旧费=\frac{机械预算价格\times(1-机械残值率)}{使用总台班}$$

其中
$$机械残值率=\frac{机械残值}{机械预算价格}$$

$$使用总台班=机械年工作台班\times使用年限$$

机械使用报废后的残余价值由残值率来计算，大型机械残值率取 5%，运输机械取 6%，中小型机械取 4%。

机械预算价格是指机械出厂价格，加上供销部门手续费和机械由出厂地点运到使用单位的一次性运杂费。

（2）台班大修理费。机械使用达到规定的大修间隔期而必须进行大修理，以保持机械正常功能所需支出的台班摊销费用，其计算公式为

$$台班大修理费=\frac{一次大修理费\times大修理次数}{使用总台班}$$

（3）台班经常维修费。在机械一个大修周期内的中修和定期各级保养所需要支出的台班摊销费用，其计算公式为

$$台班经常维修费=台班大修理费\times K_a$$

式中 K_a——台班经常维修系数。

$$K_a=\frac{台班经常维修费}{台班大修理费}$$

如载重汽车 $K_a=1.46$，自卸汽车 $K_a=1.52$，塔工起重机 $K_a=1.69$ 等。

（4）台班替换设备及工具附具费。为了保证机械正常运转而需的替换设备（如轮胎、蓄电池、变压器、开关及连接的电线、电缆、传动皮带、钢丝绳、胶皮管等）以及随机使用的工具和附件摊销及维护的费用。

$$台班替换设备主工具附具费=\left[\frac{替换设备工具附具一次使用量\times预算单价\times(1-残值率)}{替换设备工具附具耐用总台班}\right]$$

（5）润滑材料及擦拭材料费。机械运转及日常保养所需的润滑脂和擦拭用布及棉纱的费用。

$$台班润滑及擦拭材料费=\sum(润滑及擦拭材料台班使用量\times相应单价)$$

其中 $$润滑及擦拭材料台班使用量=\frac{一次使用量\times每个大修间隔平均加油次数\times相应单价}{大修理间隔台班}$$

（6）安装拆卸及辅助设施费。机械在工地进行安装、拆卸所需的工料、机具、试运转以及辅助设施的搭设、拆除等费用。辅助设施包括安装机械的基础、底座、固定锚桩、行走轨道、枕木等项内容，其计算公式为

$$台放安装拆卸费=\frac{一次安折费\times年安拆次数}{年工作台班}$$

1）机械场外迁移费。指机械整体或分件自停放场运至工地，或由一个工地运至另一工地，运距在 25km 以内的机械进出场运输或转移费。中小型机械在 25km 以内的场内外运输费，已包括在台班单价中，超过 25km 或到外埠的转移运输费用，无论大、中、小型

机械均按远征工程另行计算,不包括在定额范围内。

$$台班机械场外运输费 = \frac{(每次运输费+每次装卸费)\times年平均次数}{年工作台班}$$

2)机械管理费(机械保管费)。机械管理费,指机械管理部门保管机械所消耗的费用。包括停车库、停车棚、行政、材料库等各种房屋设施的旧维修费和管理人员的工资、行政费、劳动费、职工福利费以及机械在规定年工作台班以外的保养维护费等,其计算公式为

$$台班机械保管费 = \frac{机械预算价格\times保管费率}{年工作台班}$$

2. 第二类费用

(1)机上人工费。指机上工人工资,机上工人如司机、司炉以及其他操作机械的工人、机下辅助工人不包括在内,应在工程定额的人工部分列入,工人等级按预算定额规定的技术等级,工资标准按当地的工资标准计算,并包括附加工资在内。

机上操作人员的配备应根据机械性能、操作需要和连续作业等特点确定。

(2)动力燃料费。指机械台班耗用的电力、柴油、汽油、固体燃料等费用。

(3)养路费和牌照税。指某些需在公路上行驶的载重汽车、汽车式起重机等按规定需缴纳的公路养路费,牌照税是税务部门按规定征收的车船牌照税,计算公式为

$$台班养路费 = \frac{自重(或核定吨位)\times年工作月数\times每吨月养路费+牌照税}{年工作台班}$$

第二节 建筑工程费用项目构成

建筑产品的生产,除直接用于工程本体上的人工、材料和施工机械的耗用量以外,还要为组织和管理工程的正常有序的施工,消耗一定的人力、物力和财力。除此以外,还要支付一些既非直接费又非管理费的其他费用,如临时设施、利润和税金等。参照我国新的财务制度及国际惯例,建设部颁发了建标〔2003〕206号,对建筑工程费用构成做出明确规定(表6-2)。

建筑工程费由直接费、间接费、利润和税金组成。

一、直接费

直接费由直接工程费和措施费组成。

(一)直接工程费

直接工程费是指施工过程中耗费的构成工程实体的各项费用,包括人工费、材料费、施工机械使用费。

1. 人工费

人工费是指直接从事建筑安装工程施工的生产工人开支的各项费用,内容包括:

(1)基本工资。指发放给生产工人的基本工资。

(2)工资性补贴。指按规定标准发放的物价补贴,煤、燃气补贴,交通补贴,住房补贴,流动施工津贴等。

(3)生产工人辅助工资。指生产工人年有效施工天数以外非作业天数的工资,包括职

工学习、培训期间的工资，调动工作、探亲、休假期间的工资，因气候影响的停工工资，女工哺乳时间的工资，病假在六个月以内的工资及产、婚、丧假期的工资。

（4）职工福利费。指按规定标准计取的职工福利费。

（5）生产工人劳动保护费。指按规定标准发放的劳动保护用品的购置费及修理费，徒工服装补贴，防暑降温费，在有碍身体健康环境中施工的保健费用等。

2. 材料费

材料费是指施工过程中耗费的构成工程实体的原材料、辅助材料、构配件、零件、半成品的费用。内容包括：

（1）材料原价（或供应价格）。

（2）材料运杂费。指材料自来源地运至工地仓库或指定堆放地点所发生的全部费用。

（3）运输损耗费。指材料在运输装卸过程中不可避免的损耗。

（4）采购及保管费。指为组织采购、供应和保管材料过程中所需要的各项费用。包括：采购费、仓储费、工地保管费、仓储损耗。

（5）检验试验费。指对建筑材料、构件和建筑安装物进行一般鉴定、检查所发生的费用，包括自设试验室进行试验所耗用的材料和化学药品等费用。不包括新结构、新材料的试验费和建设单位对具有出厂合格证明的材料进行检验，对构件做破坏性试验及其他特殊要求检验试验的费用。

3. 施工机械使用费

施工机械使用费是指施工机械作业所发生的机械使用费以及机械安拆费和场外运费。施工机械台班单价应由以下七项费用组成。

（1）折旧费。指施工机械在规定的使用年限内，陆续收回其原值及购置资金的时间价值。

（2）大修理费。指施工机械按规定的大修理间隔台班进行必要的大修理，以恢复其正常功能所需的费用。

（3）经常修理费。指施工机械除大修理以外的各级保养和临时故障排除所需的费用。包括为保障机械正常运转所需替换设备与随机配备工具附具的摊销和维护费用，机械运转中日常保养所需润滑与擦拭的材料费用及机械停滞期间的维护和保养费用等。

（4）安拆费及场外运费。安拆费指施工机械在现场进行安装与拆卸所需的人工、材料、机械和试运转费用以及机械辅助设施的折旧、搭设、拆除等费用；场外运费指施工机械整体或分体自停放地点运至施工现场或由一施工地点运至另一施工地点的运输、装卸、辅助材料及架线等费用。

（5）人工费。指机上司机（司炉）和其他操作人员的工作日人工费及上述人员在施工机械规定的年工作台班以外的人工费。

（6）燃料动力费。指施工机械在运转作业中所消耗的固体燃料（煤、木柴）、液体燃料（汽油、柴油）及水、电等。

（7）养路费及车船使用税。指施工机械按照国家规定和有关部门规定应缴纳的养路费、车船使用税、保险费及年检费等。

（二）措施费

措施费是指为完成工程项目施工，发生于该工程施工前和施工过程中非工程实体项目的费用，包括以下内容。

（1）环境保护费。指施工现场为达到环保部门要求所需要的各项费用。

（2）文明施工费。指施工现场文明施工所需要的各项费用。

（3）安全施工费。指施工现场安全施工所需要的各项费用。

（4）临时设施费。指施工企业为进行建筑工程施工所必须搭设的生活和生产用的临时建筑物、构筑物和其他临时设施费用等。

1）临时设施包括临时宿舍、文化福利及公用事业房屋与构筑物，仓库、办公室、加工厂以及规定范围内道路、水、电、管线等临时设施和小型临时设施。

2）临时设施费用包括临时设施的搭设、维修、拆除费或摊销费。

（5）夜间施工费。指因夜间施工所发生的夜班补助费、夜间施工降效、夜间施工照明设备摊销及照明用电等费用。

（6）二次搬运费。指因施工场地狭小等特殊情况而发生的二次搬运费用。

（7）大型机械设备进出场及安拆费。指机械整体或分体自停放场地运至施工现场或由一个施工地点运至另一个施工地点，所发生的机械进出场运输及转移费用及机械在施工现场进行安装、拆卸所需的人工费、材料费、机械费、试运转费和安装所需的辅助设施的费用。

（8）混凝土、钢筋混凝土模板及支架费。指混凝土施工过程中需要的各种钢模板、木模板、支架等的支、拆、运输费用及模板、支架的摊销（或租赁）费用。

（9）脚手架费。指施工需要的各种脚手架搭、拆、运输费用及脚手架的摊销（或租赁）费用。

（10）已完工程及设备保护费。指竣工验收前，对已完工程及设备进行保护所需费用。

（11）施工排水、降水费。指为确保工程在正常条件下施工，采取各种排水、降水措施所发生的各种费用。

二、间接费

间接费由规费、企业管理费组成。

（一）规费

规费是指政府和有关权力部门规定必须缴纳的费用（简称规费），包括以下几个方面。

（1）工程排污费。指施工现场按规定缴纳的工程排污费。

（2）工程定额测定费。指按规定支付工程造价（定额）管理部门的定额测定费。

（3）社会保障费。

1）养老保险费。指企业按规定标准为职工缴纳的基本养老保险费。

2）失业保险费。指企业按照国家规定标准为职工缴纳的失业保险费。

3）医疗保险费。指企业按照规定标准为职工缴纳的基本医疗保险费。

4）住房公积金。指企业按规定标准为职工缴纳的住房公积金。

5）危险作业意外伤害保险。指按照建筑法规定，企业为从事危险作业的建筑安装施工人员支付的意外伤害保险费。

（二）企业管理费

企业管理费是指建筑安装企业组织施工生产和经营管理所需费用。内容包括以下几点。

（1）管理人员工资。指管理人员的基本工资、工资性补贴、职工福利费、劳动保护费等。

（2）办公费。指企业管理办公用的文具、纸张、账表、印刷、邮电、书报、会议、水电、烧水和集体取暖（包括现场临时宿舍取暖）用煤等费用。

（3）差旅交通费。指职工因公出差、调动工作的差旅费、住勤补助费，市内交通费和误餐补助费，职工探亲路费，劳动力招募费，职工离退休、退职一次性路费，工伤人员就医路费，工地转移费以及管理部门使用的交通工具的油料、燃料、养路费及牌照费。

（4）固定资产使用费。指管理和试验部门及附属生产单位使用的属于固定资产的房屋、设备仪器等的折旧、大修、维修或租赁费。

（5）工具用具使用费。指管理使用的不属于固定资产的生产工具、器具、家具、交通工具和检验、试验、测绘、消防用具等的购置、维修和摊销费。

（6）劳动保险费。指由企业支付离退休职工的易地安家补助费、职工退职金、六个月以上的病假人员工资、职工死亡丧葬补助费、抚恤费、按规定支付给离休干部的各项经费。

（7）工会经费。指企业按职工工资总额计取的工会经费。

（8）职工教育经费。指企业为职工学习先进技术和提高文化水平，按职工工资总额计取的费用。

（9）财产保险费。指施工管理用财产、车辆保险。

（10）财务费。指企业为筹集资金而发生的各种费用。

（11）税金。指企业按规定缴纳的房产税、车船使用税、土地使用税、印花税等。

（12）其他。包括技术转让费、技术开发费、业务招待费、绿化费、广告费、公证费、法律顾问费、审计费、咨询费等。

三、利润

利润是指施工企业完成所承包工程获得的盈利。

四、税金

税金是指国家税法规定的应计入建筑安装工程造价内的营业税、城市维护建设税及教育费附加等。

第三节 建筑工程费用计算

一、工程类别划分

工程类别划分标准，是根据不同的单位工程，按其施工难易程度，结合建筑市场的实际情况确定的。工程类别划分标准是根据工程施工难易程度计取有关费用的依据；同时也是企业编制投标报价的参考。建筑工程的工程类别按工业建筑工程、民用建筑工程、构筑物工程、单独土石方工程、桩基础工程分列并分若干类别。

1. 类别划分

（1）工业建筑工程。指从事物质生产和直接为物质生产服务的建筑工程。一般包括生产（加工、储运）车间、实验车间、仓库、民用锅炉房和其他生产用建筑物。

（2）装饰装修工程。指建筑物主体结构完成后，在主体结构表面及相关部位进行抹灰、镶贴和铺挂面层等，以达到建筑设计效果的装饰装修工程。

（3）民用建筑工程。指直接用于满足人们物质和文化生活需要的非生产性建筑物。一般包括住宅及各类公用建筑工程。

科研单位独立的实验室、化验室按民用建筑工程确定工程类别。

（4）构筑物工程。指与工业或民用建筑配套、或独立于工业与民用建筑工程的工程。一般包括烟囱、水塔、仓类、池类等。

（5）桩基础工程。指天然地基上的浅基础不能满足建筑物和构筑物的稳定要求，而采用的一种深基础。主要包括各种现浇和预制混凝土桩及其他桩基。

（6）单独土石方工程。指建筑物、构筑物、市政设施等基础土石方以外的，且单独编制概预算的土石方工程。包括土石方的挖、填、运等。

2. 使用说明

（1）工程类别的确定，以单位工程为划分对象。

（2）与建筑物配套使用的零星项目，如化粪池、检查井等，按其相应建筑物的类别确定工程类别。其他附属项目，如围墙、院内挡土墙、庭院道路、室外管沟架，按建筑工程Ⅲ类标准确定类别。

（3）建筑物、构筑物高度，自设计室外地坪算起，至屋面檐口高度。高出屋面的电梯间、水箱间、塔楼等不计算高度。建筑物的面积，按建筑面积计算规则的规定计算。建筑物的跨度，按设计图示尺寸标注的轴线跨度计算。

（4）非工业建筑的钢结构工程，参照工业建筑工程的钢结构工程确定工程类别。

（5）居住建筑的附墙轻型框架结构，按砖混结构的工程类别套用；但设计层数大于18层，或建筑面积大于12000m² 时，按居住建筑其他结构的Ⅰ类工程套用。

（6）工业建筑的设备基础，单位混凝土体积大于1000m³，按构筑物Ⅰ类工程计算；单位混凝土体积大于600m³，按构筑物Ⅱ类工程计算；单位混凝土体积小于600m³，大于50m³ 按构筑物Ⅲ类工程计算；小于50m³ 的设备基础按相应建筑物或构筑物的工程类别确定。

（7）同一建筑物结构形式不同时，按建筑面积大的结构形式确定工程类别。

（8）强夯工程，均按单独土石方工程Ⅱ类执行。

（9）新建建筑工程中的装饰工程，按以下规定确定其工程类别。

1）每平方米建筑面积装饰定额人工费合计在100元以上的，为Ⅰ类工程。

2）每平方米建筑面积装饰定额人工费合计在50元以上、100元以下的，为Ⅱ类工程。

3）每平方米建筑面积装饰定额人工费合计在50元以下的，为Ⅲ类工程。

4）每平方米建筑面积装饰定额人工费计算：按消耗量定额第九章计算出全部装饰工程量（包括外墙装饰），套用价目表中相应项目的定额人工费，合计后除以被装饰建筑物的建筑面积。

5）单独外墙装饰，每平方米外墙装饰面积装饰定额人工费在50元以上的，为Ⅰ类工程；装饰定额人工费在50元以下、20元以上的，为Ⅱ类工程；装饰定额人工费合计在20元以下的，为Ⅲ类工程。

6）单独招牌、灯箱、美术字为Ⅲ类工程。

（10）工程类别划分标准中有两个指标者，确定类别时需满足其中一个指标。

工程类别划分标准见表6-1。

表6-1   工 程 类 别 划 分 标 准

工 程 名 称			单 位	工 程 类 别		
				Ⅰ	Ⅱ	Ⅲ
工业建筑工程	钢结构	跨度	m	＞30	＞18	≤18
		建筑面积	m²	＞16000	＞10000	≤10000
	其他结构	单层 跨度	m	＞24	＞18	≤18
		单层 建筑面积	m²	＞10000	＞6000	≤6000
		多层 檐高	m	＞50	＞30	≤30
		多层 建筑面积	m²	＞10000	＞6000	≤6000
民用建筑工程	公用建筑	砖混结构 檐高	m	—	30＜檐高＜50	≤30
		砖混结构 建筑面积	m²	—	6000＜面积＜10000	≤6000
		其他结构 檐高	m	＞60	＞30	≤30
		其他结构 建筑面积	m²	＞12000	＞8000	≤8000
	居住建筑	砖混结构 层数	层	—	8＜层数＜12	≤8
		砖混结构 建筑面积	m²	—	8000＜面积＜12000	≤8000
		其他结构 层数	层	＞18	＞8	≤8
		其他结构 建筑面积	m²	＞12000	＞8000	≤8000
构筑物工程	烟囱	混凝土结构高度	m	＞100	＞60	≤60
		砖结构高度	m	＞60	＞40	≤40
	水塔	高度	m	＞60	＞40	≤40
		容积	m³	＞100	＞60	≤60
	筒仓	高度	m	＞35	＞20	≤20
		容积（单体）	m³	＞2500	＞1500	≤1500
	储池	容积（单体）	m³	＞3000	＞1500	≤1500
单独土石方工程		单独挖、填土石方	m³	＞15000	＞10000	5000＜体积＜10000
桩基础工程		桩长	m	＞30	＞12	≤12

二、费用标准

企业管理费、利润、税金、措施费等计取标准见表6-2。

表 6 − 2　　　　　　　　　　　　　建 筑 工 程 费 率 表

（一）企业管理费、利润、税金　　　　　　　　　　　　　　　　　%

费用名称 ＼ 工程名称 工程类别	工业、民用建筑工程			构 筑 物 工 程		
	Ⅰ	Ⅱ	Ⅲ	Ⅰ	Ⅱ	Ⅲ
企业管理费	8.9	7.1	5.1	7.1	6.3	4.1
利润	7.6	4.3	3.2	6.3	5.1	2.4

费用名称 ＼ 工程名称 工程类别	单独土石方工程			桩基础工程			装饰工程		
	Ⅰ	Ⅱ	Ⅲ	Ⅰ	Ⅱ	Ⅲ	Ⅰ	Ⅱ	Ⅲ
企业管理费	5.8	4.1	2.5	4.6	3.5	2.5	107	85	51
利润	4.7	3.4	1.4	3.6	2.8	1.0	36	23	17

税金	市区	3.44
	县城、城镇	3.38
	市县镇以外	3.25

（二）措施费、规费费率表　　　　　　　　　　　　　　　　　%

费 用 名 称 ＼ 工 程 名 称		建 筑 工 程	装 饰 工 程
措施费	环境保护费	0.15	1.0
	文明施工费	0.40	0.80
	临时设施费	1.0	14
	夜间施工费	0.7	4.2
	二次搬运费	0.6	3.8
	冬雨季施工增加费	0.8	4.7
	已完工程及设备保护费	0.15	0.15
	总承包服务费	0.3	
规费	工程排污费	按环保部门有关规定计算	
	工程定额测定费	按各市有关规定计算	
	社会保障费	按建安工作量2.6%计算	
	住房公积金	按有关规定计算	
	危险作业意外伤害保险	按实际工程投保金额计算	
	安全施工费	由各市工程造价管理机构核定	

说明：

（1）装饰工程已完工程及设备保护费计费基础为价目表基价，其他项目取费基础均为定额人工费。

（2）措施费中人工费含量：夜间施工增加费、冬雨季施工增加费及二次搬运费为20%，其余按10%。

三、建筑工程计价取费程序

因各地区费用费率的计取依据和标准各有差异，故全国没有统一的建筑工程计算程序。此处仅以山东省现行使用的工程费用计算程序表列出，见表6-3～表6-6。

表6-3　　　　　　　　　　山东省现行使用的建筑工程定额计价的计算程序

序号	费 用 名 称	计 算 方 法
一	直接费	（一）＋（二）
	（一）直接工程费	Σ｛工程量×Σ［（定额工日消耗数量×人工单价）＋（定额材料消耗数量×材料单价）＋（定额机械台班消耗数量×机械台班单价）］｝
	（一）′省价直接工程费	Σ（工程量×省基价）
	（二）措施费	1＋2＋3
	1.参照定额规定计取的措施费	按定额规定计算
	2.参照省发布费率计取的措施费	（一）′×相应费率
	3.按施工组织设计（方案）计取的措施费	按施工组织设计（方案）计取
	（二）′其中省价措施费	见说明
二	企业管理费	［（一）′＋（二）′］×管理费费率
三	利润	［（一）′＋（二）′］×利润率
四	规费	（一＋二＋三）×规费费率
五	税金	（一＋二＋三＋四）×税率
六	建筑工程费用合计	一＋二＋三＋四＋五

说明：

（1）参照定额规定计取的措施费是指建筑工程消耗量定额中列有相应子目或规定有计算方法的措施项目费用。如：混凝土、钢筋混凝土模板及支架、脚手架费、垂直运输机械及超高增加费、构件运输及安装费等。

（注：本类中的措施费有些要结合施工组织设计或技术方案计算。）

（2）参照省发布费率计取的措施费是指按省建设行政主管部门根据建筑市场状况和多数企业经营管理情况、技术水平等测算发布了参考费率的措施项目费用。包括环境保护、文明施工、临时设施、夜间施工及冬雨季施工增加费、二次搬运费以及已完工程及设备保护费等。

（3）按施工组织设计（方案）计取的措施费是指承包人按施工组织设计（技术方案）计算的措施项目费用。如：大型机械进出场及安拆；施工排水、降水费用等。

（4）省价措施费是指按省价目表中的人、材、机单价计算的措施费与按照省发布费率及规定计取的措施费之和。

（5）计算程序中，直接工程费用中的"工程量"，不包括消耗量定额第二章"地基处理与防护"中排水与降水及第十章"施工技术措施项目"。

表 6-4　　　　　　　　　　　　　建筑工程工程量清单计价的计算程序

序号	费 用 项 目 名 称	计 算 方 法
一	分部分项工程费合价	$\sum_{i=1}^{n} J_i L_i$
	分部分项工程费综合单价（J_i）	1＋2＋3＋4＋5
	1. 人工费	∑清单项目每计量单位工日消耗量×人工单价
	1′. 人工费	∑清单项目每计量单位工日消耗量×省价目表单价
	2. 材料费	∑清单项目每计量单位材料消耗量×材料单价
	2′. 材料费	∑清单项目每计量单位材料消耗量×省价材料单价
	3. 施工机械使用费	∑清单项目每计量单位施工机械台班消耗量×机械台班单价
	3′. 施工机械使用费	∑清单项目每计量单位施工机械台班消耗量×省价机械台班单价
	4. 企业管理费	（1′＋2′＋3′）×管理费费率
	5. 利润	（1′＋2′＋3′）×利润率
	分部分项工程量（L_i）	按工程量清单数量计算
二	措施项目费	∑单项措施费
	单项措施费	某项措施项目基价＋省价措施费基价×（管理费费率＋利润率）
三	其他项目费	（一）＋（二）
	（一）招标人部分	（1）＋（2）＋（3）
	（1）预留金	由招标人根据拟建工程实际计列
	（2）材料购置费	由招标人根据拟建工程实际计列
	（3）其他	由招标人根据拟建工程实际计列
	（二）投标人部分	（4）＋（5）＋（6）
	（4）总承包服务费	由投标人根据拟建工程需要或参照省发布费率计列
	（5）零星工作项目费（按零星工作清单数量计列）	零星工作人工费＋零星工作省价人工费×（管理费费率＋利润率）＋材料费＋机械使用费
	（6）其他	由投标人根据拟建工程实际计列
四	规费	（一＋二＋三）×规费费率
五	税金	（一＋二＋三＋四）×税率
六	建筑工程费用合计	一＋二＋三＋四＋五

注　序号二中"某项措施项目基价"，系指按计算程序（一）"定额计价的计算程序"计算的某项措施费金额。

表 6 - 5 装饰工程定额计价的计算程序

序号	费 用 名 称	计 算 方 法
一	直接费	（一）＋（二）
	（一）直接工程费	$\sum$ ｛工程量×$\sum$〔（定额工日消耗数量×人工单价）＋（定额材料消耗数量×材料单价）＋（定额机械台班消耗数量×机械台班单价）〕｝
	其中：人工费 R_1	$\sum$（工程量×定额工日消耗数量×省价人工单价）
	（二）措施费	1＋2＋3
	1. 参照定额规定计取的措施费	按定额规定计算
	2. 参照费率计取的措施费	R_1×相应费率
	3. 按施工组织设计（方案）计取的措施费	按施工组织设计（方案）计取
	其中：人工费 R_2	$\sum$措施费中省价人工费
二	企业管理费	(R_1+R_2)×管理费费率
三	利润	(R_1+R_2)×利润率
四	规费	（一＋二＋三）×规费费率
五	税金	（一＋二＋三＋四）×税率
六	装饰工程费用合计	一＋二＋三＋四＋五

注 措施费中省价人工费 R_2，是指按照省价目表中人工单价计算的人工费与按照省发布费率及规定计取的人工费之和。

表 6 - 6 装饰工程工程量清单计价的计算程序

序号	费 用 项 目 名 称	计 算 方 法
一	分部分项工程费合价	$\displaystyle\sum_{i=1}^{n} J_i L_i$
	分部分项工程费综合单价（J_i）	1＋2＋3＋4＋5
	1. 人工费	$\sum$清单项目每计量单位工日消耗量×人工单价
	1′. 人工费	$\sum$清单项目每计量单位工日消耗量×省价人工单价
	2. 材料费	$\sum$清单项目每计量单位材料消耗量×材料单价
	3. 施工机械使用费	$\sum$清单项目每计量单位施工机械台班消耗量×机械台班单价
	4. 企业管理费	1′×管理费费率
	5. 利润	1′×利润率
	分部分项工程量（L_i）	按工程量清单数量计算
二	措施项目费	$\sum$单项措施费
	单项措施费	某项措施项目基价＋其中省价人工费×（管理费费率＋利润率）

续表

序号	费用项目名称	计算方法
三	其他项目费	（一）＋（二）
	（一）招标人部分	（1）＋（2）＋（3）
	（1）预留金	由招标人根据拟建工程实际计列
	（2）材料购置费	由招标人根据拟建工程实际计列
	（3）其他	由招标人根据拟建工程实际计列
	（二）投标人部分	（4）＋（5）＋（6）
	（4）总承包服务费	由投标人根据拟建工程需要或参照省发布费率计列
	（5）零星工作项目费（按零星工作清单数量计列）	零星工作人工费＋零星工作省价人工费×（管理费费率＋利润率）＋材料费＋机械使用费
	（6）其他	由投标人根据拟建工程需要计列
四	规费	（一＋二＋三）×规费费率
五	税金	（一＋二＋三＋四）×税率
六	装饰工程费用合计	一＋二＋三＋四＋五

习　　题

1. 什么是建筑工程价目表？

2. 什么是人工工资单价？

3. 人工工资单价由哪些费用组成？

4. 什么是材料预算价格？它由哪几部分费用组成？

5. 什么是施工机械台班单价？它由哪几部分费用组成？

6. 什么是措施费？

7. 什么是临时设施费？

8. 什么是冬雨季施工增加费？

9. 某工地所购乳胶漆采用塑料桶包装，每个塑料桶原价为 8 元/个，每桶装 25kg，共购进乳胶漆 1000kg，则包装品的回收值为多少（回收率 50％）？

10. 从国外进口一套机电设备，重量 1000t，装运港船上交货价为 400 万美元，工程建设项目位于国内某省会城市。如果国际运费标准为 300 美元/t；海上运输保险费率为 0.266％；中国银行费率为 0.5％；外贸手续费率 1.5％；关税税率 22％；增值税税率 17％；美元的银行牌价 8.3 元人民币，设备的国内运杂费率为 2.5％。试计算该设备的购置费。

11. 根据下列资料，计算地砖的材料预算价格。

货源地	数量（m²）	出厂价（元/m²）	运费（元/m²）	装卸费（元/m²）	运输损耗率（％）	采购及保管费率（％）	供销部门手续费（％）
甲地	800	28	5.00	0.18	2	3	1.5
乙地	500	31	6.00	0.20	2	3	1.5
丙地	400	29	5.50	0.20	2	3	1.5

第七章　建筑工程消耗量定额工程量计算

第一节　建筑工程消耗量定额概述

基本建设是指国民经济各部门的新建、扩建和恢复工程及设备等的购置活动。因为它是一种经济活动或固定资产投资活动，其结果是形成固定资产，为发展社会生产力建立物质技术基础。

随着市场经济的发展，建筑市场逐步规范和完善，在建筑产品生产的组织过程中，必须制定一套合理的用工用料数量标准对生产消耗进行控制，以降低生产成本，提高劳动生产力，这种标准就是现代定额的前身。现代意义上的工程定额起源于 19 世纪的英国，延续至今。目前，在市场经济较为发达的国家中，定额仍然作为确定工程造价的一个重要依据，其管理上的区别仅限于制定和发布的机构不同。在国际上存在两种定额管理模式：英美模式和日本模式。在英美模式中，定额由政府委托行业协会和社会中介机构制定发布，如英国皇家特许测量师学会制定的《建筑工程工程量计算规则》；由造价咨询公司发布的美国《工程新闻纪录》，此外，美国的地方政府也自行制定了一些相关的标准和规则供政府投资工程使用，如华盛顿综合开发局制定的《小时人工单价》、《人工材料单价表》，加利福尼亚州政府发行《建设成本指南》。在日本模式中，政府统一发布定额标准，如日本建设省制定发布《建筑工事积算基准》、《建筑工程标准定额》、《建筑工程量计算基准》等定额标准。

在我国，定额在不同时期对建筑经济的发展都发挥了重要作用。在计划经济体制下，我国实行指令性定额管理模式，把定额简单地视为一种行政规定，当时建筑资源短缺，在建筑市场未臻完善的情况下，采用计划调配、价格固定等形式来进行管理，这种指令性的定额管理制度对我国的工程建设起到了重要的作用。但是，随着我国的改革开放和市场经济的发展，建筑行业不但吸取和学习了国外先进的管理经验和管理模式，而且建筑业自身也在改革中不断进步、完善。面对市场经济中的优胜劣汰，原有的定额管理模式逐渐变得不能适应当前建筑行业的发展，必须进行改革。随着经济体制的改变，使用过去"量价合一"的定额为工程计价，难免出现与市场的脱节，工程价格脱离价值，遏制了竞争，因此，工程造价改革的一个重点就是理顺定额的属性，实现消耗量和价格的分离，完成从"量价合一"到"量价分离"的过渡。分离出来的"消耗量标准"继续由政府管理，进一步发挥它在控制质量、节约物耗、提高生产力等方面的基础作用；而"定价"的权利归还给企业，通过市场竞争形成合理的工程造价，这个"消耗量标准"即是政府指导下的"消耗量定额"。

消耗量定额目前在我国有其不可替代的地位和作用，是作为编制工程量清单，进行项目划分和组合的基础；是招标工程标底、企业投标报价的计算基础。就目前我国建筑产业的发展状况来看，大部分企业还不具备建立和拥有自己的报价定额，因此，消耗量定额仍然是企业进行投标报价时不可或缺的计算依据之一；是调节和处理工程造价纠纷的重要依据；是衡量投标报价中消耗量合理与否的主要参考，是合理确定行业成本的重要基础。

第二节　消耗量定额工程量计算

一、建筑面积计算规则

我国的《建筑面积计算规则》是在 20 世纪 70 年代依据前苏联的做法结合我国的情况制订的，1982 年国家经委基本建设办公室经基设字〔1982〕58 号《建筑面积计算规则》是对 20 世纪 70 年代制订的《建筑面积计算规则》的修订。1995 年建设部发布《全国建筑工程预算工程量计算规则》（土建工程 GJDcz—101—95），其中含"建筑面积计算规则"（以下简称"原面积计算规则"），是对 1982 年的《建筑面积计算规则》的修订。

一直以来，《建筑面积计算规则》在建筑工程造价管理方面起着重要的作用，是建筑房屋计算工程量的主要指标，是计算单位工程每平方米预算造价的主要依据，是统计部门汇总发布房屋建筑面积完成情况的基础。目前，GB/T 17986—2000《房产测量规范》的房产面积计算，以及 GB 50096—1999《住宅设计规范》中有关面积计算，均依据的是《建筑面积计算规则》。随着我国建筑市场发展，建筑的新结构、新材料、新技术、新的施工方法层出不穷，为了解决建筑技术的发展产生的面积计算问题，使建筑面积的计算更加科学合理，完善和统一建筑面积的计算范围和计算方法，对市场发挥更大的作用，因此，对原《建筑面积计算规则》予以修订。考虑到《建筑面积计算规则》的重要作用，此次将修订的《建筑面积计算规则》改为 GB/T 50353—2005《建筑工程建筑面积计算规范》。适用范围是新建、扩建、改建的工业与民用建筑工程的建筑面积的计算，包括工业厂房、仓库、公共建筑、居住建筑，农业生产使用的房屋、粮种仓库、地铁车站等的建筑面积的计算。

1. 计算建筑面积的范围

（1）单层建筑物的建筑面积，应按其外墙勒脚以上结构外围水平面积计算，并应符合以下规定。

1）单层建筑物高度在 2.20m 及以上者应计算全面积；高度不足 2.20m 者应计算 1/2 面积。

2）利用坡屋顶内空间时净高超过 2.10m 的部位应计算全面积；净高在 1.20～2.10m 的部位应计算 1/2 面积；净高不足 1.20m 的部位不应计算面积。

单层建筑物内设有局部楼层者（图 7-1），局部楼层的二层及以上楼层，有围护结构的应按其围护结构外围水平面积计算，无围护结构的应按其结构底板水平面积计算。层高在 2.20m 及以上者应计算全面积；层高不足 2.20m 者应计算 1/2 面积。

单层建筑物应按不同的高度确定其面积的计算。其高度指室内地面标高至屋面板板面结构标高之间的垂直距离。遇有以屋板找坡的平屋顶单层建筑物，其高度指室内地面标高至屋面板最低处板面结构标高之间的垂直距离。

建筑面积：$A \times B + C \times D$

【例 7-1】 根据图 7-2 所示，请计算其建筑面积（墙厚为 240mm）。

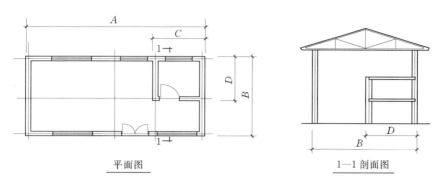

平面图　　　　　　　　　　　　　　1—1 剖面图

图 7-1　单层建筑物内带有部分楼层图示

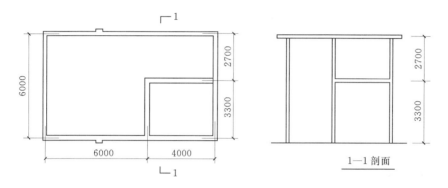

1—1 剖面

图 7-2　某设有局部楼层的单层建筑（mm）

解：　　　　　底层建筑面积＝(6.0＋4.0＋0.24)×(3.30＋2.70＋0.24)

$$=10.24×6.24=63.90（m^2）$$

楼隔层建筑面积＝(4.0＋0.24)×(3.30＋0.24)＝4.24×3.54＝15.01（m²）

总建筑面积＝63.90＋15.01＝78.91（m²）

（2）多层建筑物首层应按其外墙勒脚以上结构外围水平面积计算；二层及以上楼层应按其外墙结构外围水平面积计算。层高在 2.20m 及以上者应计算全面积；层高不足 2.20m 者应计算 1/2 面积。

多层建筑坡屋顶内和场馆看台下，当设计加以利用时净高超过 2.10m 的部位应计算全面积；净高在 1.20～2.10m 的部位应计算 1/2 面积；当设计不利用或室内净高不足 1.20m 时不应计算面积。

多层建筑物的建筑面积计算应按不同的层高分别计算。层高是指上下两层楼面结构标高之间的垂直距离。建筑物最底层的层高，有基础底板的按基础底板上表面结构至上层楼面的结构标高之间的垂直距离；没有基础底板指地面标高至上层楼面结构标高之间的垂直距离，最上一层的层高是其楼面结构标高至屋面板板面结构标高之间的垂直距离，遇有以屋面板找坡的屋面，层高指楼面结构标高至屋面板最低处板面结构标高之间的垂直距离。

【例 7-2】　某五层楼房一层平面图如图 7-3 所示，二到五层与一层结构相同，请计算其建筑面积。

解：　$S＝(21.44×12.24＋1.5×3.54－0.6×1.56×2－0.9×8)×5＝1293.32（m^2）$

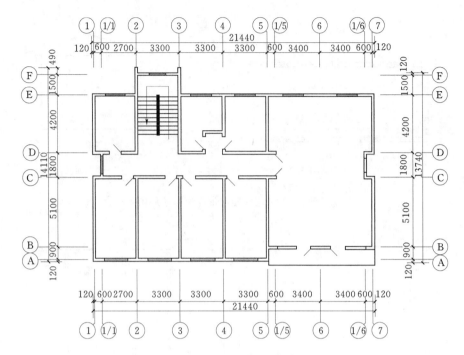

图 7-3　某五层楼房底层平面图（mm）

（3）地下室、半地下室（车间、商店、车站、车库、仓库等），包括相应的有永久性顶盖的出入口，应按其外墙上口（不包括采光井、外墙防潮层及其保护墙）外边线所围水平面积计算，地下人防通道不计算建筑面积。层高在 2.20m 及以上者应计算全面积；层高不足 2.20m 者应计算 1/2 面积。

【例 7-3】　请计算图 7-4 所示地下室建筑面积，层高 2.2m。

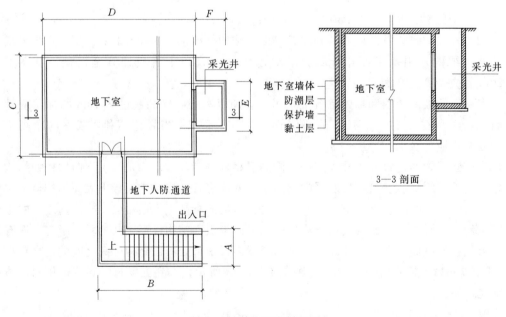

图 7-4　某地下室平面图

解： 地下室建筑面积为：$C \times D + A \times B$

【例 7-4】 请计算图 7-5 中地下室的建筑面积，已知地下室层高 2m，出入口无顶盖。

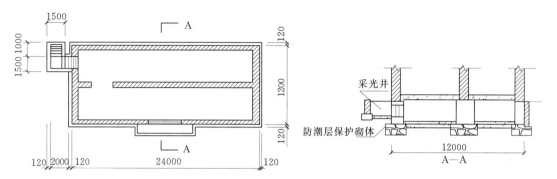

图 7-5　某建筑地下室平、剖面示意图（一）

解： 地下室建筑面积：$12 \times 24 \div 2 = 144$（$m^2$）。

【例 7-5】 计算如图 7-6 所示地下室的建筑面积，地下室出口为现浇钢筋混凝土顶盖。

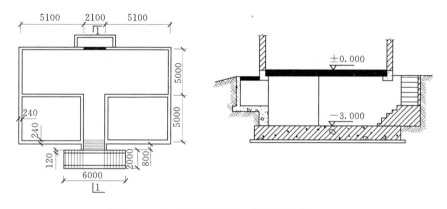

图 7-6　某建筑地下室平、剖面示意图（二）

解： $S =$ 地下室建面 + 出入口建面

　　　地下室建面 = $(12.30 + 0.24) \times (10.00 + 0.24) = 128.41$（$m^2$）

　　　出入口建面 = $2.10 \times 0.80 + 6.00 \times 2.00 = 13.68$（$m^2$）

　　　$S = 128.41 + 13.68 = 142.09$（$m^2$）

（4）坡地的建筑物吊脚架空层、深基础架空层，设计加以利用并有围护结构的，层高在 2.20m 及以上的部位应计算全面积；层高不足 2.20m 的部位应计算 1/2 面积。设计加以利用、无围护结构的建筑吊脚架空层，应按其利用部位水平面积的 1/2 计算；设计不利用的深基础架空层、坡地吊脚架空层、多层建筑坡屋顶内、场馆看台下的空间不应计算面积。吊脚架空层示意图如图 7-7 所示，坡地建筑吊脚架空层如图 7-8 所示。

（5）建筑物的门厅、大厅按一层计算建筑面积。门厅、大厅内设有回廊时，应按其结构底板水平面积计算。层高在 2.20m 及以上者应计算全面积；层高不足 2.20m 者应计算 1/2 面积。

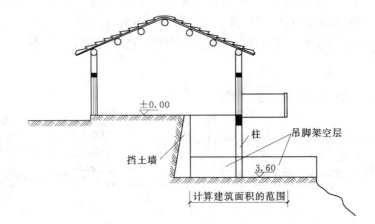

图 7-7　吊脚架空层示意图

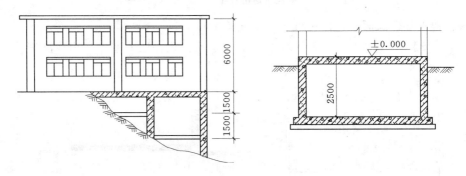

图 7-8　坡地建筑吊脚架空层

【例 7-6】 请计算图 7-9 中设有回廊的建筑物的建筑面积。

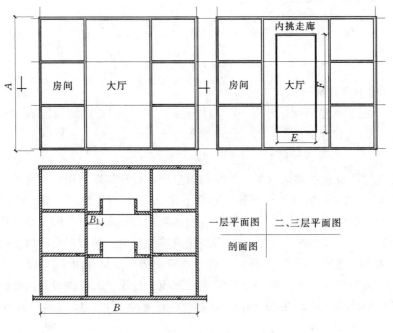

图 7-9　设有回廊的建筑物

解：$S = 3 \times A \times B - 2 \times E \times F$。

（6）建筑物间有围护结构的架空走廊（图7-10），应按其围护结构外围水平面积计算。层高在2.20m及以上者应计算全面积；层高不足2.20m者应计算1/2面积。有永久性顶盖无围护结构的应按其结构底板水平面积的1/2计算。

图7-10 架空走廊示意图

（7）立体书库、立体仓库、立体车库，无结构层的应按一层计算，有结构层的应按其结构层面积分别计算。层高在2.20m及以上者应计算全面积；层高不足2.20m者应计算1/2面积。

（8）有围护结构的舞台灯光控制室，应按其围护结构外围水平面积计算。层高在2.20m及以上者应计算全面积；层高不足2.20m者应计算1/2面积。

（9）建筑物外有围护结构的落地橱窗、门斗、挑廊、走廊、檐廊，如图7-11所示，应按其围护结构外围水平面积计算。层高在2.20m及以上者应计算全面积；层高不足2.20m者应计算1/2面积。有永久性顶盖无围护结构的应按其结构底板水平面积的1/2计算。

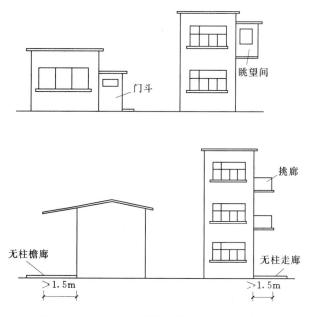

图7-11 门斗、眺望间、檐廊、挑廊示意图

（10）有永久性顶盖无围护结构的场馆看台应按其顶盖水平投影面积的1/2计算。所称"场馆"实质上是指"场"（如足球场、网球场等）看台上有永久性顶盖部分。"馆"应是有永久性顶盖和围护结构的，应按单层或多层建筑相关规定计算面积。

（11）建筑物顶部有围护结构的楼梯间、水箱间、电梯机房等，层高在2.20m及以上者应计算全面积；层高不足2.20m者应计算1/2面积。

（12）设有围护结构不垂直于水平面而超出底板外沿的建筑物，应按其底板面的外围

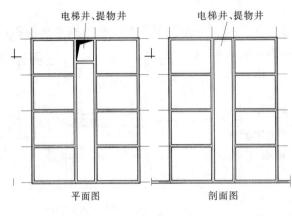

图 7-12 垂直井道图示

水平面积计算。层高在 2.20m 及以上者应计算全面积；层高不足 2.20m 者应计算 1/2 面积。

（13）建筑物内的室内楼梯间、电梯井、观光电梯井、提物井、管道井、通风排气竖井、垃圾道、附墙烟囱应按建筑物的自然层计算，垂直井道如图 7-12 所示。

（14）雨篷（图 7-13）结构的外边线至外墙结构外边线的宽度超过 2.10m 者，应按雨篷结构板的水平投影面积的 1/2 计算。有柱雨篷和无柱雨篷计算应一致。

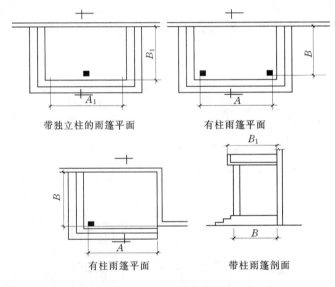

带独立柱的雨篷平面　　有柱雨篷平面

有柱雨篷平面　　带柱雨篷剖面

图 7-13 各种雨篷图示

【例 7-7】 根据图 7-14 所示，请计算下列雨篷的建筑面积。

解：

图 7-14 中：由于挑雨篷宽度不足 2.10m，所以不计建筑面积。

（15）有永久性顶盖的室外楼梯，应按建筑物自然层的水平投影面积的 1/2 计算。室外楼梯，最上层楼梯无永久性顶盖，或不能完全遮盖楼梯的雨篷，上层楼梯不计算面积，上层楼梯可视为下层楼梯的永久性顶盖，下层楼梯应计算面积。

（16）建筑物的阳台，不论是凹阳台、挑阳台、封闭阳台、不封闭阳台，均应按其水平投影面积的 1/2 计算。阳台形式如图 7-15 所示。

（17）有永久性顶盖无围护结构的车棚、货棚、站台、加油站、收费站等，应按其顶盖水平投影面积的 1/2 计算。单排柱站台示意图如图 7-16 所示。

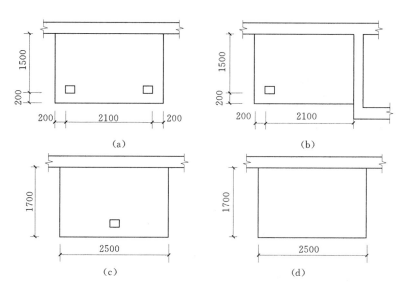

图 7-14　四种不同形式的雨篷

（18）高低联跨的建筑物（图 7-17），应以高跨结构外边线为界分别计算建筑面积；其高低跨内部连通时，其变形缝应计算在低跨面积内。高低联跨的单层建筑物，按外围水平面积计算；如果高低跨结构不同，材料不同或高度悬殊太大，需分别计算建筑面积时，应以结构外边线为界分别计算，即高低跨交界处墙或柱所占水平面积，应并入高跨内计算。

如上图建筑物的建筑面积：$(A_1+A_2+A_3)\times B$

其中：左边跨：$A_1\times B$；右边跨：$A_3\times B$；中间跨：$A_2\times B$

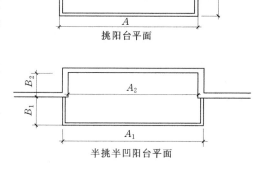

挑阳台平面

半挑半凹阳台平面

图 7-15　阳台形式示意图

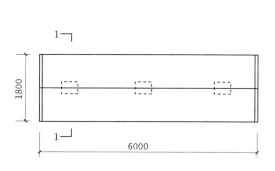

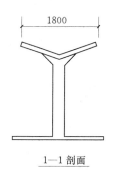

1—1 剖面

图 7-16　单排柱站台示意图

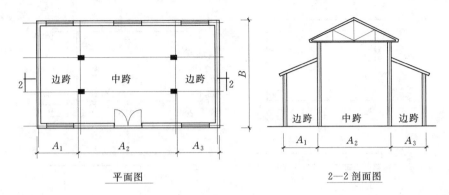

图 7-17　高低联跨单层建筑物图示

（19）以幕墙作为围护结构的建筑物，应按幕墙外边线计算建筑面积。

（20）建筑物外墙外侧有保温隔热层的，应按保温隔热层外边线计算建筑面积。

（21）建筑物内的变形缝，应按其自然层合并在建筑物面积内计算。

2. 不计算面积的范围

下列项目不应计算面积。

（1）建筑物通道（骑楼、过街楼的底层）。

（2）建筑物内的设备管道夹层。

（3）建筑物内分隔的单层房间，舞台及后台悬挂幕布、布景的天桥、挑台等。

（4）屋顶水箱、花架、凉棚、露台、露天游泳池。

（5）建筑物内的操作平台、上料平台、安装箱和罐体的平台。

（6）勒脚、附墙柱、垛、台阶、墙面抹灰、装饰面、镶贴块料面层、装饰性幕墙、空调机外机搁板（箱）、飘窗、构件、配件、宽度在 2.10m 及以内的雨篷以及与建筑物内不相连通的装饰性阳台、挑廊。

（7）无永久性顶盖的架空走廊、室外楼梯和用于检修、消防等的室外钢楼梯、爬梯。

（8）自动扶梯、自动人行道。

（9）独立烟囱、烟道、地沟、油（水）罐、气柜、水塔、贮油（水）池、储仓、栈桥、地下人防通道、地铁隧道。

【例 7-8】　某 6 层砖混结构住宅楼，2～6 层结构平面均相同，如图 7-18 所示，阳台为不封闭阳台，首层无阳台，其他均与二层相同，请计算其建筑面积（注：阳台尺寸中 1500mm 为墙体轴线到阳台外围距离）。

解：首层建筑面积：$S_1=(13.20+0.24)\times(9.20+0.24)=126.87$（$m^2$）

二层建筑面积：$S_2=S_{2主体}+S_{2阳台}$

$S_{2主体}=S_1=126.87$（m^2）

$S_{2阳台}=(3.30\times2+0.06\times2)\times(1.50-0.12)\times1/2=4.64$（$m^2$）

$S_2=126.87+4.64=131.51$（m^2）

因二～六层结构平面相同，故有

建筑面积：　　　$S=S_1+S_2\times5=126.87+136.14\times5=784.42$（$m^2$）

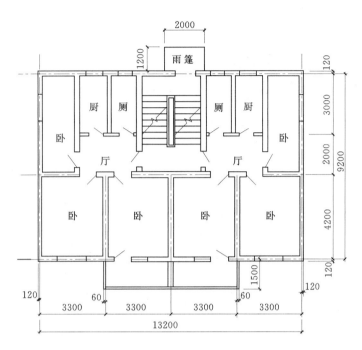

图 7 - 18 某建筑二~六层平面图

【例 7 - 9】 某二层建筑物如图 7 - 19 所示，请计算其建筑面积。

解：建筑面积为：$9.24 \times 12.84 \times 2 = 237.28$（$m^2$）

3. 术语

（1）层高（story height）：上下两层楼面或楼面与地面之间的垂直距离。

（2）自然层（floor）：按楼板、地板结构分层的楼层。

（3）架空层（empty space）：建筑物深基础或坡地建筑吊脚架空部位不回填土石方形成的建筑空间。

（4）走廊（corridor gallery）：建筑物的水平交通空间。

（5）挑廊（overhanging corridor）：挑出建筑物外墙的水平交通空间。

（6）檐廊（eaves gallery）：设置在建筑物底层出檐下的水平交通空间。

（7）回廊（cloister）：在建筑物门厅、大厅内设置在二层或二层以上的回形走廊。

（8）门斗（foyer）：在建筑物出入口设置的起分隔、挡风、御寒等作用的建筑过渡空间。

（9）建筑物通道（passage）：为道路穿过建筑物而设置的建筑空间。

（10）架空走廊（bridge way）：建筑物与建筑物之间，在二层或二层以上专门为水平交通设置的走廊。

（11）勒脚（plinth）：建筑物的外墙与室外地面或散水接触部位墙体的加厚部分。

（12）围护结构（envelop enclosure）：围合建筑空间四周的墙体、门、窗等。

（13）围护性幕墙（enclosing curtain wall）：直接作为外墙起围护作用的幕墙。

（14）装饰性幕墙（decorative faced curtain wall）：设置在建筑物墙体外起装饰作用的幕墙。

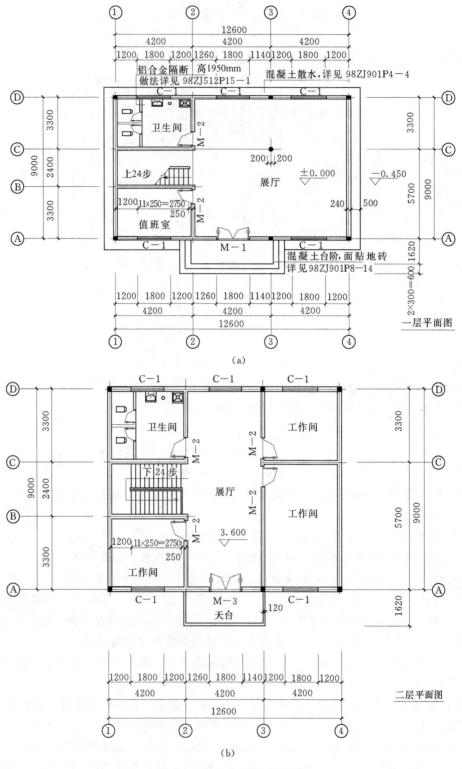

图7-19　某二层建筑平面图

（15）落地橱窗（french window）：突出外墙面根基落地的橱窗。

（16）阳台（balcony）：供使用者进行活动和晾晒衣物的建筑空间。

（17）眺望间（view room）：设置在建筑物顶层或挑出房间的供人们远眺或观察周围情况的建筑空间。

（18）雨篷（canopy）：设置在建筑物进出口上部的遮雨、遮阳篷。

（19）地下室（basement）：房间地平面低于室外地平面的高度超过该房间净高的1/2者为地下室。

（20）半地下室（semi basement）：房间地平面低于室外地平面的高度超过该房间净高的1/3，且不超过1/2者为半地下室。

（21）变形缝（deformation joint）：伸缩缝（温度缝）、沉降缝和抗震缝的总称。

（22）永久性顶盖（permanent cap）：经规划批准设计的永久使用的顶盖。

（23）飘窗（bay window）：为房间采光和美化造型而设置的突出外墙的窗。

（24）骑楼（overhang）：楼层部分跨在人行道上的临街楼房。

（25）过街楼（arcade）：有道路穿过建筑空间的楼房。

二、土石方工程

1. 定额说明

（1）本章包括单独土石方、人工土石方、机械土石方、平整、清理及回填等内容。

（2）单独土石方定额项目，适用于自然地坪与设计室外地坪之间，且挖方或填方工程量大于5000m³的土石方工程。本章其他定额项目，适用于设计室外地坪以下的土石方（基础土石方）工程，以及自然地坪与设计室外地坪之间小于5000m³的土石方工程。单独土石方定额项目不能满足需要时，可以借用其他土石方定额项目，但应乘以系数0.9。

【例7-10】 某工程设计室外地坪以上有石方（松石）5290m³需要开挖，因周围有建筑物，采用液压锤破碎岩石，计算液压锤破碎岩石工程量。

解：单独土石方项目不能满足要求，借用其他土石方定额项目，乘系数0.9。
$$工程量＝5290×0.9＝4761.00（m³）$$

（3）本章土壤及岩石按普通土、坚土、松石、坚石分类，其具体分类见表7-1。

（4）人工土方定额是按干土（天然含水率）编制的。干湿土的划分，以地质勘测资料的地下常水位为界，以上为干土，以下为湿土。采取降水措施后，地下常水位以下的挖土，套用挖干土相应定额，人工乘以系数1.10。

（5）挡土板下挖槽坑土时，相应定额人工乘以系数1.43。

（6）桩间挖土，系指桩顶设计标高以下的挖土及设计标高以上0.5m范围内的挖土。挖土时不扣除桩体体积，相应定额项目人工、机械乘以系数1.3。

（7）人工修整基底与边坡，系指岩石爆破后人工对底面和边坡（厚度在0.30m以内）的清检和修整。人工凿石开挖石方，不适用本项目。人工装车定额适用于已经开挖出的土石方的装车。

（8）机械土方定额项目是按土壤天然含水率编制的。开挖地下常水位以下的土方时，定额人工、机械乘以系数1.15（采取降水措施后的挖土不再乘该系数）。

表 7 - 1　　　　　　　　　　　　　土壤及岩石（普氏）分类表

土石分类	普氏分类	土壤及岩石名称	天然湿度下平均容量（kg/m³）	极限压碎强度（kg/cm²）	用轻钻孔机钻进 1m 耗时（min）	开挖方法及工具	紧固系数 f
一、二类土壤	I	砂 砂壤土 腐殖土 泥炭	1500 1600 1200 600			用尖锹开挖	0.5～0.6
	II	轻壤和黄土类土 潮湿而松散的黄土，软的盐渍土和碱土 平均 15mm 以内的松散而软的砾石 含有草根的密实腐殖土 含有直径在 30mm 以内根类的泥炭和腐殖土 掺有卵石、碎石和石屑的砂和腐殖土 含有卵石或碎石杂质的胶结成块的填土 含有卵石、碎石和建筑料杂质的砂壤土	1600 1600 1700 1400 1100 1650 1750 1900			用锹开挖并少数用镐开挖	0.6～0.8
三类土壤	III	肥黏土其中包括石炭纪、侏罗纪的黏土和冰黏土 重壤土、粗砾石，粒径为 15～40mm 的碎石和卵石 干黄土和掺有碎石或卵石的自然含水量黄土 含有直径大于 30mm 根类的腐殖土或泥炭 掺有碎石或卵石和建筑碎料的土壤	1800 1750 1790 1400 1900			用尖锹并同时用镐开挖（30%）	0.8～1.0
四类土壤	IV	土含碎石重黏土其中包括侏罗纪和石英纪的硬黏土 含有碎石、卵石、建筑碎料和重达 25kg 的顽石（总体积 10%以内）等杂质的肥黏土和重壤土 冰渍黏土，含有重量在 50kg 以内的巨砾其含量为总体积 10%以内 泥板岩 不含或含有重量达 10kg 的顽石	1950 1950 2000 2000 1950			用尖锹并同时用镐和撬棍开挖（30%）	1.0～1.5

续表

土石分类	普氏分类	土壤及岩石名称	天然湿度下平均容量（kg/m³）	极限压碎强度（kg/cm²）	用轻钻孔机钻进1m耗时（min）	开挖方法及工具	紧固系数 f
松石	V	含有重量在50kg以内的巨砾（占体积10%以上）的冰渍石	2100	小于200	小于3.5	部分用手凿工具部分用爆破来开挖	1.5～2.0
		矽藻岩和软白垩岩	1800				
		胶结力弱的砾岩	1900				
		各种不坚实的片岩	2600				
		石膏	2200				
次坚石	VI	凝灰岩和浮石	1100	200～400	3.5	用风镐和爆破法开挖	2～4
		松软多孔和裂隙严重的石灰岩和介质石灰岩	1200				
		中等硬变的片岩	2700				
		中等硬变的泥灰岩	2300				
	VII	石灰石胶结的带有卵石和沉积岩的砾石	2200	400～600	6.0		4～6
		风化的和有大裂缝的黏土质砂岩	2000				
		坚实的泥板岩	2800				
		坚实的泥灰岩	2500				
	VIII	砾质花岗岩	2300	600～800	8.5		6～8
		泥灰质石灰岩	2300				
		黏土质砂岩	2200				
		砂质云母片岩	2300				
		硬石膏	2900				
普坚石	IX	严重风化的软弱的花岗岩、片麻岩和正长岩	2500	800～1000	11.5	用爆破方法开挖	8～10
		滑石化的蛇纹岩	2400				
		致密的石灰岩	2500				
		含有卵石、沉积岩的渣质胶结的砾岩	2500				
		砂岩	2500				
		砂质石灰质片岩	2500				
		菱镁矿	3000				
	X	白云石	2700	1000～1200	15.0		10～12
		坚固的石灰岩	2700				
		大理石	2700				
		石灰胶结的致密砾石	2600				
		坚固砂质片岩	2600				
	XI	粗花岗岩	2800	1200～1400	18.5		12～14
		非常坚硬的白云岩	2900				
		蛇纹岩	2600				
		石灰质胶结的含有火成岩之卵石的砾石	2800				
		石英胶结的坚固砂岩	2700				
		粗粒正长岩	2700				

续表

土石分类	普氏分类	土壤及岩石名称	天然湿度下平均容量（kg/m³）	极限压碎强度（kg/cm²）	用轻钻孔机钻进1m耗时（min）	开挖方法及工具	紧固系数 f
普 坚 石	XII	具有风化痕迹的安山岩和玄武岩	2700	1400～1600	22.0	用爆破方法开挖	14～16
		片麻岩	2600				
		非常坚固的石炭岩	2900				
		硅质胶结的含有火成岩之卵石的砾岩	2900				
		粗石岩	2600				
	XIII	中粒花岗岩	3100	1600～1800	27.5		16～18
		坚固的片麻岩	2800				
		辉绿岩	2700				
		玢岩	2500				
		坚固的粗面岩	2800				
		中粒正长岩	2800				
	XIV	非常坚硬的细粒花岗岩	3300	1800～2000	32.5		18～20
		花岗岩麻岩	2900				
		闪长岩	2900				
		高硬度的石灰岩	3100				
		坚固的玢岩	2700				
	XV	安山岩、玄武岩、坚固的角页岩	3100	2000～2500	46.0		20～25
		高硬度的辉绿岩和闪长岩	2900				
		坚固的辉长岩和石英岩	2800				
	XVI	拉长玄武岩和橄榄玄武岩	3300	大于2500	大于60		大于25
		特别坚固的辉长辉绿岩、石英石和玢岩	3300				

（9）机械挖土方，应满足设计砌筑基础的要求，其挖土总量的95%，执行机械土方相应定额；其余按人工挖土。人工挖土套用相应定额时乘以系数2。

（10）人力车、汽车的重车上坡降效因素，已综合在相应的运输定额中，不另行计算。挖掘机在垫板上作业时，相应定额的人工、机械乘以系数1.25。挖掘机下的垫板、汽车运输道路上需要铺设的材料，发生时，其人工和材料均按实另行计算。

（11）石方爆破定额项目按下列因素考虑，设计或实际施工与定额不同时，可按以下办法调整。

1）定额按炮眼法松动爆破（不分明炮、闷炮）编制，并已综合了开挖深度、改炮等因素；如设计要求爆破粒径时，其人工、材料、机械按实际情况另行计算。

2）定额按电雷管导电起爆编制。如采用火雷管点火起爆，雷管可以换算，数量不变；换算时扣除定额中的全部胶质导线，增加导火索。导火索的长度按每个雷管2.12m计算。

3）定额按炮孔中无地下渗水编制。如炮孔中出现地下渗水，处理渗水的人工、材料、机械按实际情况另行计算。

4) 定额按无覆盖爆破（控制爆破岩石除外）编制。如爆破时需要覆盖炮被、草袋，及架设安全屏障等，其人工、材料按实际情况另行计算。

（12）场地平整，系指建筑物所在现场厚度在 0.3m 以内的就地挖、填及平整。

（13）竣工清理，系指建筑物内、外以及施工现场范围内建筑垃圾的清理、场内运输和指定地点的集中堆放。

（14）本章未包括地下常水位以下的施工降水，实际发生时，另按相应章节的规定计算。

2. 工程量计算规则

（1）土石方的开挖、运输，均按开挖前的天然密实体积，以立方米计算。土方回填，按回填后的竣工体积，以立方米计算。不同状态的土方体积，按表 7-2 换算。

表 7-2 土方体积换算系数表

虚 方	松 填	天然密实	夯 填	虚 方	松 填	天然密实	夯 填
1.00	0.83	0.77	0.67	1.30	1.08	1.00	0.87
1.20	1.00	0.92	0.80	1.50	1.25	1.15	1.00

【例 7-11】 某工程室内回填需购买黄土进行夯填，已知回填土工程量 500m³，试求购买黄土的数量。

解： 室内回填土，工程量＝500m³

买土体积按照虚方计算，工程量＝500×1.50＝750m³

（2）单独土石方是指自然地坪与设计室外地坪之间，挖填方量在 5000m³ 以上的土石方，依据设计土方平衡竖向布置图，以立方米计算。

【例 7-12】 某工程设计室外地坪以上有石方（松石）7500m³ 需要开挖，因周围有建筑物，采用液压锤破碎岩石，计算液压锤破碎岩石工程量。

解： 单独土石方项目不能满足要求，借用其他土石方定额项目，乘以系数 0.9。

工程量＝7500×0.9＝6750（m³）

（3）基础沟槽、地坑与一般土石方的划分。

1）沟槽：槽底宽度（设计图示的基础或垫层的宽度，下同）3m 以内，且槽长大于 3 倍槽宽的为沟槽。

2）地坑：底面积 20m² 以内，且底长边小于 3 倍短边的为地坑。

3）一般土石方：不属沟槽、地坑、或场地平整的为一般土石方。

（4）基础土石方开挖深度，自设计室外地坪计算至基础底面，有垫层时计算至垫层底面（如遇爆破岩石，其深度应包括岩石的允许超挖深度）如图 7-20 所示。

图 7-20 中，工作面宽度＝c

放坡系数 $m=b/H$

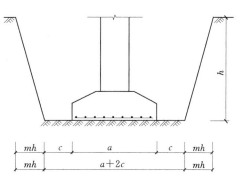

图 7-20 基础工作面示意图

（5）基础施工所需的工作面，按表 7-3 计算，几种材料取最大值。

表 7-3　　　　　　　　　　　　　基础所需工作面

基 础 材 料	单边工作面宽度（m）
砖基础	0.20
毛石基础	0.15
混凝土基础	0.30
基础垂直面防水层（自防水层面）	0.80
支挡土板	0.10

混凝土垫层的工作面宽度按支挡土板的工作面宽度计算，是指垫层厚度小于 200mm 的情况；当垫层厚度大于 200mm 时，其工作面宽度按混凝土基础计算。

（6）土方开挖的放坡深度和放坡系数，按设计规定计算。设计无规定时，按表 7-4 计算。

表 7-4　　　　　　　　　　　　　土石方放坡坡度表

土 类	放 坡 坡 度		
	人工挖土	机 械 挖 土	
		坑内作业	坑外作业
普通土	1：0.50	1：0.33	1：0.65
坚 土	1：0.30	1：0.20	1：0.50

注　从设计室外地坪起，至基础底，机械一直在室外地坪上作业（不下坑），为坑上作业；反之，机械一直在坑内作业，并设有机械上下坡道（或采用其他措施运送机械），为坑内作业。计算土方放坡深度时，若垫层厚度小于 200mm 不计算基础垫层的厚度；垫层厚度大于 200mm 时，应计算垫层的厚度。

1）土类为单一土质时，普通土开挖深度大于 1.2m、坚土开挖深度大于 1.7m，允许放坡。

2）土类为混合土质时，开挖深度大于 1.5m，允许放坡。放坡坡度按不同土类厚度加权平均计算综合放坡系数。

3）计算土方放坡深度时，不计算基础垫层的厚度。

4）放坡与支挡土板，相互不得重复计算。

5）计算放坡时，放坡交叉处的重复工程量，不予扣除。

6）若施工中实际未放坡，或放坡系数小于上表规定，仍应按规定的放坡系数计算土方工程量。

7）综合放坡系数计算公式。当沟槽或基坑中土质类别不同，且深度大于 1.5m 时，应根据不同土质类别的放坡系数、土质厚度求得综合放坡系数，然后再求土方工程量。

如图 7-21 所示，综合放坡系数计算公式：

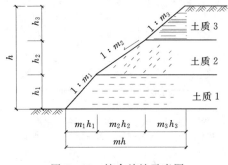

图 7-21　综合放坡示意图

$$m=(m_1h_1+m_2h_2+\cdots+m_nh_n)/(h_1+h_2+\cdots+h_n)$$

（7）爆破岩石允许超挖量分别为：松石 0.20m，坚石 0.15m。

（8）挖沟槽。

外墙沟槽，按外墙中心线长度计算；内墙沟槽，按图 7 - 22 所示的基础（含垫层）底面之间净长度计算；外、内墙突出部分的沟槽体积，并入相应工程量内计算。不扣除外墙壁基础（含垫层）的工作面宽度，也不扣除爆破岩石时的允许超挖量宽度。外、内墙突出部分的槽沟体积，按突出部分的中心线长度并入相应外、内墙沟槽工程量内计算。

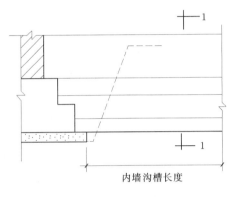
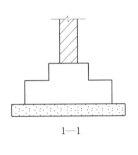

图 7 - 22　内墙沟槽

1）挖沟槽工程量计算公式。

外墙沟槽

$$V_{挖}=\quad S_{断}\ L_{外中}$$

内墙沟槽

$$V_{挖}=S_{断}\ L_{基底净长}$$

管道沟槽

$$V_{挖}=S_{断}\ L_{中}$$

其中沟槽断面有如下形式

a. 钢筋混凝土基础有垫层时。

两面放坡如图 7 - 23（a）所示。

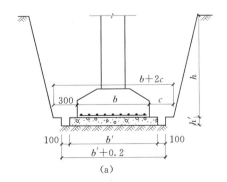
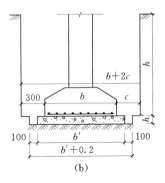

图 7 - 23　放坡示意图（一）

$$S_{断}=[(b+2\times0.3)+mh]h+(b'+2\times0.1)h'$$

不放坡无挡土板如图 7-23（b）所示

$$S_{断}=(b+2\times0.3)h+(b'+2\times0.1)h'$$

不放坡加两面挡土板如图 7-24（a）所示

$$S_{断}=(b+2\times0.3+2\times0.1)h+(b'+2\times0.1)h'$$

一面放坡一面挡土板如图 7-24（b）所示

$$S_{断}=(b+2\times0.3+0.1+0.5mh)h+(b'+2\times0.1)h'$$

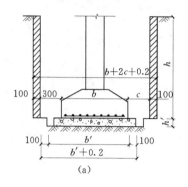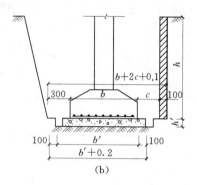

图 7-24　放坡示意图（二）

b. 基础有其他垫层时。

两面放坡如图 7-25（a）所示

$$S_{断}=(b'+mh)h+b'h'$$

不放坡无挡土板如图 7-25（b）所示

$$S_{断}=b'(h+h')$$

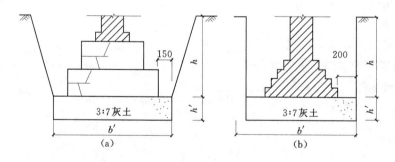

图 7-25　放坡示意图（三）

c. 基础无垫层时

两面放坡如图 7-26（a）所示

$$S_{断}=[(b+2c)+mh]h$$

不放坡无挡土板如图 7-26（b）所示

$$S_{断}=(b+2c)h$$

不放坡加两面挡土板如图 7-27（a）所示

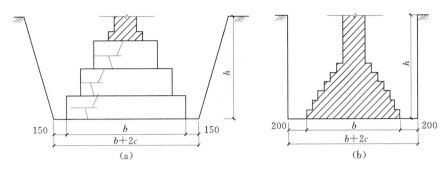

图 7 - 26　放坡示意图（四）

$$S_{断}=(b+2c+2\times0.1)h$$

一面放坡一面挡土板如图 7 - 27（b）所示：

$$S_{断}=(b+2c+0.1+0.5mh)h$$

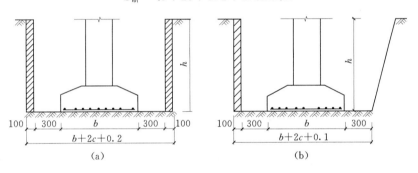

图 7 - 27　放坡示意图（五）

【例 7 - 13】　某工程如图 7 - 28 所示，土质为坚土，采用人工挖土，试计算条形基础土石方工程量。

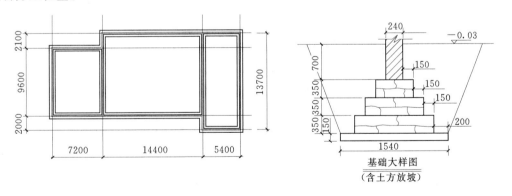

图 7 - 28　某条形基础平面图、断面图

解：开挖深度：　　　$H=0.7+0.35+0.35+0.35+0.15=1.90$（m）

放坡深度：　　　$h=1.9-0.15=1.75$（m）>1.70（m），所以需要放坡。

沟槽断面积：　　$S_{断}=[1.54\times0.15+(1.54+0.3\times1.75)\times1.75]=3.845$（m²）

沟槽长：　　　　$L_{中}=(7.2+14.4+5.4+13.7)\times2=81.40$（m）

$$L_{净}=9.6-1.54+9.6+2.1-1.54=18.22 \text{ (m)}$$

挖方工程量：　　　　$V_{挖}=(81.4+18.22)\times3.845=383.04 \text{ (m}^3)$

【例 7-14】　如图 7-28 所示，采用挖掘机大开挖土方工程，设计要求放坡系数 $m=0.30$，试计算挖运土工程量。

解： 工程量 $=[(13.7+1.54)\times(7.2+14.4+5.4+1.54)-2\times(7.2+14.4)$

$-2.1\times7.2]\times0.15+[(13.7+1.54+0.3\times1.75)\times(7.2$

$+14.4+5.4+1.54+0.3\times1.75)-2\times(7.2+14.4)-2.1$

$\times7.2]\times1.75+0.3^2\times1.75^3\div3=756.46 \text{ (m}^3)$

【例 7-15】　某工程基础平面图及详图如图 7-29 所示。土类为混合土质，其中普通土深 1.4m，下面是坚土，常地下水位为 -2.40m。J1 基础宽度 0.9m，垫层宽度 1.1m；J2 基础宽度 1.1m，垫层宽度 1.3m。试求人工开挖土方的工程量。

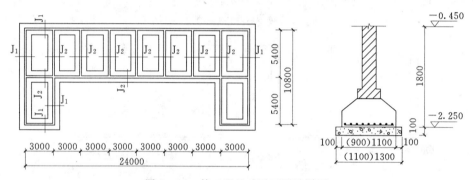

图 7-29　某工程基础平面图及详图

解： 本工程开挖深度：$H=0.1+1.8=1.9 \text{ (m)}$

放坡深度为：$h=1.8 \text{ (m)}$，土类为混合土质，开挖深度大于 1.5m，故基槽开挖需要放坡，放坡坡度按综合放坡系数计算。

$$综合放坡系数\ k=(k_1h_1+k_2h_2)/(h_1+h_2)$$
$$=(0.5\times1.4+0.3\times0.4)/(1.4+0.4)=0.46$$

计算沟槽土方工程量

$$S_{断1}=[(b+2\times0.3)+kh]h+(b'+2\times0.1)h'$$
$$=[(0.9+2\times0.3)+0.46\times1.8]\times1.8+(1.1+2\times0.1)\times0.1$$
$$=4.32 \text{ (m}^2)$$

J_1：　　　$L_{中}=24+(10.8+3+5.4)\times2=62.4 \text{ (m)}$

$$V_{挖1}=S_{断1}L_{中}=4.32\times62.4=269.57 \text{ (m}^3)$$

$$S_{断2}=[(b+2\times0.3)+kh]h+(b'+2\times0.1)h'$$
$$=[(1.1+2\times0.3)+0.46\times1.8]\times1.8+(1.3+2\times0.1)\times0.1$$
$$=4.70 \text{ (m}^2)$$

J_2：　　　　　　　$L_{中}=3\times6=18 \text{(m)}$

$$L_{净}=[5.4-(1.1+1.3)/2]\times7+[3-1.1/2-(1.1+1.3)/4]\times2$$
$$=33.1 \text{(m)}$$

$$L=18+33.1=51.1 \text{(m)}$$

$$V_{挖2}=S_断 L=4.70\times51.1=240.17（\text{m}^3）$$

沟槽土方工程量合计：$V_挖=269.57+240.17=509.74（\text{m}^3）$

计算其中坚土工程量： $h=0.4\text{m}$

$$V_{挖坚}=\{[(0.9+2\times0.3)+0.46\times0.4]\times0.4+(1.1+2\times0.1)\times0.1\}$$
$$\times62.4+\{[(1.1+2\times0.3)+0.46\times0.4]\times0.4+(1.3+2\times0.1)$$
$$\times0.1\}\times51.1=96.32（\text{m}^3）$$

普通土工程量：

$$V_{挖普}=V_挖-V_{挖坚}=509.74-96.32=413.42（\text{m}^3）$$

【例 7-16】 某单身宿舍楼，平面和基础剖面如图 7-30 所示，墙厚 240mm，室外地坪标高为-0.15m，土质为普通土。试计算：(1) 场地平整工程量；(2) 人工挖地槽工程量。

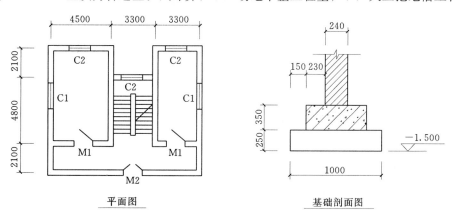

图 7-30 某建筑基础尺寸图

解：场地平整工程量：

$S=(2.1+4.8+2.1+0.24)\times(4.5+3.3+3.3+0.24)+2\times2\times(2.1+4.8+2.1$
$\quad+0.24+4.5+3.3+3.3+0.24)+16$

$=104.78+82.32+16$

$=203.10（\text{m}^2）$

人工挖地槽工程量：土壤为普通土，垫层厚度大于 200mm，开挖深度即槽底深度为 $1.5-0.15=1.35>1.2\text{m}$，故应计算放坡。地槽长度外墙按中心线计算，内墙按基底之间的净长线计算，则

$$L_外=(2.1+4.8+2.1)\times2+(4.5+3.3+3.3)\times2+2.1\times2$$
$$=18+22.2+4.2$$
$$=44.4（\text{m}）$$

$$L_内=(4.8-0.5)\times2+(4.5-0.5)+(3.3-0.5)$$
$$=8.6+4+2.8$$
$$=15.4（\text{m}）$$

$$V_{地槽} = \{[1.0 + 2 \times 0.3 + 0.5 \times (1.35 - 0.25)]$$
$$\times (1.35 - 0.25) + (1.0 + 2 \times 0.3) \times 0.25\} \times (44.4 + 15.4)$$
$$= \{[1.0 + 0.6 + 0.5 \times 1.1] \times 1.1 + (1.0 + 0.6) \times 0.25\} \times 59.8$$
$$= (2.15 \times 1.1 + 1.6 \times 0.25) \times 59.8$$
$$= 2.765 \times 59.8$$
$$= 165.35 \ (m^3)$$

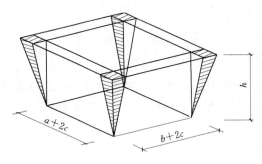

图 7-31　无垫层放坡地坑（一）

2）挖地坑工程量计算公式

a. 无垫层放坡地坑，如图 7-31 和图 7-32 所示。

$$V_{挖} = (a + 2c + mh)(b + 2c + mh)h + 1/3 \ m^2 h^3$$
$$V_{挖} = \pi(r^2 + R^2 + Rr)h/3$$

b. 管道沟槽的长度，按中心线长度（不扣除井池所占长度）计算。管道宽度、深度按设计规定计算；设计无规定时，其宽度按表 7-5 计算。

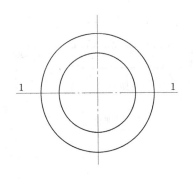

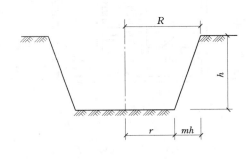

1—1 剖面图

图 7-32　无垫层放坡地坑（二）

表 7-5　　　　　　　　　　管 道 沟 槽 底 宽 度 表　　　　　　　　　　单位：m

管道公称直径 （mm 以内）	钢管、铸铁管、铜管、铝塑管、塑料管 （Ⅰ类管道）	混凝土管、水泥管、陶土管 （Ⅱ类管道）
100	0.6	0.8
200	0.7	0.9
400	1.0	1.2
600	1.2	1.5
800	1.5	1.8
1000	1.7	2.0
1200	2.0	2.4
1500	2.3	2.7

$$管道沟槽挖土工程量 = bhL$$

式中　b——管道沟槽宽，m；

　　　h——管道沟槽深，m；

　　　L——管道沟槽中心线长，m。

各种检查井和排水管道接口等处，因加宽而增加的工程量均不计算（底面积大于 20m² 的井类除外）。铸铁给水管道接口处的土方工程量，应按铸铁管道沟槽全部土方工程量增加 2.5% 计算。

（9）人工修整基底与边坡，按岩石爆破的有效尺寸（含工作面宽度和允许超挖量），以平方米计算。

（10）人工挖桩孔，按桩的设计断面面积（不另加工作面）乘以桩孔中心线深度，以立方米计算。

（11）人工开挖冻土、爆破开挖冻土的工程量，按冻结部分的土方工程量以立方米计算。在冬季施工时，只能计算一次挖冻土工程量。

（12）机械土石方的运距，按挖土区重心至填方区（或堆放区）重心间的最短距离计算。推土机、装载机、铲运机重车上坡时，其运距按坡道斜长乘表 7－6 系数计算。

表 7－6　　　　　　　　　　　　　重车上坡运距系数表

坡度（%）	5～10	15 以内	15 以内	25 以内
系数	1.75	2.00	2.25	2.50

（13）机械行驶坡道的土石方工程量，按批准的施工组织设计，并入相应的工程量内计算。

（14）运输钻孔桩泥浆，按桩的设计断面面积乘以桩孔中心线深度，以立方米计算。

（15）场地平整按下列规定以平方米计算：

场地平整是指建筑物所在现场厚度在 0.3m 以内的就地挖、填及平整。若挖填土方厚度超过 0.3m 时，挖填土工程量应按相应规定计算，但仍应计算场地平整，场地平整示意图如图 7－33 所示。

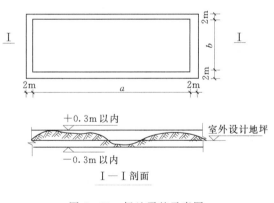

图 7－33　场地平整示意图

1）筑物（构筑物）按首层结构外边线，每边各加 2m 计算。

$$平整场地工程量 = (a+4) \times (b+4)$$
$$= a \times b + 4 \times (a+b) + 16$$
$$= S_{底} + 2 \times L_{外} + 16$$

2）无柱檐廊、挑阳台、独立柱雨篷等，按其水平投影面积计算。

3）封闭或半封闭的曲折型平面，其场地平整的区域，不得重复计算。

4）道路、停车场、绿化地、围墙、地下管线等不能形成封闭空间的构筑物，不得计算。

（16）原土夯实与碾压按设计尺寸，以平方米计算。填土碾压按设计尺寸，以立方米计算。

（17）回填按下列规定以立方米计算：

1）槽坑回填体积，按挖方体积减去设计室外地坪以下的地下建筑物（构筑物）或基础（含垫层）的体积计算。

槽坑回填土体积＝挖土体积－设计室外地坪以下埋设的垫层、基础体积

2）管道沟槽回填体积，按挖方体积减去表 7-7 所含管道回填体积计算。

管道沟槽回填体积＝挖土体积－下表管道回填体积

表 7-7　　　　　　　　　　　　管道折合回填体积表　　　　　　　　　　　单位：m³/m

管道公称直径（mm 以内）	500	600	800	1000	1200	1500
Ⅰ类管道	—	0.22	0.46	0.74	—	—
Ⅱ类管道	—	0.33	0.60	0.92	1.15	1.45

3）房心回填体积，以主墙间净面积乘以回填厚度计算。

房心回填体积＝房心面积×回填土设计厚度

（18）运土按下式，以立方米计算。

运土体积＝挖土总体积－回填土总体积

式中的计算结果为正值时，为余土外运；为负值时取土内运。

【例 7-17】　某工程铺设混凝土排水管道 2000m，管道公称直径 600mm，用挖掘机挖沟槽深度 1.3m，土质为普通土，自卸汽车全部运至 0.8km 处，管道铺设后全部用石屑回填。求挖土及回填工程量。

解：混凝土管为Ⅱ类管道，查表 7-5 知沟槽底宽 1.5m，土质为坚土，挖土深1.3m 小于 1.5m，故不用放坡。

挖土工程量：　　　　　　　$V_挖＝1.5×1.3×2000＝3900$（m³）

石屑回填工程量：$V_填＝V_挖－V_{管道折合}＝3900－0.33×2000＝3240$（m³）

（19）竣工清理包括建筑物及四周 2m 以内的建筑垃圾清理。

竣工清理按下列规定以立方米计算。

1）筑物勒脚以上外墙外围水平面积乘以檐口高度。有山墙者以山尖 1/2 高度计算。

竣工清理工程量＝筑物勒脚以上外墙外围水平面积×室外地坪到檐口（山尖 1/2）的高度

2）地下室（包括半地下室）的建筑体积，按地下室上口外围水平面积（不包括地下室采光井及敷贴外部防潮层的保护砌体所占面积）乘以地下室地坪至建筑物第一层地坪间的高度。地下室出入口的建筑体积并入地下室建筑体积内计算。

3）消耗量定额中的竣工清理与费用项目构成中的场内清理费是有区分的，消耗量定额竣工清理的范围是指建筑物内、外及施工现场范围内（建筑物四周 2m 以内）建筑垃圾

的清理、场内运输和指定地点的集中堆放；费用项目构成中的场内清理费的范围是指定额
竣工清理范围以外的场内清理。如现场内临时设施拆除后的清理、临时道路的清理等。

【例 7 - 18】 某工程如图 7 - 34 所示，计算竣工清理工程量。

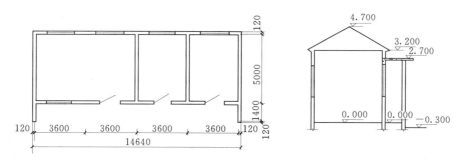

图 7 - 34　某单层建筑

解： 工程量＝14.64×(5.00＋0.24)×(3.2＋1.50÷2)＋14.64×1.40×2.70
　　　　＝358.36（m³）

三、地基处理与防护工程

1. 定额说明

（1）本章包括垫层、填料加固、桩基础、强夯、防护与降水等内容。

（2）垫层定额按地面垫层编制。若为基础垫层，人工、机械分别乘以下列系数：条形
基础 1.05；独立基础 1.10；满堂基础 1.00。

（3）填料加固定额用于软弱地基挖土后的换填材料加固工程。

加固的换填材料与垫层，均处于建筑物基础与地基之间，均起传递荷载的作用。两者
的不同之处在于：

1）垫层平面尺寸比基础略大（一般不大于200），总是伴随着基础的发生，总体厚度
较填料加固小（一般不大于500），垫层与槽（坑）边有一定的间距（不呈满填状态）。

2）填料加固用于软弱地基整体或局部大开挖后的换填，其平面尺寸由建筑物地基的
整体或局部尺寸以及地基的承载能力决定，总体厚度较大（一般大于500），一般呈满填
状态。

（4）单位工程的桩基础工程量在表
7-8 数量以内时，相应定额人工、机
械乘以系数 1.05。

（5）打桩工程按陆地打垂直桩编
制。设计要求打斜桩时，斜度小于 1：
6 时，相应定额人工、机械乘以系数
1.25；斜度大于 1：6 时，相应定额人

表 7 - 8　　桩基础工程量

项　　目	单位工程的工程量
预制钢筋混凝土桩	100m³
灌注桩	60m³
钢工具桩	50t

工、机械乘以系数 1.43。斜度是指在竖直方向上，每单位长度所偏离竖直方向的水平
距离。

（6）桩间补桩或在强夯后的地基上打桩时，相应定额人工、机械乘以系数 1.15。

（7）打试验桩时，相应定额人工、机械乘以系数 2.0。定额不包括静测、动测的测桩

项目，测桩只能计列一次，实际发生时，按合同约定价格列入。

（8）打送桩时，相应定额人工、机械乘以表 7-9 系数。

截桩按所截桩的根数计算，套用本章定额。截桩、凿桩头、钢筋整理应分项计算，凿桩头按桩体高 40d（d 为桩主筋直径）乘桩断面以立方米计算，钢筋整理按所整理的桩的根数计算。截桩长度不大于 1m 时，不扣减打桩工程量；长度大于 1m 时，其超过 1m 部分

表 7-9　　　送桩深度系数

送 桩 深 度（m）	系 数
≤2	1.12
≤4	1.25
>4	1.50

按实扣减打桩工程量，但不应扣减桩体及其场内运输工程量。成品桩体费用按双方认可的价格列入。距桩位 15m 范围内的移动、起吊和就位，已包括在打桩项目内，超过 15m 的场内运输，执行定额相关章节的构件运输 1km 项目。

（9）灌注桩已考虑了桩体充盈部分的消耗量，其中灌注砂、石桩还包括级配密实的消耗量。但不包括混凝土搅拌、钢筋制作、钻孔桩和挖孔桩的土或回旋钻机泥浆的运输、预制桩尖、凿桩头及钢筋整理等项目，但活瓣桩尖和截桩不加计算。

（10）强夯定额中每百平方米夯点数，指设计文件规定单位面积内的夯点数量。

（11）挡土板定额分为疏板和密板。疏板是指间隔支挡土板，且板间净空小于 150cm 的情况；密板是指满支挡土板或板间净空小于 30cm 的情况。

（12）抽水机集水井排水定额，以每台抽水机工作 24h 为 1 台日。

（13）井点降水分为轻型井点、喷射井点、大口径井点、水平井点、电渗井点和射流泵井点。井管间距应根据地质条件和施工降水要求，依施工组织设计确定。施工组织设计无规定时，可按轻型井点管距 0.8～1.6m、喷射井点管距 2～3m 确定。井点设备使用套的组成如下：

轻型井点：50 根/套；

喷射井点：30 根/套；

大口径井点：45 根/套；

水平井点：10 根/套；

电渗井点：30 根/套。

井点设备使用的天，以每昼夜 24h 为 1 天。

井点降水区分不同的井管深度，其井管安拆，按施工组织设计规定的井管数量，以根计算；设备使用，按施工组织设计规定的使用时间，以每套使用的天数计算。

（14）灌注混凝土桩的钢筋笼、防护工程的钢筋锚杆制安，均按相应章节的有关规定执行。

（15）深层搅拌水泥桩定额按 1 喷 2 搅施工编制，实际施工为 2 喷 4 搅时，定额人工、机械乘以系数 1.43。2 喷 2 搅、4 喷 4 搅分别按 1 喷 2 搅、2 喷 4 搅计算。高压旋喷（摆喷）水泥桩的水泥设计用量，与定额不同时可以调整。

（16）本章所有混凝土项目，均未包括混凝土搅拌，实际发生时，按定额的相应规定，另行计算。本章未包括锚喷使用的脚手架费用，实际发生时，根据施工组织设计的规定，

按定额的相应规定，另行计算。

2. 工程量计算规则

（1）垫层。

1）地面垫层按室内主墙间净面积乘以设计厚度，以立方米计算。计算时应扣除凸出地面的构筑物、设备基础、室内铁道、地沟以及单个面积在 0.3m² 以上的孔洞、独立柱等所占体积；不扣除间壁墙、附墙烟囱、墙垛以及单个面积在 0.3m² 以内的孔洞等所占体积，门洞、空圈、暖气壁龛等开口部分也不增加。

$$地面垫层工程量＝（S_{房心}－0.3m^2 以上孔洞、独立柱、构筑物）×垫层厚度$$

$$S_{房心}＝S_{建筑}－\sum L_{外墙中心线长}×外墙厚－\sum L_{内墙净长}×内墙厚$$

2）基础垫层按下列规定，以立方米计算。

a. 条形基础垫层，外墙按外墙中心线长度、内墙按其设计净长度乘以垫层平均断面面积计算。

$$条形基础垫层工程量＝（\sum L_{外墙中心线长}＋\sum L_{垫层净长}）×垫层断面$$

b. 独立基础垫层和满堂基础垫层，按设计图示尺寸乘以平均厚度计算。

$$独立满堂基础垫层工程量＝设计长度×设计宽度×平均厚度$$

c. 垫层项目按地面垫层编制，若为基础垫层，人工、机械分别乘以下列系数：条形基础为 1.05；独立基础为 1.10；满堂基础为 1.00。

【例 7-19】 如图 7-35 所示，某工程地下室有梁式满堂基础如图所示，试求：平整场地工程量；垫层工程量。

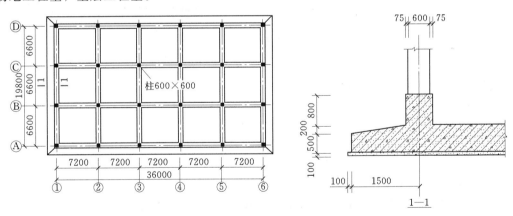

图 7-35 某工程地下室有梁式满堂基础

解： 场地平整工程量＝建筑底层外墙每边各加 2m 后所包含面积
$$＝（7.2×5＋0.24＋4）×（6.6×3＋0.24＋4）$$
$$＝967.37（m^2）$$

满堂基础垫层工程量＝设计长度×设计宽度×平均厚度
$$＝（7.2×5＋3.2）×（6.6×3＋3.2）×0.1$$
$$＝90.16（m^3）$$

【例 7 - 20】 某建筑物基础平面图及详图如图 7 - 36 所示，地面做法：20 厚 1：2.5 的水泥砂浆，100 厚 C10 的素混凝土垫层，素土夯实。基础为 M5.0 的水泥砂浆砌筑标准黏土砖。试求垫层工程量。

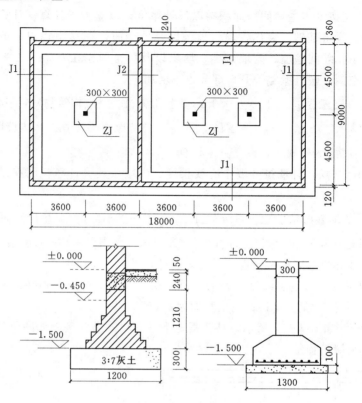

图 7 - 36　某建筑物基础平面图及详图

解： C10 的素混凝土地面垫层：

$$V_{垫层}=(S_{净}-S_{扣})\times\delta=(3.6\times5-0.24\times2)\times(9-0.24)\times0.1=15.35\ (\text{m}^3)$$

独立基础 C10 素混凝土垫层：

$$V_{垫层}=ab\delta n=1.3\times1.3\times0.1\times3=0.51\ (\text{m}^3)$$

条形基础 3：7 灰土垫层：

工程量：
$$
\begin{aligned}
V_{垫层} &= V_{外墙垫}+V_{内墙垫}=S_{断}\times L_{中}+S_{断}\times L_{基底净长}\\
&= 1.2\times0.3\times[(9+3.6\times5)\times2+0.24\times3]+1.2\times0.3\times(9-1.2)\\
&= 22.51\ (\text{m}^3)
\end{aligned}
$$

【例 7 - 21】 某建筑基础平面布置如图 7 - 37 所示，计算该工程垫层的工程量。

解： 条形基础垫层

工程量＝设计轴线长（内墙为净长）×垫层断面面积

$$
\begin{aligned}
V_{1-1} &= [(27+12.9)\times2+(27-1.1)\times2-(9-1.4)\times2-(3-1.4)]\times1.1\times0.3\\
&= [79.8+51.8-15.2-1.6]\times1.1\times0.3\\
&= 37.884\ (\text{m}^3)
\end{aligned}
$$

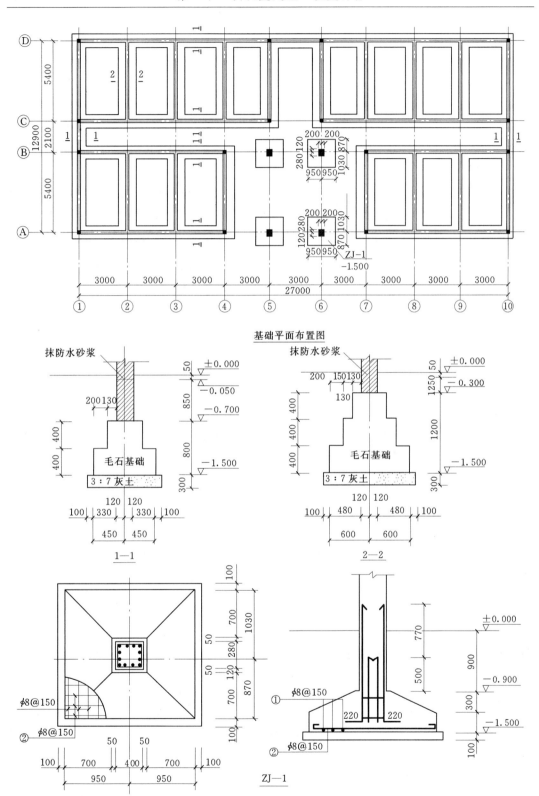

图 7-37　某建筑基础平面布置图

$$V_{2-2}=(5.4-1.1)\times14\times1.4\times0.3=25.28(\text{m}^3)$$

$$V_{\text{合计}}=37.884+25.28=63.164(\text{m}^3)$$

独立基础垫层

$$V=(1.9+0.2)^2\times0.1\times4=1.764(\text{m}^3)$$

（2）填料加固按设计尺寸，以立方米计算。

（3）桩基础。

1）预制钢筋混凝土桩按设计桩长（包括桩尖）乘以桩断面面积，以立方米计算。管桩的空心体积应扣除，如按设计要求加注填充材料时，填充部分另按相应规定计算。

预制钢筋混凝土桩工程量＝设计桩总长度×桩断面面积

【例 7－22】 某工程用打桩机，打如图 7－38 所示钢筋混凝土预制方桩，共 50 根，求其工程量。

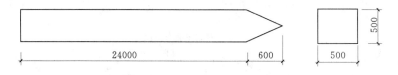

图 7－38 钢筋混凝土预制桩

解：　　　　工程量＝$0.5\times0.5\times(24+0.6)\times50=307.50$（m³）

2）打孔灌注混凝土桩、钻孔灌注混凝土桩，按设计桩长（包括桩尖，设计要求入岩时，包括入岩深度）另加 0.5m，乘以设计桩外径截面积，以立方米计算。

灌注桩混凝土工程量＝$(L+0.5)\times\pi D^2\div4$

式中　L——桩长（含桩尖）；

　　　D——桩外直径。

【例 7－23】 打孔钢筋混凝土灌注桩，桩长 15m，钢管外径 0.5m，桩根数为 50 根，求现场灌注桩工程量。

解：　　　　工程量＝$3.14\div4\times0.5\times0.5\times(15+0.5)\times50=152.09$（m³）

3）夯扩成孔灌注混凝土桩，按设计桩长增加 0.3m，乘以设计桩外径截面积，另加设计夯扩混凝土体积，以立方米计算。

夯扩成孔灌注桩工程量＝$(L+0.3)\times\pi D^2\div4+$夯扩混凝土体积

【例 7－24】 夯扩成孔灌注混凝土桩如图 7－39 所示。已知共 30 根，设计桩长为 9m，直径为 500mm，底部扩大球体直径为 1000mm。试计算桩身工程量和夯扩混凝土工程量。

解：　　　　桩身工程量＝$3.14\times0.25\times0.25\times(9+0.3)\times30=54.75$（m³）

夯扩混凝土工程量＝$3.14\times0.5\times0.5\times0.5\times4\div3\times30=15.70$（m³）

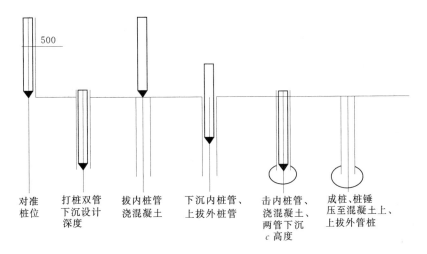

图 7-39　夯扩成孔灌注混凝土桩

4）人工挖孔灌注混凝土桩的桩壁和桩芯，分别按设计尺寸以立方米计算，图 7-40 所示为人工挖孔灌注混凝土桩截面示意图。

桩壁混凝土工程量 $=L_{桩壁}\times\pi D^2\div4-L_{桩芯}\times\pi d^2\div4$

桩芯混凝土工程量 $=L_{桩芯}\times\pi D^2\div4$

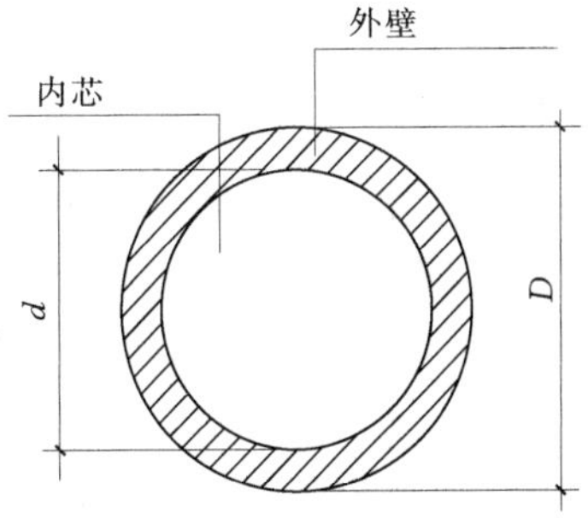

5）灰土桩、砂石桩、水泥桩，均按设计桩长（包括桩尖）乘以设计桩外径截面积，以立方米计算。

6）电焊接桩按设计要求接桩的根数计算。硫磺胶泥接桩按桩断面面积，以平方米计算。桩头钢筋整理按所整理的桩的根数计算。

图 7-40　人工挖孔灌注混凝土桩截面示意图

（4）地基强夯区别不同夯击能量和夯点密度，按设计图示夯击范围，以平方米计算。

夯点密度（夯点/100m²）＝设计夯击范围内的夯点个数÷夯击范围（m²）×100

地基强夯工程量＝设计图示面积

设计无规定时，按建筑物基础外围轴线每边各加 4m 以平方米计算。

地基强夯工程量 $=S_{轴包}+L_{外轴}\times4+4\times16=S_{轴包}+L_{外轴}\times4+64$（m²）

夯击击数是指强夯机械就位后，夯锤在同一夯点上下夯击的次数（落锤高度应满足设计夯击能量的要求，否则按低锤满拍计算）。

低锤满拍工程量＝设计夯击范围

【例 7-25】　如图 7-41 所示，实线范围为地基强夯范围。① 设计要求：不间隔夯击，设计击数 8 击，夯击能量为 500t·m，一遍夯击，求其工程量；② 设计要求：间隔夯击，间隔夯击点不大于 8m，设计击数为 10 击，分两遍夯击，第一遍 5 击，第二遍 5 击，第二遍要求低锤满拍，设计夯击能量为 400t·m，求其工程量。

解：设计要求①工程量＝40×18＝720（m²）

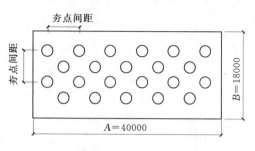

图 7-41　夯点布置图

设计要求②工程量＝40×18×2＝1440（m²）

（5）防护。

1）挡土板按施工组织设计规定的支挡范围，以平方米计算。

2）钢工具桩按桩体重量，以吨计算。未包括桩体制作、除锈和刷油。安、拆导向夹具，按设计图示长度，以米计算。

3）砂浆土钉防护、锚杆机钻孔防护（不包括锚杆），按施工组织设计规定的钻孔入土（岩）深度，以米计算。喷射混凝土护坡区分土层与岩层，按施工组织设计规定的防护范围，以平方米计算。

【例 7-26】　某工程采用国产拉森式鞍新Ⅳ型钢板桩用于基坑支护，深度 6m，长度 80m。已知该产品规格单根：76.99kg/m，每平方米重为 192.58kg/m²。试求其工程量。

解： 钢板桩的工程量：192.58×80×6＝92438（kg）＝92.438（t）

（6）排水与降水（施工技术措施项目）。

1）抽水机基底排水分不同排水深度，按设计基底面积，以平方米计算。

2）集水井按不同成井方式，分别以施工组织设计规定的数量，以座或米计算。抽水机集水井排水按施工组织设计规定的抽水机台数和工作天数，以台日计算。

$$1 台日＝1 台抽水机×24h$$

3）井点降水区分不同的井管深度，其井管安拆，按施工组织设计规定的井管数量，以根计算；设备使用按施工组织设计规定的使用时间，以每套使用的天数计算。

【例 7-27】　某工程设计采用轻型井点降水，施工方案为环形井点布置，井点间距 1.5m，降水 30d，已知降水范围闭合区间长为 60m，宽为 30m。试求轻型井点降水工程量。

解： 闭合周长：　　　　　（60＋30）×2＝180（m）

① 井管数量：　　　　　180÷1.5＝120（根）

② 井管套数：　　　　　120÷50＝3（套）

四、砌筑工程

1. 定额说明

（1）本章包括砌砖、石、砌块及轻质墙板等内容。

（2）砌砖、砌石、砌块。

1）砌筑砂浆的强度等级、砂浆的种类，设计与定额不同时可换算，消耗量不变。

2）定额中砖规格是按 240mm×115mm×53mm 标准砖编制的，空心砖、多孔砖、砌块规格按常用规格编制的，轻质墙板选用常用材质和板型编制的。

设计采用非标准砖、非常用规格砌筑材料，与定额不同时可以换算，但每定额单位消耗量不变。轻质墙板的材质、板型设计等，与定额不同时可以换算，但定额消耗量不变。

$$砖的净用量（块/m^3）=2×墙厚（砖数）÷[墙厚（m）×（砖长＋灰缝）$$

$$×（砖厚＋灰缝）]×（1＋损耗率）$$

由于上式中砖长、砖厚和灰缝是常数，故可简化为：

$$砖的净用量（块/m^3）=127×墙厚（砖数）÷墙厚（m）×（1＋损耗率）$$

式中　墙厚（砖数）——以砖数表示的墙厚，如 1/4 砖、1/2 砖、3/4 砖、1 砖等；

墙厚（m）—— 以 米 数 表 示 的 墙 厚，如：0.053m、0.115m、0.18m、0.24m 等；

砖长——等于 0.24m；

砖厚——等于 0.053m；

灰缝——等于 0.01m。

砖浆净用量$=[1-砖单块体积（m^3/块）×砖净用量（块/m^3）]×（1＋损耗率）$

实砌砖墙损耗率为 2%；多孔砖墙损耗率为 2%；实砌砖墙砂浆损耗率为 1%；多孔砖墙砂浆损耗率为 10%。

不同厚度的每立方米砖墙中砖的用量见表 7-10。

表 7-10　　　　不同厚度的每立方米砖墙中砖的用量　　　　单位：块

墙厚（砖）	1/4	1/2	3/4	1	1.5	2	2.5	3
墙厚（m）	0.053	0.115	0.180	0.240	0.365	0.490	0.615	0.740
净用量	598.98	552.10	529.10	529.10	521.85	518.30	516.20	514.80
定额消耗量	615.85	564.11	551.00	531.40	535.00	530.90	—	—

各种轻质砖综合以下种类的砖：

a. 实心轻质砖包括蒸压灰砂砖、蒸压粉煤灰砖、煤渣砖、煤矸石砖、页岩烧结砖、黄河淤泥烧结砖等。

b. 多孔砖包括粉煤灰多孔砖、烧结黄河淤泥多孔砖等。

c. 空心砖包括蒸压灰砂空心砖、粉煤灰空心砖、页岩空心砖、混凝土空心砖等。

常见砌筑材料的定额消耗率，见表 7-11。

表 7-11　　　　常见砌筑材料的定额损耗率

材 料 名 称	工 程 类 型	定额损耗率（%）
普通黏土砖	砖基础	0.5
	地面、屋面	1.5
	实砌砖墙	2.0
	矩形砖柱、砖水塔	3.0
	砖烟囱	4.0
	异型砖柱	7.0

续表

材 料 名 称	工 程 类 型	定额损耗率（%）
毛石		2.0
多孔砖		2.0
加气混凝土砌块		7.0
轻质混凝土砌块	轻质砌体	2.0
硅酸盐砌块		2.0
混凝土空心砌块		2.0
煤渣空心砌块		3.0
	砖砌体	1.0
	毛石、方整石砌体	1.0
砌筑砂浆	多孔砖	10.0
	加气混凝土砌块	2.0
	硅酸盐砌块	2.0

3）砌砖。

a. 砖砌体均包括原浆勾缝用工，加浆勾缝时，按相应项目另行计算。

b. 黏土砖砌体计算厚度，按表 7－12 计算：

表 7－12　　　　　　　　　　黏 土 砖 计 算 厚 度

砖数（厚度）	1/4	1/2	3/4	1	1.5	2	2.5	3
计算厚度（mm）	53	115	180	240	365	490	615	740

c. 女儿墙按外墙计算，砖垛、附墙烟囱、三皮砖以上的腰线和挑檐等体积，按其外形尺寸并入墙身体积计算。不扣除每个横截面积在 0.1m² 以下的孔洞所占体积，但孔洞内的抹灰工程量亦不增加。

d. 零星项目系指小便池槽、蹲台、花台、隔热板下砖墩、石墙砖立边和虎头砖等。

e. 2 砖以上砖挡土墙执行砖基础项目，2 砖以内执行砖墙相应项。

f. 设计砖砌体中的拉结钢筋，按相应章节另行计算。

g. 多孔砖包括黏土多孔砖和粉煤灰、煤矸石等轻质多孔砖。定额中列出 KP 型砖（240mm×115mm×90mm 和 178mm×115mm×90mm）和模数砖（190mm×90mm×90mm、190mm×140mm×90mm 和 190mm×190mm×90mm）两种系列规格，并考虑了不够模数部分由其他材料填充。

h. 黏土空心砖按其空隙率大小分承重型空心砖和非承重型空心砖，规格分别是240mm×115mm×115mm、240mm×180mm×115mm 和 115mm×240mm×115mm、240mm×240mm×115mm。

i. 空心砖和空心砌块墙中的混凝土芯柱、混凝土压顶及圈梁等，按相应章节另行计算。

j. 多孔砖、空心砖和砌块，砌筑弧形墙时，人工乘以 1.1、材料乘以 1.03 系数。

4）砌石。

a. 定额中石材按其材料加工程度，分为毛石、整毛石和方整石。使用时应根据石料名称、规格分别套用。

b. 方整石柱、墙中石材按 400mm（长）×220mm（照面高）×200mm（厚）规格考虑，设计不同时，可以换算。

c. 毛石护坡高度超过 4m 时，定额人工乘以 1.15 的系数。

d. 砌筑弧形基础、墙时，按相应定额项目人工乘以系数 1.1。

e. 整砌毛石墙（有背里的）项目中，毛石整砌厚度为 200mm；方整石墙（有背里的）项目中，方整石整砌厚度为 220mm，定额均已考虑了拉结石和错缝搭砌。

5）砌块。

a. 小型空心砌块墙定额选用 190 系列（砌块宽 b＝190mm），若设计选用其他系列时，可以换算。

b. 砌块墙中用于固定门窗或吊柜、窗帘盒、暖气片等配件所需的灌注混凝土或预埋构件，按相应章节另行计算。

（3）轻质墙板。

1）轻质墙板，适用于框架、框剪结构中的内外墙或隔墙，定额按不同材质和墙体厚度分别列项。

2）轻质条板墙，不论空心条板或实心条板，均按厂家提供墙板半成品（包括板内预埋件，配套吊挂件、U 形卡等），现场安装编制。

3）轻质条板墙中与门窗连接的钢筋和钢板（预埋件），定额已综合考虑，但钢柱门框、铝门框、木门框及其固定件（或连接件）按有关章节相应项目另行计算。

4）钢丝网架水泥夹心板厚是指钢丝网架厚度，不包括抹灰厚度。括号内尺寸为保温芯材厚度。

5）各种轻质墙板综合内容如下：

a. GRC 轻质多孔板适用于圆孔板、方孔板，其材质适用于水泥多孔板、珍珠岩多孔板、陶粒多孔板等。

b. 挤压成型混凝土多孔板即 AC 板，适用于普通混凝土多孔条板和粉煤灰混凝土多孔条板、陶粒混凝土多孔条板、炉渣与膨胀珍珠岩多孔条板等。

c. 石膏空心条板适用于石膏珍珠岩空心条板、石膏硅酸盐空心条板等。

d. GRC 复合夹心板适用于水泥珍珠岩夹心板、岩棉夹心板等。

2. 工程量计算规则

（1）砌筑界线划分。

1）基础与墙身以设计室内地坪为界，设计室内地坪以下为基础，以上为墙身。有地下室者，以地下室室内地坪为界，以下为基础，以上为墙身，如图 7－42 所示。

2）围墙以设计室外地坪为界，室外地坪以下为基础以上为墙身，如图 7－43 所示。

3）室内柱以设计室内地坪为界，以下为柱基础，以上为柱。室外柱以设计室外地坪为界，以下为柱基础，以上为柱，如图 7－44、图 7－45 所示。

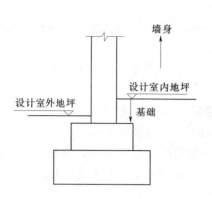

图 7-42 墙身与基础形式（一）

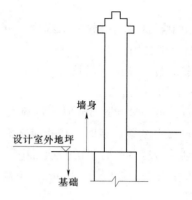

图 7-43 墙身与基础形式（二）

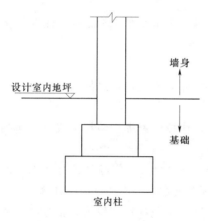

图 7-44 墙身与基础形式（三）

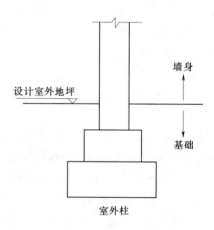

图 7-45 墙身与基础形式（四）

4）挡土墙与基础的划分以挡土墙设计地坪标高低的一侧为界，以下为基础，以上为墙身，如图 7-46 所示。

5）墙体高度、长度。

a. 外墙高度，斜（坡）屋面无檐口顶棚者算至屋面板底。

有屋架，且室内外均有顶棚者，其高度算至屋架下弦底另加 200mm，如图 7-47 所示；

无顶棚者算至屋架下弦底另加 300mm，如图 7-48 所示；

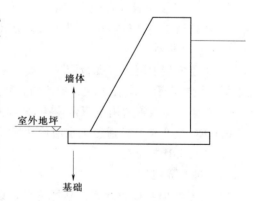

图 7-46 墙身与基础形式（五）

出檐宽度超过 600mm 时，按实砌高度计算；

平屋面算至钢筋混凝土板顶，如图 7-49 所示；

山墙高度按其平均高度计算，如图 7-50 所示；

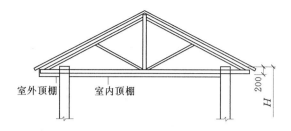

图 7-47　某屋架与顶棚示意图

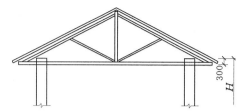

图 7-48　某屋架示意图

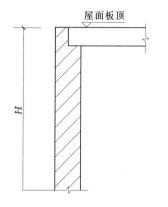

图 7-49　平屋面外墙高度

图 7-50　山墙高度

女儿墙高度自外墙顶面算至混凝土压顶底，如图 7-51 所示。

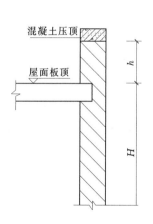

图 7-51　女儿墙高度

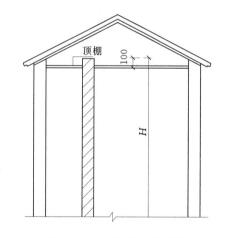

图 7-52　有屋架内墙高度

b. 外墙长度按设计外墙中心线长度计算。

c. 内墙高度，位于屋架下弦者，其高度算至屋架底，如图 7-52 所示；无屋架者算至顶棚底另加 100mm；有钢筋混凝土楼板隔层者，算至楼板底，如图 7-53 所示。

d. 内墙长度按设计墙间净长线计算。

e. 框架间墙高度，内外墙自框架梁顶面算至上一层框架梁底面；有地下室者，自基础底板（或基础梁）顶面算至上一层框架梁底，如图 7-54 所示。

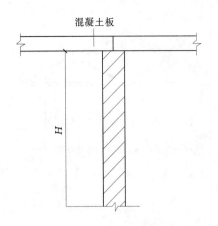

图 7-53 有楼板的内墙高度   图 7-54 框架间墙高度计算

f. 框架间墙长度按设计框架柱间净长线计算。

（2）砌筑工程量计算。

1）基础。各种基础均以立方米计算。

a. 条形基础。

a）外墙按设计外墙中心线长度、内墙按设计内墙净长度乘以设计断面计算。

b）基础大放脚 T 形接头处的重叠部分以及嵌入基础的钢筋、铁件、管道、基础防潮层、单个面积在 $0.3m^2$ 以内的孔洞所占体积不予扣除，但靠墙暖气沟的挑檐亦不增加，附墙垛基础宽出部分体积并入基础工程量内。

$$条形基础＝L×基础断面积$$

式中　L——外墙长为中心线长，m；内墙为内墙净长。

$$砖基础＝（基础深＋大放脚折加高度）×基础宽×基础长－嵌入基础的构件体积$$

$$大放脚折加高度＝大放脚折加面积÷墙厚$$

$$垛基体积＝垛基自身体积＋放脚部分体积$$

或 $$垛基体积＝垛厚×基础断面积$$

c）砖基础大放脚工程量计算公式

等高式大放脚折算面积

$$S_{等高}＝0.126×（层数＋1）×0.0625×层数$$

不等高式大放脚折算面积（高低层数相同时）

$$S_{不等高1}＝[0.126×（高步数＋1）＋0.063×低步数]×0.0625×步数$$

不等高式大放脚折算面积（高低层数不同时）

$$S_{不等高2}＝（0.126×高步步数＋0.063×低步步数）×0.0625×（步数＋1）$$

砖基础大放脚的折加高度是把大放脚断面层数，按不同的墙厚折成高度，也可用大放脚增加断面积计算。为了计算方便，将砖基础大放脚的折加高度及大放脚增加断面积编制成表格。计算基础工程量时，可直接查折加高度和大放脚增加断面积表，见表 7-13。

表 7-13   **等高、不等高砖基础大放脚折加高度和大放脚增加断面积表**

| 放脚层数 | 折加高度（m） | | | | | | | | | | | | 增加断面（m²） | |
| | 0.5 砖 (0.115) | | 1 砖 (0.240) | | 1.5 砖 (0.365) | | 2 砖 (0.490) | | 2.5 砖 (0.615) | | 3 砖 (0.740) | | | |
	等高	不等高	等高	不等高	等高	不等高	等高	不等高	等高	不等高	等高	不等高	等高	不等高
一	0.137	0.137	0.066	0.066	0.043	0.043	0.032	0.032	0.026	0.026	0.021	0.021	0.0158	0.0158
二	0.411	0.342	0.197	0.164	0.129	0.108	0.096	0.080	0.077	0.064	0.064	0.053	0.0473	0.0394
三			0.394	0.328	0.259	0.216	0.193	0.161	0.154	0.128	0.128	0.106	0.0945	0.0788
四			0.656	0.525	0.432	0.345	0.321	0.253	0.256	0.205	0.213	0.170	0.1575	0.126
五			0.984	0.788	0.647	0.518	0.482	0.380	0.384	0.307	0.319	0.255	0.2363	0.189
六			1.378	1.083	0.906	0.712	0.672	0.530	0.538	0.419	0.447	0.351	0.3308	0.2599
七			1.838	1.444	1.208	0.949	0.900	0.707	0.717	0.563	0.596	0.468	0.441	0.3465
八			2.363	1.838	1.553	1.208	1.157	0.9	0.922	0.717	0.766	0.596	0.567	0.4411
九			2.953	2.297	1.942	1.510	1.447	1.125	1.153	0.896	0.958	0.745	0.7088	0.5513
十			3.610	2.789	2.372	1.834	1.768	1.366	1.409	1.088	1.171	0.905	0.8663	0.6694

【例 7-28】 试计算图 7-55 中八层不等高式标准砖大放脚的折算面积及其 240 墙的折加高度。

解：无论设计放脚尺寸标注为多少，都应按照标准放脚尺寸计算。标准放脚尺寸为：不等高的高层为 126mm，低层为 63mm，每层放脚宽度为 62.5mm；等高式的层高均为 126mm，每层放脚宽度为 62.5mm。

在计算折算面积时，把两边大放脚扣成一个矩形，然后计算矩形面积。对于不等高大放脚，当层数为偶数时，图形上扣才能扣严；当层数为奇数时，图形应侧扣才能扣严。对于等高式大放脚，无论偶数、奇数层，上扣、下扣均可扣严。

本题为不等高式偶数层，所以应该上扣，故

折算面积：$S=(0.126\times5+0.063\times4)\times0.0625\times8$
$$=0.441\ (\text{m}^2)$$

240 墙折加高度：$h=0.441\div0.24=1.838\ (\text{m})$

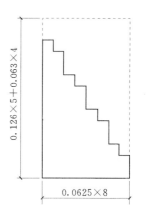

图 7-55 某砖基础大放脚示意图

b. 独立基础按设计图示尺寸计算。

【例 7-29】 试计算图 7-56 所示砌筑砖基础的工程量。

解：
$$L_{\text{中}}=(9+3.6\times5)\times2+0.24\times3=54.72\ (\text{m})$$
$$L_{\text{内}}=9-0.24=8.76\ (\text{m})$$

砖基础工程量

$$V_{\text{基}}=(0.24\times1.50+0.0625\times5\times0.126\times4-0.24\times0.24)\times(54.72+8.76)$$
$$=29.19\ (\text{m}^3)$$

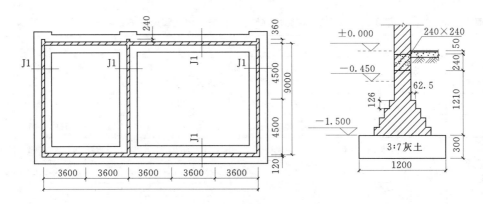

图 7-56　某建筑砖基础示意图

【例 7-30】　试求图 7-57 所示砌筑砖基础的工程量。

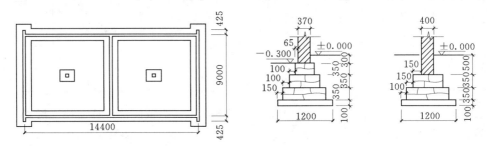

图 7-57　某建筑毛石基础示意图

解：
$$L_中=(14.4-0.37+9+0.425\times2)\times2=47.76（m）$$
$$L_内=9-0.37=8.63（m）$$

毛石条基工程量 $=(47.76+8.63)\times(0.9+0.7+0.5)\times0.35=41.45（m^3）$

毛石独立基础工程量 $=(1\times1+0.7\times0.7)\times0.35\times2=1.04（m^3）$

毛石基础合计工程量 $=41.45+1.04=42.49（m^3）$

砖基础工程量 $=(47.76+8.63)\times0.37\times0.30+0.40\times0.40\times0.50\times2=6.42（m^3）$

【例 7-31】　某毛石基础工程如图 7-58 所示，用 M5.0 水泥砂浆砌筑，计算该基础工程的工程量。

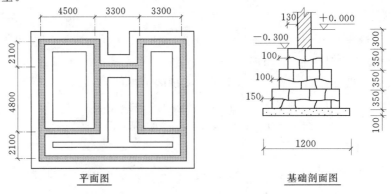

图 7-58　某毛石基础工程图

解：
$$L_{中}=(11.1+9)\times2+2.1\times2=44.40（m）$$

$$L_{内}=(4.8+4.5-0.24)+(4.8+3.3-0.24)=9.06+7.86=16.92（m）$$

$$毛石条基工程量=(44.4+16.92)\times(0.9+0.7+0.5)\times0.35$$

$$=61.32\times2.1\times0.35$$

$$=45.07（m^3）$$

2）墙。

a. 外墙、内墙、框架间墙（轻质墙板、漏空花格及隔断板除外）按其高度乘以长度乘以设计厚度以立方米计算。框架外表贴砖部分并入框架间砌体工程量内计算。

$$墙体工程量=(LH-门窗洞口面积)h-\Sigma 构件体积$$

式中　L——外墙长为中心线长，内墙为内墙净长；框架间墙为柱间净长，m；

　　　H——外墙高度，m；

　　　h——墙厚，m。

b. 轻质墙板按设计图示尺寸以平方米计算。

c. 计算墙体时，应扣除门窗洞口、过人洞、空圈、嵌入墙身的钢筋混凝土柱、梁（包括过梁、圈梁、挑梁）、砖平碹、砖过梁、暖气包壁龛及内墙板头的体积；不扣除梁头、外墙板头、檩头、垫木、木楞头、沿椽木、木砖、门窗走头、墙内的加固钢筋、木筋、铁件、钢管及每个面积在 0.3m² 以内的孔洞等所占体积；突出墙面的窗台虎头砖、压顶线、山墙泛水、烟囱根、门窗套及三皮砖以内的腰线和挑檐等体积亦不增加。墙垛、三皮砖以上的腰线和挑檐等体积，并入墙身体积内计算。

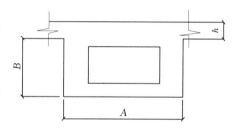

图 7-59　附墙烟筒示意图

d. 附墙烟筒（包括附墙通风道、垃圾道，混凝土烟风道除外），按其外形体积并入所依附的墙体积内计算，如图 7-59 所示。计算时不扣除每一孔洞横截面在 0.1m² 以内所占的体积，但孔洞内抹灰工程量亦不增加。混凝土烟、风道按设计混凝土砌块体积，以立方米计算。

$$附墙烟筒工程量=BAL$$

式中　L——附墙烟筒设计高度。

【例 7-32】 某建筑尺寸如图 7-60，楼板厚 0.13m，计算其墙体工程量。

解：　外墙轴线长＝$10.8\times2+6\times2=33.6$（m）

　　　门窗洞口面积＝$1.8\times1.8\times12+1.2\times2.7\times2=43.56$（m²）

　　　外墙工程量＝$33.6\times6-43.56=158.04$（m²）

　　　内墙轴线长＝$6\times2=12$（m）

　　　门窗洞口面积＝$0.9\times2.7\times2+1.2\times2.7\times2=11.34$（m²）

　　　内墙工程量＝$12\times(6-0.13\times2)-11.34=57.54$（m²）

【例 7-33】　某传达室，如图 7-61 所示，砖墙体用 M2.5 混合砂浆砌筑，M1 为

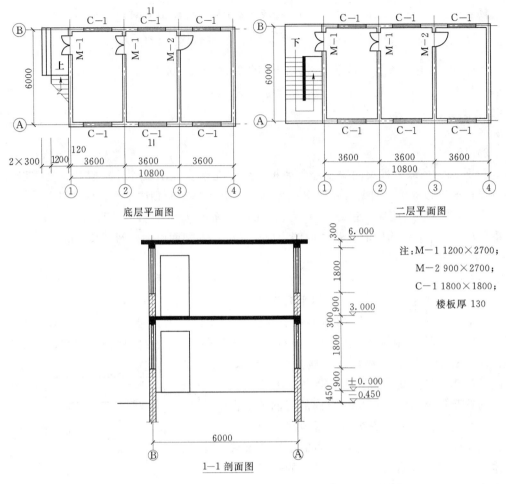

底层平面图

二层平面图

注：M−1 1200×2700；

M−2 900×2700；

C−1 1800×1800；

楼板厚 130

1−1 剖面图

图 7−60 某建筑平面图、剖面图

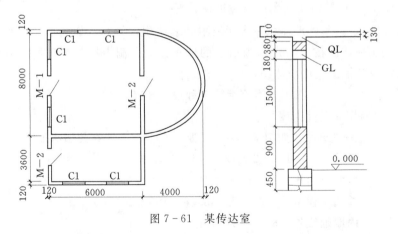

图 7−61 某传达室

1000mm×2400mm，M2 为 900mm×2400mm，C1 为 1500mm×1500mm，门窗上部均设过梁，断面为 240mm×180mm，长度按门窗洞口宽度每边增加 250mm；外墙均设圈梁（内墙不设），断面为 240mm×240mm，计算墙体工程量。

解： 外墙工程量＝[(6.00＋3.60＋6.00＋3.60＋8.00)×(0.90＋1.50＋0.18＋0.38)
　　　　　　　－1.50×1.50×6－1.00×2.40－0.90×2.4]×0.24－0.24×0.18
　　　　　　　×2.00×6－0.24×0.18×1.50－0.24×0.18×1.4＝[80.51－13.5
　　　　　　　－2.4－2.16]×0.24－0.52－0.06－0.04＝14.37（m³）

内墙工程量＝[(6.0－0.24＋8.0－0.24)×(0.9＋1.5＋0.18＋0.38＋0.11)
　　　　　　　－0.9×2.4]×0.24－0.24×0.18×1.40＝[41.51－2.16]×0.24
　　　　　　　－0.06＝9.46（m³）

半圆弧外墙工程量＝4.00×3.14×(0.90＋1.50＋0.18＋0.38)×0.24＝8.92（m³）

墙体工程量合计＝14.37＋9.46＋8.92＝32.75（m³）

半圆弧墙工程量＝8.92（m³）

【例 7-34】 某单层建筑物，框架结构，尺寸如图 7-62 所示，墙身用 M5.0 混合砂浆砌筑加气混凝土砌块，女儿墙砌筑煤矸石空心砖，混凝土压顶断面 240mm×60mm，墙厚均为 240mm，石膏空心条板墙 80mm 厚。框架柱断面 240mm×240mm 到女儿墙顶，框架梁断面 240mm×500mm，门窗洞口上均采用现浇钢筋混凝土过梁，断面 240mm×180mm。M1：1560mm×2700mm，M2：1000mm×2700mm，C1：1800mm×1800mm，C2：1560mm×1800mm。试计算墙体工程量。

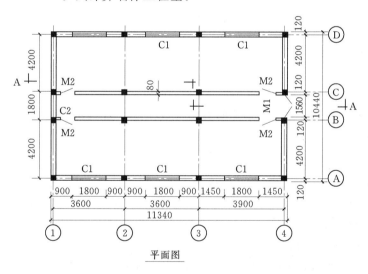

平面图

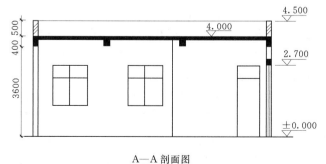

A—A 剖面图

图 7-62　某单层建筑物示意图

解： 加气混凝土砌块墙：$[(11.34-0.24+10.44-0.24-0.24\times6)\times2\times3.6-1.56$
$$\times2.7-1.8\times1.8\times6-1.56\times1.8]\times0.24-(1.56\times2+2.3$$
$$\times6)\times0.24\times0.18=27.24\ (m^3)$$

煤矸石空心砖女儿墙：$(11.34-0.24+10.44-0.24-0.24\times6)\times2\times(0.50-0.06)$
$$\times0.24=4.19\ (m^3)$$

石膏空心板墙：$[(11.34-0.24-0.24\times3)\times3.6-1.00\times2.70\times2]\times2=63.94\ (m^2)$

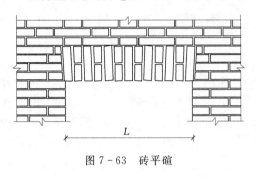

图 7-63 砖平碹

e. 砖平碹、平砌砖过梁按图 7-63 示尺寸以立方米计算。如设计无规定时，砖平碹按门窗洞口宽度两端共加 100mm 乘以高度（洞口宽小于 1500mm 时，高度按 240mm；大于 1500mm 时，高度按 365mm）乘以设计厚度计算。平砌砖过梁按门窗洞口宽度两端共加 500mm，高度按 440mm 计算。

砖平碹计算公式：

$$V=(L+0.1)\times0.24\times b \qquad (L\leqslant1.5m)$$

$$V=(L+0.1)\times0.365\times b \qquad (L>1.5m)$$

平砌砖过梁计算公式：

$$V=(L+0.5)\times0.44\times b$$

式中 b——墙体厚度。

f. 漏空花格墙按设计空花部分外形面积（空花部分不予扣除）以平方米计算。混凝土漏空花格按半成品考虑。

3) 其他砌筑。

a. 砖台阶按设计图示尺寸以立方米计算。

b. 砖砌栏板按设计图示尺寸扣除混凝土压顶、柱所占的面积，以平方米计算。

c. 预制水磨石隔断板、窗台板，按设计图示尺寸以平方米计算。

d. 砖砌地沟不分沟底、沟壁按设计图示尺寸以立方米计算。

e. 石砌护坡按设计图示尺寸以立方米计算。毛石护坡高度超过 4m 时，相应项目人工乘以系数 1.15。

f. 乱毛石表面处理，按所处理的乱石表面积或延长米，以平方米或延长米计算。

g. 变压式排气道按其断面尺寸套用相应项目，以延长米计算工程量（楼层交接处的混凝土垫块及垫块安装灌缝已综合在子目中，不单独计算）。

h. 厕所蹲台、小便池槽、水槽腿、花台、砖墩、毛石墙的门窗砖立边和窗台虎头砖、锅台等定额未列的零星项目，按设计图示尺寸以立方米计算，套用零星砌体项目。

i. 砖砌挡土墙，厚 2 砖以内，执行砖墙相应项目；厚 2 砖以上，执行砖基础相应项目。挡土墙与基础的划分，以较低一侧的设计地坪为界，以下为基础，以上为墙身。

j. 石砌弧形基础、墙时，相应项目人工乘以系数 1.1。

k. 多孔砖墙、空心砖墙和空心砌块砖墙，按相应规定计算墙体外形体积，不扣除砌体材料中的孔洞和空心部分的体积。

l. 多孔砖、空心砖和空心砌块，砌筑弧形墙时，人工乘以系数 1.1，材料乘以系数 1.03。

m. 混凝土烟风道，按设计混凝土砌块体积，以立方米计算。

n. 变压式排烟气道，区分不同断面，以米计算。自设计室内地坪或安装起点，计算至上一层楼板的上表面。顶端遇坡屋面时，按其高点计算至屋面板上坪。

o. 漏空花格，按设计空花部分的外形面积（空花部分不予扣除），以平方米计算。

p. 预制水磨石隔板、窗台板，按设计图示尺寸，以平方米计算。

【例 7 - 35】 如图 7 - 64 所示，某工程用 M2.5 混合砂浆砌筑乱毛石护坡和毛石挡土墙，长度均为 200m，分别求其工程量。

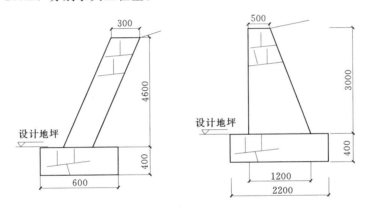

图 7 - 64 毛石护坡和毛石挡土墙示意图

解：乱毛石护坡： $0.3 \times 4.6 \times 200 = 276.00$（$m^3$）

注意：毛石护坡高度超过 4m 时，套定额时人工乘以系数 1.15。

毛石基础： $0.4 \times 0.6 \times 200 = 48.00$（$m^3$）

毛石挡土墙： $(0.5 + 1.2) \times 3 \div 2 \times 200 = 510.00$（$m^3$）

毛石基础： $0.4 \times 2.2 \times 200 = 176.00$（$m^3$）

五、钢筋及混凝土工程

（一）定额说明

1. 钢筋

（1）定额按钢筋的不同品种、规格，并按现浇构件钢筋、预制构件钢筋、预应力钢筋及箍筋分别列项。

（2）预应力构件中非预应力钢筋按预制钢筋相应项目计算。

（3）设计图纸未注明的钢筋搭接及施工损耗，已综合在定额项目内，不单独计算。

（4）绑扎低碳钢丝、成型点焊和接头焊接用的电焊条已综合在定额项目内，不另行计算。

（5）非预应力钢筋不包括冷加工，如设计要求冷加工时，另行计算。

（6）预应力钢筋如设计要求人工时效处理时，另行计算。

（7）后张法钢筋的锚固是按钢筋帮条焊、U形插垫编制的。如采用其他方法锚固时，可另行计算。

（8）表 7-14 所列构件，其钢筋可按表内系数调整人工、机械用量。

表 7-14　　　　　　　　　　　　人工、机械调整系数

项　　　目	预制构件钢筋		现浇构件钢筋	
系数范围	拱梯形屋架	托架梁	小型构件（或小型池槽）	构筑物
人工、机械调整系数	1.16	1.05	2	1.25

2. 混凝土

（1）定额内混凝土搅拌项目包括筛砂子、筛洗石子、搅拌、前台运输上料等内容；混凝土浇筑项目包括运输、润湿模板、浇灌、捣固、养护等内容。

（2）毛石混凝土，系按毛石占混凝土总体积 20% 计算的。如设计要求不同时，可以换算。

（3）小型混凝土构件，系指单件体积在 0.05m³ 以内的定额未列项目。

（4）预制构件定额内仅考虑现场预制的情况。

（5）现浇钢筋混凝土柱、墙、后浇带定额项目，定额综合了底部灌注 1:2 水泥砂浆的用量。

（6）定额中已列出常用混凝土强度等级，如与设计要求不同时，可以换算。

（二）工程量计算规则

1. 钢筋工程量

（1）钢筋工程，应区别现浇、预制构件，不同钢种和规格；计算时分别按设计长度乘单位理论重量，以吨计算。钢筋电渣压力焊接、套筒挤压等接头，以个计算。

（2）计算钢筋工程量时，设计规定钢筋搭接的，按规定搭接长度计算；设计未规定的，已包括在钢筋的损耗率之内，不另计算搭接长度。

现浇混凝土构件钢筋图示用量＝（构件长度－两端保护层＋弯钩长度＋弯起增加长度

＋钢筋搭接长度)×线密度(每米钢筋理论重量)

1）混凝土保护层：受力钢筋保护层应符合设计要求；设计无规定时不能小于受力钢筋直径和下列规定：墙、板、壳保护层为 15mm；柱、梁、桩保护层为 25mm；基础有垫层保护层为 35mm，无垫层保护层为 70mm。

2）弯钩增加长度如图 7-65 所示。

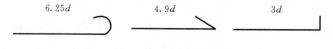

$6.25d$　　　　　　　$4.9d$　　　　　　　$3d$

图 7-65　弯钩增加长度

3）弯起钢筋增加长度如图 7-66 所示。

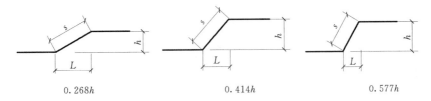

$$0.268h \qquad\qquad 0.414h \qquad\qquad 0.577h$$

图 7-66 弯起钢筋增加长度

4）钢筋搭接长度：受拉钢筋绑扎接头的搭接长度，按表 7-15 计算；受压钢筋绑扎接头的搭接长度按受拉钢筋的 0.7 倍计算。

表 7-15　　　　　　　　　　　　　受拉钢筋绑扎接头的搭接长度

钢筋类型		混凝土强度等级		
		C20	C25	C25 以上
Ⅰ级钢筋		35d	30d	25d
月牙纹	Ⅱ级钢筋	45d	40d	35d
	Ⅲ级钢筋	55d	50d	45d
冷拔低碳钢丝		300mm		

注　1. 当Ⅱ、Ⅲ级钢筋直径 d 大于 25mm 时，其受拉钢筋的搭接长度应按表中数值增加 5d 采用；

2. 当螺纹钢筋直径 d 不大于 25mm 时，其受拉钢筋的搭接长度应按表中值减少 5d 采用；

3. 当混凝土在凝固过程中受力钢筋易受扰动时，其搭接长度宜适当增加；

4. 在任何情况下，纵向受拉钢筋的搭接长度不应小于 300mm；受压钢筋的搭接长度不应小于 200mm；

5. 轻骨料混凝土的钢筋绑扎接头搭接长度应按普通混凝土搭接长度增加 5d，对冷拔低碳钢丝增加 50mm；

6. 当混凝土强度等级低于 C20 时，Ⅰ、Ⅱ级钢筋的搭接长度应按表中 C20 的数值相应增加 10d，Ⅲ级钢筋不宜采用；

7. 对有抗震要求的受力钢筋的搭接长度，对一、二级抗震等级应增加 5d；

8. 两根直径不同钢筋的搭接长度，以较细钢筋的直径计算。

5）钢筋每米重量：钢筋每米重量＝$0.006165 \times d^2$（d 为钢筋直径）或按表 7-6 计算。

表 7-16　　　　　　　　　　　　　　钢 筋 重 量 表

ϕ（mm）	6	8	10	12	14	16	18	20	22	25
重量（kg/m）	0.222	0.395	0.617	0.888	1.208	1.578	1.998	2.466	2.984	3.853

6）箍筋长度如图 7-67 所示。

梁柱箍筋长度＝构件截面周长－0.05

箍筋长度＝构件截面周长－8×保护层厚＋4×箍筋直径＋2×钩长

7）箍筋根数：箍筋根数＝配置范围÷@＋1，如图 7-68 所示。

（3）先张法预应力钢筋，按构件外形尺寸计算长度；后张法预应力钢筋按设计规定的预应力钢筋预留孔道长度，并区别不同的锚具类型，分别按下列规定计算：

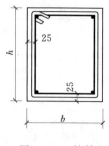

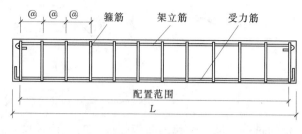

图 7-67　箍筋长度　　　　　　　图 7-68　箍筋根数

1）低合金钢筋两端采用螺杆锚具时，预应力钢筋按预留孔道长度减 0.35m，螺杆另行计算。

2）低合金钢筋一端采用镦头插片，另一端为螺杆锚具时，预应力钢筋长度按预留孔道长度计算，螺杆另行计算。

3）低合金钢筋一端采用镦头插片，另一端采用帮条锚具时，预应力钢筋长度增加 0.15m；两端均采用帮条锚具时，预应力钢筋长度共增加 0.3m。

4）低合金钢筋采用后张混凝土自锚时，预应力钢筋长度增加 0.35m。

5）低合金钢筋或钢绞线采用 JM、XM、QM 型锚具，孔道长度在 20m 以内时，预应力钢筋长度增加 1m；孔道长在 20m 以上时，预应力钢筋长度增加 1.8m。

6）碳素钢丝采用锥形锚具，孔道长在 20m 以内时，预应力钢筋长度增加 1m；孔道长在 20m 以上时，预应力钢筋长度增加 1.8m。

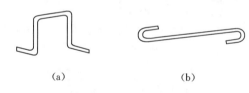

(a)　　　　　　　　(b)

图 7-69　马凳和 S 钩示意图
(a) 马凳；(b) S 钩

7）碳素钢丝两端采用镦粗头时，预应力钢丝长度增加 0.35m。

（4）下列钢筋按以下规定计算。

1）马凳 ［图 7-69 (a)］，设计有规定的按设计规定，设计无规定时，马凳的材料应比底板钢筋降低一个规格，长度按底板厚度加 200mm 计算，每平方米 1 个，计入钢筋总量。

设计有规定时计算公式为

　　马凳钢筋重量=(板厚+0.2)×板面积×受撑钢筋次规格的线密度

2）墙体拉结 S 钩 ［图 7-69 (b)］，设计有规定的按设计规定，设计无规定按 $\phi8$ 钢筋，长度按墙厚加 150mm 计算，每平方米 3 个，计入钢筋总量。

设计有规定时计算公式为

　　　　墙体拉结 S 钩重量=(墙厚+0.15)×(墙面积×3)×0.395

3）锚喷护壁钢筋、钢筋网按设计用量以吨计算。

4）砌体加固钢筋按设计用量以吨计算。

5）预应力构件中的非预应力钢筋，按预制构件钢筋的相应项目执行。

6）表 7-17 所列构件中的钢筋，其人工、机械应乘以表内系数。

表 7 - 17　　　　　　　　　　　　　　钢 筋 调 节 系 数

钢筋类型	预制构件钢筋		现浇构件钢筋	
构件名称	拱、梯形屋架	托架梁	小型构件、小型池槽	构筑物
人工、机械调整系数	1.16	1.05	2	1.25

7）预制混凝土构件中，如果不同直径的钢筋点焊成一体时，应按各自的直径计算钢筋工程量，并应按不同直径钢筋的总工程量，执行最小直径钢筋的点焊项目；如果最大与最小钢筋的直径比大于 2 时，其人工还应乘以系数 1.25。

8）混凝土构件预埋铁件工程量，按设计图纸尺寸，以吨计算。

【例 7 - 36】　计算如图 7 - 70 所示钢筋混凝土梁的钢筋用量，已知墙厚 240mm。

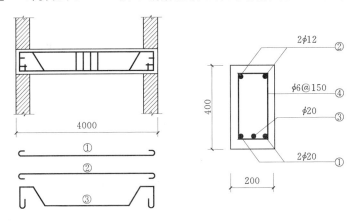

图 7 - 70　某钢筋混凝土梁

解：①号钢筋单筋长＝$4000-2\times25+2\times6.25\times20=4200$（mm）

　　　　　总长＝$4200\times2=8400$（mm）＝8.4（m）

　　　　　总重量＝$8.4\times2.466=20.714$（kg）

②号钢筋单筋长＝$4000-2\times25+2\times6.25\times12=4100$（mm）

　　　　　总长＝$4100\times2=8200$（mm）＝8.2（m）

　　　　　总重量＝$8.2\times0.888=7.282$（kg）

③号钢筋总长＝$4000-2\times25+2\times0.414\times(400-2\times25)+2$

　　　　　　　　$\times(400-2\times25)+2\times6.25\times20=5189.8$（mm）

　　　　　　　＝5.1898（m）

　　　　　总重量＝$5.1898\times2.466=12.798$（kg）

④号单筋总长＝$(200-2\times25+400-2\times25)\times2+2\times6.25\times6=1075$（mm）

　　　　　总根数＝$(4000-2\times240-2\times50)\div150+1=24$（根）

　　　　　总长＝$1075\times24=25800$（mm）＝25.8（m）

　　　　　总重量＝$25.8\times0.222=5.728$（kg）

2．现浇混凝土工程量

（1）混凝土工程量除另有规定者外，均按图示尺寸以立方米计算。不扣除构件内钢筋、预埋件及墙、板中 $0.3m^2$ 以内的孔洞所占体积。

（2）基础。

1）带形基础，外墙按设计外墙中心线长度、内墙按设计内墙基础图示长度乘设计断面计算。

$$带形基础工程量＝设计外墙中心线长度×设计断面面积$$
$$＋设计内墙基础图示长度×设计断面面积$$

【例 7 - 37】　某现浇钢筋混凝土带形基础尺寸，如图 7 - 71 所示，混凝土强度等级为 C20，计算现浇钢筋混凝土带形基础混凝土工程量。

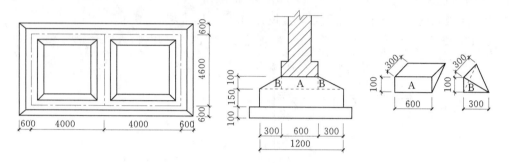

图 7 - 71　钢筋混凝土带形基础

解：现浇钢筋混凝土（C20）带形基础工程量＝[（8.00＋4.60）×2＋4.60－1.20]×（1.20×0.15＋0.90×0.10）＋0.60×0.30×0.10（A 折合体积）＋0.30×0.10÷2×0.30÷3×4（B 体积）＝7.75（m^3）

2）有肋（梁）带形混凝土基础，其肋高与肋宽之比在 4：1 以内的按有梁式带形基础计算。超过 4：1 时，起肋部分按墙计算，肋以下按无梁式带形基础计算，如图 7 - 72 所示。

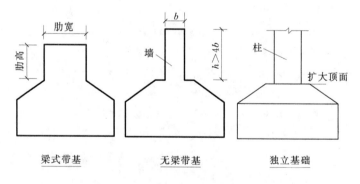

图 7 - 72　有肋带形混凝土基础

3）箱式满堂基础分别按无梁式满堂基础、柱、墙、梁、板的有关规定计算，套用相应定额子目；有梁式满堂基础，肋高大于 0.4m 时，套用有梁式满堂基础定额项目；肋高小于 0.4m 或设有暗梁、下翻梁时，套用无梁式满堂基础项目。

4）独立基础，包括各种形式的独立基础及柱墩，其工程量按图示尺寸以立方米计算。柱与柱基的划分以柱基的扩大顶面为分界线。

【例 7 - 38】　如图 7 - 73 所示，某建筑工程，基础形式为条形砖基础和钢筋混凝土独立柱基础，垫层均为混凝土垫层，计算该工程基础及垫层的工程量。

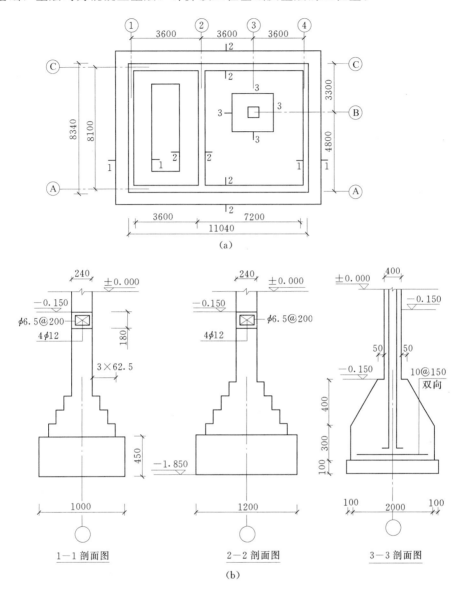

图 7-73　某工程基础平面图及剖面图

解： ① 砖基础

砖基础长度　　　　　$L_1 = 8.1 \times 2 = 16.2$（m）

$$L_2 = 10.8 \times 2 + (8.1 - 0.24) = 29.46 \text{（m）}$$

L_1 大放脚折加高度＝大放脚折加面积÷墙厚＝0.394（m）

L_2 大放脚折加高度＝大放脚折加面积÷墙厚＝0.656（m）

嵌入基础的构件（圈梁）体积＝$[2 \times (10.8 + 8.1) + 8.1 - 0.24] \times 0.18 \times 0.24$

$$= 1.973 \text{（m}^3\text{）}$$

砖基础＝(基础深＋大放脚折加高度)×基础宽×基础长－嵌入基础的构件体积

$$=(1.4+0.394)\times 0.24\times 16.2+(1.4+0.656)\times 0.24\times 29.46-1.973$$

$$=6.975+14.536-1.973$$

$$=19.54\ (\mathrm{m}^3)$$

② 独立混凝土基础$=a^2h+h/3(a^2+aa_1+a_1^2)$

$$=2\times 2\times 0.3+0.4/3[2\times 2+2\times 0.5+(0.5+0.5)^2]=1.90\ (\mathrm{m}^3)$$

③ 砖基础混凝土垫层$=1.2\times 0.45\times[8.1\times 2+(10.8\times 2+8.1-1.2)]=24.13\ (\mathrm{m}^3)$

④ 独立基础垫层$=2.2\times 2.2\times 0.1=0.48\ (\mathrm{m}^3)$

5）带形桩承台按带形基础的计算规则计算，独立桩承台按独立基础的计算规则计算，如图 7-74 所示。

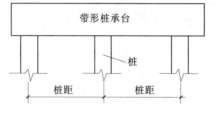

图 7-74　桩承台示意图

6）设备基础

a. 设备基础，除块体基础外，分别按基础、柱、梁、板、墙等有关规定计算，套用相应定额子目。

b. 楼层上的钢筋混凝土设备基础，按有梁板项目计算。

（3）柱。按图示断面面积乘以柱高以立方米计算。

柱混凝土工程量＝图示断面面积×柱高

柱高按下列规定确定：

1）有梁板的柱高，自柱基上表面（或楼板上表面）至上一层楼板上表面之间的高度计算，如图 7-75 所示。

2）无梁板的柱高，自柱基上表面（或楼板上表面）至柱帽下表面之间的高度计算，如图 7-76 所示。

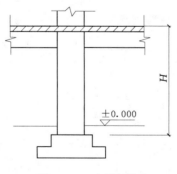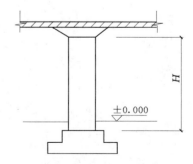

图 7-75　有梁板柱高　　　　　　　图 7-76　无梁板柱高

3）框架柱的柱高，自柱基上表面至柱顶高度计算，如图 7-77 所示。

4）构造柱按设计高度计算，与墙嵌接部分的体积并入柱身体积内计算，如图 7-78 所示。

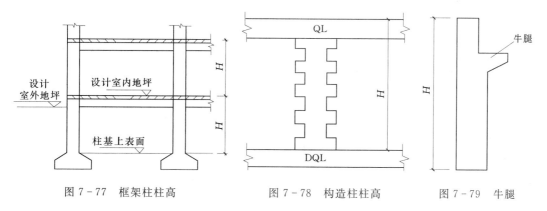

图 7-77 框架柱柱高　　　　　图 7-78 构造柱柱高　　　　　图 7-79 牛腿

5）依附柱上的牛腿，并入柱体积内计算，如图 7-79 所示。

（4）梁。按图示断面尺寸乘以梁长以立方米计算。

$$梁混凝土工程量＝图示断面面积×梁长$$

梁长及梁高按下列规定确定：

1）梁与柱连接时，梁长算至柱侧面，如图 7-80 所示。

2）主梁与次梁连接时，次梁长算至主梁侧面。伸入墙体内的梁头、梁垫体积并入梁体积内计算，如图 7-81 所示。

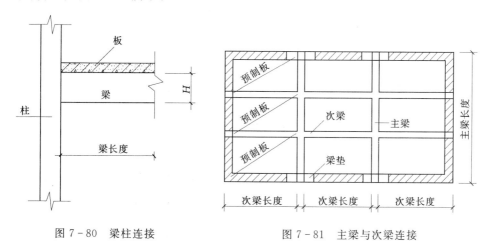

图 7-80 梁柱连接　　　　　　　图 7-81 主梁与次梁连接

3）过梁连接时，分别套用圈梁、过梁定额。过梁长度按设计规定计算，设计无规定时，按门窗洞口宽度，两端各加 250mm 计算，如图 7-82 所示。

4）圈梁与梁连接时，圈梁体积应扣除伸入圈梁内的梁体积，如图 7-83 所示。

5）在圈梁部位挑出外墙的混凝土梁，以外墙外边线为界限，挑出部分按设计图示尺寸以立方米计算，套用单梁、连续梁项目。

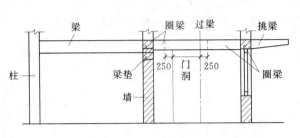

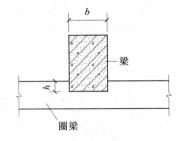

| 图 7-82 过梁连接 | 图 7-83 圈梁与梁连接 |

6) 梁（单梁、框架梁、圈梁、过梁）与板整体现浇时，梁高计算至板底。

【例 7-39】 某四层钢筋混凝土现浇框架办公楼，图 7-84 为其平面结构示意图和独立柱基础断面图，轴线即为梁柱中心线，已知楼层高均为 3.60m，柱断面为 400mm×400mm；L_1 宽 300m，高 600m；L_2 宽 300m，高 400m。求主体结构柱梁的混凝土工程量。

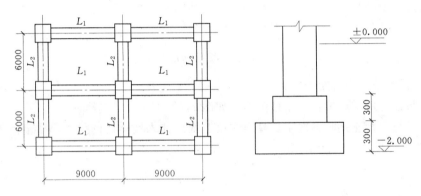

图 7-84 某现浇框架图

解： ① 钢筋混凝土柱工程量＝柱断面面积×每跟柱长×根数

$$= (0.4 \times 0.4) \times (14.4 + 2.0 - 0.3 - 0.3) \times 9$$

$$= 0.16 \times 15.8 \times 9$$

$$= 22.75 \ (m^3)$$

② 梁的混凝土工程量＝(L_1 梁长×L_1 断面×L_1 根数＋L_2 梁长×L_2 断面×L_3 根数)×层数

$$= [(9 - 0.2 \times 2) \times (0.3 \times 0.6) \times (2 \times 3) + (6 - 0.2 \times 2)$$

$$\times (0.3 \times 0.4) \times (2 \times 3)] \times 4$$

$$= [9.288 + 4.032] \times 4 = 53.28 (m^3)$$

(5) 板。按图示面积乘以板厚，以立方米计算。

混凝土板工程量＝图示长度×图示宽度×板厚＋附梁及柱帽体积

各种板按以下规定计算：

1) 有梁板包括主、次梁及板，工程量按梁、板体积之和计算，如图 7-85 所示。

现浇有梁板混凝土工程量＝图示长度×图示宽度×板厚＋主梁及次梁体积

主梁及次梁体积＝主梁长度×主梁宽度×肋高＋次梁净长度×次梁宽度×肋高

2）无梁板按板和柱帽体积之和计算，如图7-86所示。

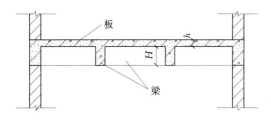

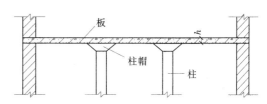

图7-85　现浇有梁板　　　　　　　　　图7-86　现浇无梁板

现浇无梁板混凝土工程量＝图示长度×图示宽度×板厚＋柱帽体积

3）平板按板图示体积计算，如图7-87所示。

现浇平板混凝土工程量＝图示长度×图示宽度×板厚

4）斜屋面按板断面积乘以斜长，有梁时，梁板合并计算。屋脊处加厚混凝土已包括在混凝土消耗量内，不单独计算，如图7-88所示。

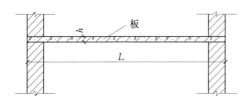

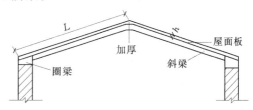

图7-87　现浇平板　　　　　　　　　图7-88　现浇斜屋面板

斜屋面板混凝土工程量＝图示板长度×板厚×斜坡长度＋板下梁体积

5）圆弧形老虎窗顶板套用拱板子目。

6）现浇挑檐与板（包括屋面板）连接时，以外墙外边线为界限，如图7-89所示。

与圈梁（包括其他梁）连接时，以梁外边线为界限，外边线以外为挑檐，如图7-90所示。

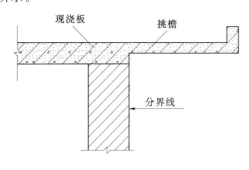

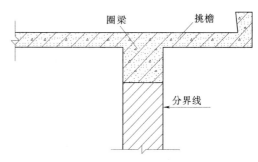

图7-89　现浇挑檐与板的分界线　　　　　图7-90　现浇挑檐与圈梁分界线

【例7-40】　如图7-91所示，计算该有梁板的工程量。

解：　　　　　　　板的体积＝设计轴线所包面积×板厚

＝6×14.4×0.12＝10.368（m³）

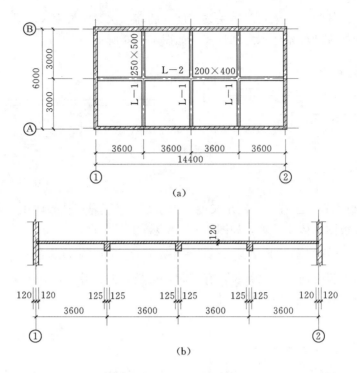

图 7-91 某有梁板示意图

主梁及次梁体积＝主梁长度×主梁宽度×肋高＋次梁净长度×次梁宽度×肋高

$$＝6×0.25×(0.5-0.12)×3+(14.4-0.24-0.25×3)×0.2×(0.4-0.12)$$

$$＝1.710+0.751$$

$$＝2.461（m^3）$$

现浇有梁板混凝土工程量＝板的体积＋主梁及次梁体积

$$＝10.368+2.461$$

$$＝12.829（m^3）$$

（6）混凝土墙。

1）按图 7-91 所示中心线长度尺寸乘以设计高度及墙体厚度，以立方米计算。扣除门窗洞口及单个面积在 0.3 平方米以上孔洞的体积，墙垛、附墙柱及突出部分并入墙体积内计算。

墙混凝土工程量＝（中心线长度×设计高度－门窗洞口面积）×墙厚

2）混凝土墙中的暗柱（由配筋体现），并入相应墙体积内，不单独计算。

（7）其他现浇混凝土构件。

1）整体楼梯包括休息平台、平台梁、楼梯底梁、斜梁及楼梯的连接梁、楼梯段，按水平投影面积计算，不扣除宽度小于 500mm 的楼梯井，伸入墙内部分不另增加。

2）踏步旋转楼梯，按其楼梯（不包括中心柱）部分的设计图示水平投影面积乘以周数，以平方米计算。

混凝土楼梯（含直形和旋转）与楼板的分界，以楼梯顶部与楼板的连接梁为界线，连接梁以外为楼板。

混凝土楼梯项目是按照踏步底板（不含踏步和踏步底板下的梁）和休息平台板平均厚100mm编制。若踏步底板、休息平台的板厚设计与定额不同时，按板厚每增减1cm调整。

3）阳台、雨篷按伸出外墙的水平投影面积计算，伸出外墙的牛腿不另计算，其嵌入墙内的梁另按梁有关规定单独计算；雨篷的翻檐按展开面积，并入雨篷内计算。井字梁雨篷，按有梁板计算规则计算。

混凝土阳台（含板式和挑梁式）项目，按照阳台板平均厚度100mm编制。若阳台板厚设计与定额不同时，应予以调整。

混凝土雨篷项目，按照板式雨篷厚80mm编制。若雨篷板厚设计与定额不同时，应予以调整。

4）栏板以立方米计算，伸入墙内的栏板，合并计算。

5）预制板补现浇板缝，板底缝宽大于10cm时，按平板计算。

6）预制混凝土框架柱的现浇接头（包括梁接头）按设计规定断面和长度以立方米计算。

7）单件体积在0.05m³内的构件按小型构件计算。

8）现浇钢筋混凝土梁、板、墙和基础底板的后浇带（定额综合了底部灌注1∶2水泥砂浆的用量），按各自相应规则和施工组织设计规定的尺寸，以立方米计算。

3. 预制混凝土工程量

（1）混凝土工程量均按图示尺寸以立方米计算，不扣除构件内钢筋、铁件、预应力钢筋预留孔洞及小于300mm×300mm以内孔洞所占的体积。

$$预制混凝土工程量＝图示断面面积×构件长度$$

（2）预制桩按桩全长（包括桩尖）乘以桩断面面积以立方米计算（不扣除桩尖虚体积）。

$$预制桩工程量＝图示断面面积×桩总长度$$

（3）混凝土与钢杆件组合的构件，混凝土部分按构件实体积以立方米计算，钢构件部分按吨计算，分别套用相应的定额项目。

六、门窗及木结构工程

（一）定额说明

（1）本章包括木门窗、金属门窗、塑料门窗、木结构等内容。

（2）本章是按机械和手工操作综合编制的。不论实际采用何种操作方法，均按本定额执行。

（3）木材木种均以一、二类木种为准，如采用三、四类木种时，分别乘以下列系数：木门窗制作，按相应项目人工和机械乘以系数1.3；木门窗安装，按相应项目人工和机械乘以系数1.35。此条是指现场制作的情况，不适用于按商品价购进的门窗。木结构项目不论采用何种木材，均按定额执行，不另调整。

（4）木材木种分类如下：

一类：红松、水桐木、樟子松；

二类：白松（方杉、冷杉）、杉木、杨木、柳木、椴木；

三类：青松、黄花松、秋子木、马尾松、东北榆木、柏木、苦木、梓木、黄菠萝、椿木、楠木、柚木、樟木；

四类：栎木（柞木）、檀木、色木、槐木、荔木、麻栗木、桦木、荷木、水曲柳、华北榆木。

（5）定额中木材以自然干燥条件下的含水率编制的，需人工干燥时，另行计算。即定额中不包括木材的人工干燥费用，需要人工干燥时，其费用另计。干燥费用包括干燥时发生的人工费、燃料费、设备费及干燥损耗。其费用可列入木材价格内。

（6）定额木结构中的木材消耗量均包括后备长度及刨光损耗，使用时不再调整。

（7）定额木门框、扇制作、安装项目中的木材消耗量，均按山东省建筑标准设计L92J601《木门》所示木料断面计算，使用时不再调整。定额中木门窗框、扇的木料耗用量是按标准图集所示尺寸加上各种损耗后综合取定的，凡设计采用标准图集的，均按定额相应项目套用，不另调整。各种损耗包括木材后备长度、刨光损耗、制作及安装损耗。但镶板门安装小百页时，扣除相应定额子目制作部分木薄板 0.0191m³，门窗材 0.0071m³；胶合板（纤维板）门安装小百页时，扣除相应定额子目胶合板（纤维板）0.82m³，门窗材 0.0117m³。

（8）定额中木门扇制作、安装项目中均不包括纱扇、纱亮内容，纱扇、纱亮按相应定额项目另行计算。

（9）定额木门窗框、扇制作项目中包括刷一遍底油。如框扇不刷底油者，扣除相应项目内清油和油漆溶剂油用量。根据 GB 50206—2002《木结构施工及验收规范》规定，门窗及细木作构件制作，制作完成即应刷防护油一道。定额中木门窗制作均包括刷一道防护底油。若实际施工中不刷底油，扣除定额中清油及油漆溶剂油用量，其他不变。

（10）成品门扇安装子目工作内容未包括刷油漆，油漆按相应章节规定计算。

（11）木门窗不论现场或附属加工厂制作，均执行本定额。现场以外至安装地点的水平运输另行计算。木门窗定额内已综合考虑了场内运输，无论远近不另计算场内运输费用。场外运输无论框、扇，均按定额相关章节构件运输及安装工程相应项目套用。

（12）玻璃厚度、颜色设计与定额不同时可以换算。

（13）成品门窗安装项目中，门窗附件包含在成品门窗单价内考虑；铝合金门窗制作、安装项目中未含五金配件，五金配件按本章门窗配件选用。

成品门窗安装定额中包括普通成品门扇安装、钢门窗安装、铝合金门窗（成品）安装、铝合金卷闸门安装、塑料门窗及彩板门窗安装。五金配件按包括在其成品预算价中考虑。铝合金制作安装项目中未含五金配件，是指配套的五金配件未包括在定额项目内，应另套五金配件项目，但安装用工已包括在相应项目内。

（14）铝合金门窗制作型材按国标 92SJ 编制，其中地弹门采用 100 系列；平开门、平开窗采用 70 系列；推拉窗、固定窗采用 90 系列。如实际采用的型材断面及厚度与定额不同时，可按设计图示尺寸乘以线密度加 5%损耗调整。

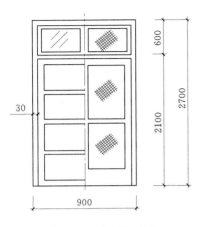

图 7-92　木板门尺寸

（二）工程量计算规则

（1）各类门窗制作、安装工程量，除注明者外，均按图示门窗洞口面积计算。

$$门窗工程量＝洞口宽×洞口高$$

厂库房大门、特种门、钢门制作兼安装项目均按门洞口面积计算。

（2）木门扇设计有纱扇者，纱扇按扇外围面积计算，套用相应定额。

$$纱门扇工程量＝纱扇宽×纱扇高$$

【例 7-41】　某住宅用带纱镶木板门 45 樘，洞口尺寸如图 7-92 所示，计算带纱镶木板门制作、安装、门锁及附件工程量，试确定各定额项目的工程量。

解：① 带纱镶木板门框制作安装工程量＝0.90×2.70×45＝109.35（m²）

② 无纱镶木板门扇制作安装工程量＝0.90×2.70×45＝109.35（m²）

③ 纱门扇制作安装工程量＝（0.90－0.03×2）×（2.10－0.03）×45＝78.25（m²）

④ 纱亮扇制作安装工程量＝（0.90－0.03×2）×（0.60－0.03）×45＝21.55（m²）

⑤ 镶木板门普通门锁安装工程量＝45（把）

⑥ 镶木板门配件工程量＝45（樘）

⑦ 纱门扇配件工程量＝45（扇）

⑧ 纱上亮配件工程量＝45×2＝90（扇）

（3）普通窗上部带有半圆窗者，工程量按半圆窗和普通窗分别计算（半圆窗的工程量以普通窗和半圆窗之间的横框上面的裁口线为分界线），如图 7-93 所示。

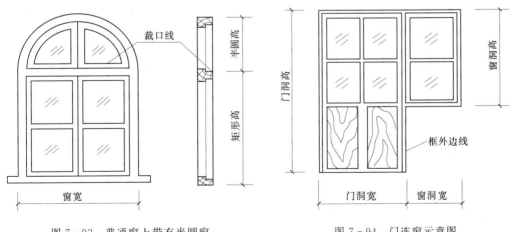

图 7-93　普通窗上带有半圆窗　　　　图 7-94　门连窗示意图

$$半圆窗工程量＝0.3927×窗洞宽×窗洞宽$$

或

$$半圆窗工程量＝\pi/8×窗洞宽×窗洞宽$$

$$矩形窗工程量＝窗洞宽×矩形高$$

（4）门连窗按门窗洞口面积之和计算，如图 7－94 所示。
$$门连窗工程量＝门洞宽×门洞高＋窗洞宽×窗洞高$$

（5）普通木窗设计有纱扇时，纱扇按扇外围面积计算，套用纱窗扇定额。

（6）门窗框包镀锌铁皮、钉橡皮条、钉毛毡，按图示门窗洞口尺寸以延长米计算；门窗扇包镀锌铁皮，按图示门窗洞口面积计算；门扇包铝合金、铜踢脚板，按图示设计面积计算。

（7）密闭钢门、厂库房钢大门、钢折叠门、射线防护门、钢制防火门、变压器室门、钢防盗门等安装项目均按扇外围面积计算。

（8）铝合金门窗制作、安装（包括成品安装）设计有纱扇时，纱扇按扇外围面积计算，套用相应定额。

（9）铝合金卷闸门安装按洞口高度增加 600mm 乘以门实际宽度以平方米计算（卷闸门宽按设计宽度计入）。电动装置安装以套计算，小门安装以个计算。
$$卷闸门安装工程量＝卷闸门宽×（洞口高度＋0.6）$$

（10）型钢附框安装按图示构件钢材重量以吨计算。

七、屋面、防水、保温工程

（一）定额说明

（1）本章包括屋面、防水、保温、排水、变形缝与止水带、耐酸防腐等内容。

（2）屋面。包括黏土瓦、水泥瓦、石棉瓦、英红瓦、三曲瓦、玻璃瓦、波形瓦五面、镀锌铁皮屋面、彩钢压型板屋面。

1）设计屋面材料规格与定额规格（定额未注明具体规格的除外）不同时，可以换算，其他不变。

2）彩钢压型板屋面檩条，定额按间距 1～1.2m 编制，设计与定额不同时，檩条数量可以换算，其他不变。

（3）防水。包括刚性防水、卷材防水、高分子卷材防水、涂膜防水。

1）定额防水项目不分室内、室外及防水部位，使用时按设计做法套用相应定额。

2）卷材防水的接缝、收头、附加层及找平层的嵌缝、冷底子油等人工、材料，已计入定额中，不另行计算。

3）细石混凝土防水层，使用钢筋网时，按有关章节规定计算。

（4）保温。

1）本节定额适用于中温、低温及其恒温的工业厂（库）房保温工程，以及一般保温工程。

2）保温层种类和保温材料配合比，设计与定额不同时可以换算，其他不变。

3）混凝土板上保温和架空隔热，适用于楼板、屋面板、地面的保温和架空隔热。

4）立面保温，适用于墙面和柱面的保温。

5）本节定额不包括保护层或衬墙等内容，发生时按相应章节套用。

6）隔热层铺贴，除松散保温材料外，其他均以石油沥青作胶结材料。构散材料的包装材料及包装用工已包括在定额中。

7）墙面保温铺贴块体材料，包括基层涂沥青一遍。

（5）变形缝断面定额取定如下。建筑油膏、聚氯乙烯胶泥 30mm×20mm；油浸木丝板 150mm×25mm；木板盖板 200mm×25mm；紫铜板展开宽 450mm；氯丁橡胶片 300mm；涂刷式氯丁胶贴玻璃纤维布止水片宽 350mm；其他均为 150mm×30mm。设计与定额不同时，变形缝材料可以换算，其他不变。

（6）耐酸防腐。

1）整体面层定额项目，适用于平面、立面、沟槽的护腐工程。

2）块料面层定额项目按平面铺砌编制。铺砌立面时，相应定额人工乘以系数 1.30；块料乘系数 1.02；其他不变。

3）花岗石板以六面剁斧的板材为准。如底面为毛石者，每 10m² 定额单位耐酸沥青砂浆增加 0.04m³。

4）各种砂浆、混凝土、胶泥的种类、配合比及各种整体面层的厚度，设计与定额不同时可以换算，但块料面层的结合层砂浆、胶泥用量不变。

（二）工程量计算规则

1. 屋面

（1）各种瓦屋面（包括挑檐部分），均按设计图示尺寸的水平投影面积乘以屋面坡度系数，以平方米计算。不扣除房上烟囱、风帽底座、风道、屋面小气窗、斜沟和脊瓦等所占面积，屋面小气窗的出檐部分也不增加。

对于坡屋面，无论是两坡还是四坡屋面，均按下式计算工程量：

坡屋面工程量＝屋面水平投影面积×延尺系数

＝屋面檐口长×檐口宽×延尺系数

延尺系数是 1996 年定额中的屋面坡度系数，见表 7－18。

表 7－18　　　　　　　　　　　　屋 面 坡 度 系 数 表

坡　　度			延尺系数 C	隔延尺系数 D
B/A（A＝1）	B/2A	角度 α		
1	1/2	45°	1.4142	1.7321
0.75		36°52′	1.2500	1.6008
0.70		35°	1.2207	1.5779
0.666	1/3	33°40′	1.2015	1.5620
0.65		33°01′	1.1926	1.5564
0.60		30°58′	1.1662	1.5362
0.577		30°	1.1547	1.5270
0.55		28°49′	1.1413	1.5170
0.50	1/4	26°34′	1.1180	1.5000
0.45		24°14′	1.0966	1.4839
0.40	1/5	21°48′	1.0770	1.4697
0.35		19°17′	1.0594	1.4569
0.30		16°42′	1.0440	1.4457
0.25		14°02′	1.0308	1.4362

续表

坡　度			延尺系数 C	隔延尺系数 D
B/A（A＝1）	B/2A	角度 α		
0.20	1/10	11°19′	1.0198	1.4283
0.15		8°32′	1.0112	1.4221
0.125		7°8′	1.0078	1.4191
0.100	1/20	5°42′	1.0050	1.4177
0.083		4°45′	1.0035	1.4166
0.066	1/30	3°49′	1.0022	1.4157

注　1. $A＝A'$，且 $S＝0$ 时，为等两坡屋面；$A＝A'＝S$ 时，为等四坡屋面。

　　2. 屋面斜铺面积＝屋面水平投影面积×C。

　　3. 等两坡屋面山墙泛水斜长＝A×C。

　　4. 等四坡屋面斜脊长度＝A×D。

（2）琉璃瓦屋面的琉璃瓦脊、檐口线，按设计图示尺寸，以米计算。设计要求安装勾头（卷尾）或博古（宝顶）等时，另按个计算。

（3）屋面中瓦材规格已列于相应的定额项目中或参考前面有关数据的取定，如果设计使用的规格与定额不同时，应调整如下

　　调整用量＝［设计实铺面积/（单页有效瓦长×单页有效瓦宽）］×（1＋损耗率）

　　单页有效瓦长、单页有效瓦宽＝瓦的规格—规范规定的搭接尺寸

（4）彩钢压型板屋面檩条，定额按间距 1～1.2m 编制，设计与定额不同时，檩条数量可以换算，应调整如下

　　调整用量＝设计每平方米檩条用量×10m² ×（1＋损耗率）

其中，损耗率按 3% 计算。

2. 防水

（1）屋面防水，按设计图示尺寸的水平投影面积乘以坡度系数，以平方米计算，不扣除房上烟囱、风帽底座、风道和屋面小气窗等所占面积，屋面的女儿墙、伸缩缝和天窗等处的弯起部分，按设计图示尺寸并入屋面工程量内计算；设计无规定时，伸缩缝、女儿墙的弯起部分按 250mm 计算，天窗弯起部分按 500mm 计算。

坡屋面工程量按斜铺面积加弯起部分计算；

平屋面按水平投影加弯起部分计算，坡度小于 1/20 的屋面按平屋面计算。

卷材铺设时的搭接、防水薄弱处的附加层，均包括在定额内，其工程量不单独计算。

（2）地面防水、防潮层按主墙间净面积，以平方米计算。扣除凸出地面的构筑物、设备基础等所占面积，不扣除柱、垛、间壁墙、烟囱以及单个面积在 0.3m² 以内的孔洞所占面积。平面与立面交接处，上卷高度在 500mm 以内时，按展开面积并入平面工程量内计算，超过 500mm 时，按立面防水层计算。

（3）墙基防水、防潮层，外墙按外墙中心线长度、内墙按墙体净长度乘以宽度，以平方米计算。

（4）涂膜防水的油膏嵌缝、屋面分格缝，按设计图示尺寸，以米计算。

3. 保温

（1）保温层按设计图示尺寸，以立方米计算（另有规定的除外）。

（2）屋面保温层按设计图示面积乘以平均厚度，以立方米计算。不扣除房上烟囱、风帽底座、风道和屋面小气窗等所占体积。

（3）地面保温层按主墙间净面积乘以设计厚度，以立方米计算。扣除凸出地面的构筑物、设备基础等所占体积，不扣除柱、垛、间壁墙、烟囱等所占体积。

（4）天棚保温层按主墙间净面积乘以设计厚度，以立方米计算。不扣除保温层内各种龙骨等所占体积，柱帽保温按设计图示尺寸并入相应天棚保温工程量内。

（5）墙体保温层，外墙按保温层中心线长度、内墙按保温层净长度乘以设计高度及厚度，以立方米计算。扣除冷藏门洞口和管道穿墙洞口所占体积，门洞口侧壁周围的保温，按设计图示尺寸并入相应墙面保温工程量内。

（6）柱保温层按保温层中心线展开长度乘以设计高度及厚度，以立方米计算。

（7）池槽保温层按设计图示长、宽净尺寸乘以设计厚度，以立方米计算。池壁按立面计算，池底按地面计算。

【例7-42】　如图7-95所示的保温层面，做法如下：现浇板上水泥砂浆找平，刷冷底子油结合层和沥青隔气层，上铺8cm水泥蛭石块保温层，1：10现浇水泥蛭石块保温找坡，1：3水泥砂浆找平层，上铺防水层和保护层。试计算保温层工程量。

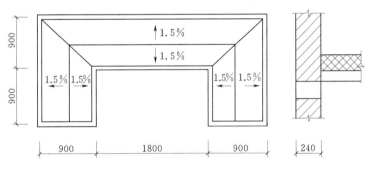

图7-95　某屋面保温层做法

解： 水泥蛭石块保温层工程量＝（18＋18＋18－0.24）×（9－0.24）×0.08

$$=470.9376×0.08=37.68（m^3）$$

找坡工程量＝（18＋18＋18－0.24）×（9－0.24）×[（9－0.24）÷2×0.015÷2]

$$=470.9376×0.03285$$

$$=15.47（m^3）$$

4. 排水

（1）水落管、镀锌铁皮天沟、檐沟，按设计图示尺寸，以米计算。

（2）水斗、下水口、雨水口、弯头、短管等，均以个计算。

5. 变形缝

包括建筑物的伸缩缝、沉降缝及抗震缝，适用于屋面、墙面、地基等部位。变形缝与止水带，按设计图示尺寸，以米计算。若设计断面尺寸余定额取定不同时，主材用量可以调整，人工及辅材不变。调整量可如下计算：

调整用量＝（设计缝口断面积/定额缝口断面积）×定额用量

6. 耐酸防腐

（1）耐酸防腐工程区分不同材料及厚度，按设计实铺面积以平方米计算。扣除凸出地面的构筑物、设备基础、门窗洞口等所占面积，墙垛等突出墙面部分按展开面积并入墙面防腐工程量内。

（2）平面铺砌双层防腐块料时，按单层工程量乘以系数 2 计算。

（3）若整体面层的厚度与定额不同时，可按设计厚度调整用量。调整方法如下：

调整用量＝10m²×铺筑厚度×（1＋损耗率），损耗率如下

耐酸沥青砂浆：1%；耐酸沥青胶泥：1%；

耐酸沥青混凝土：1%；环氧砂浆：2%；

环氧稀胶泥：5%；钢屑砂浆：1%。

（4）块料面层的结合层是按规范取定的，不另行调整。但块料面层中耐酸瓷砖和耐酸瓷板，若设计规格与定额不同时，用量可以调整。方法如下

调整用量＝［10m²/（块料长＋灰缝）×（块料宽＋灰缝）］×一块块料的面积×（1＋损耗率）

其中，耐酸瓷砖为 2%，耐酸瓷板为 4%。

八、金属结构制作工程

（一）定额说明

（1）本章包括金属构件的制作、探伤、除锈等内容；金属构件的安装按定额相关章节的有关项目执行。本章适用于现场、企业附属加工厂制作的构件。

（2）定额内包括整段制作、分段制作和整体预装配所需的人工材料及机械台班用量。整体预装配用的螺栓及锚固杆件用的螺栓，已包括在定额内。

（3）本章除注明者外，均包括现场内（工厂内）的材料运输、号料、加工、组装及成品堆放、装车出厂等全部工序。

（4）本章未包括加工点至安装点的构件运输，构件运输按相应章节规定计算。

（5）本章构件制作项目中，均已包括刷一遍防锈漆工料。

（6）钢筋混凝土组合屋架钢拉杆，按屋架钢支撑计算。

（7）轻钢屋架是指每榀重量小于 1t 的钢屋架。

（8）钢屋架、钢托架制作平台摊销子目中的单位吨是指钢屋架、钢托架的重量。

（9）钢零星构件实质定额中无项目的、重量在 0.2t 以内的钢构件。

（二）工程量计算规则

（1）金属结构制作，按图示钢材尺寸以吨计算，不扣除孔眼、切边的重量。焊条、铆钉、螺栓等重量，已包括在定额内不另计算。在计算不规则或多边形钢板重量时，均以其最大对角线乘最大宽度的矩形面积计算。

多边形钢板重量＝最大对角线长度×最大宽度×面密度（kg/m²）

不规则或多边形钢板按矩形计算，如图 7-96 所示，即 $S=A×B$。

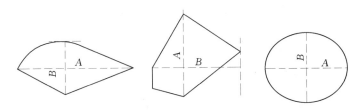

图 7 - 96　不规则或多边形钢板

（2）实腹柱、吊车梁、H 型钢等均按图示尺寸计算，其中腹板及翼板宽度按每边增加 25mm 计算。

（3）制动梁的制作工程量包括制动梁、制动桁架、制动板重量；墙架的制作工程量包括墙架柱、墙架梁及连接柱杆重量；钢柱制作工程量包括依附于柱上的牛腿及悬臂梁和柱脚连接板的重量。即与主构件连接的钢件工作量，计算后均计入主构件工程量内。

（4）铁栏杆制作，仅适用于工业厂房中平台、操作台的钢栏杆。民用建筑中铁栏杆按定额相关章节的有关项目计算。

（5）钢漏斗的制作工程量，矩形按图示分片，圆形按图示展开尺寸，并以钢板宽度分段计算，每段均以其上口长度（圆形以分段展开上口长度）与钢板宽度，按矩形计算，依附漏斗的型钢并入漏斗重量内计算。

（6）计算钢屋架、钢托架、天窗架工程量时，依附其上的悬臂梁、檩托、横档、支爪、檩条爪等分别并入相应构件内计算。

（7）X 射线焊缝无损探伤，按不同板厚，以"10 张"（胶片）为单位。拍片张数按设计规定计算的探伤焊缝总长度除以定额取定的胶片有效长度（250mm）计算。

（8）金属板材对接焊缝超声波探伤，以焊缝长度为计量单位。

【例 7 - 43】　某工程钢屋架如图 7 - 97 所示，计算钢屋架工程量。

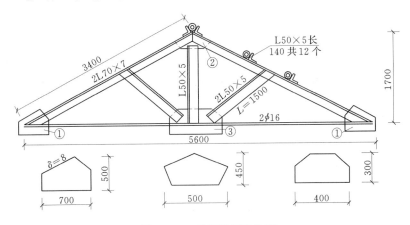

图 7 - 97　某钢屋架结构图

解：　　　　　上弦重量＝3.40×2×2×7.398＝100.61（kg）

　　　　　　　　下弦重量＝5.60×2×1.58＝17.70（kg）

　　　　　　　　立杆重量＝1.70×3.77＝6.41（kg）

斜撑重量＝1.50×2×2×3.77＝22.62（kg）

①号连接板重量＝0.7×0.5×2×62.80＝43.96（kg）

②号连接板重量＝0.5×0.45×62.80＝14.13（kg）

③号连接板重量＝0.4×0.3×62.80＝7.54（kg）

檩托重量＝0.14×12×3.77＝6.33（kg）

屋架工程量＝100.61＋17.70＋6.41＋22.62＋43.96＋14.13＋7.54＋6.33

＝219.30（kg）

九、构筑物及其他工程

（一）定额说明

（1）本章包括单项及综合项目定额。综合项目是按国标、省标的标准做法编制，使用时对应标准图号直接套用，不再调整。设计文件与标准图做法不同时，套用单项定额。

（2）本章定额不包括土方内容，发生时按相应定额执行。

（3）散水、坡道综合项目定额是按省标 L96J002《建筑做法》编制的。

（4）室外排水管道的试水所需工料，已包括在定额内，不得另行计算。

（5）室外排水管道定额，其沟深是按 2m 以内（平均自然地坪至垫层上表面）考虑的，当沟深在 2～3m 时，综合工日乘以系数 1.11；3m 以外者，综合工日乘系数 1.18。

（6）室外排水管道无论人工或机械铺设，均执行定额，不得调整。

（7）毛石混凝土，系按毛石占混凝土体积 20％ 计算的。如设计要求不同时，可以换算。

（8）排水管道砂石基础中砂：石比例按 1：2 考虑。如设计要求不同时可以换算。

（二）工程量计算规则

1. 烟囱

（1）烟囱基础。基础与筒身的划分以基础大放脚为分界，大放脚以下为基础，以上为筒身，工程量按设计图纸尺寸以立方米计算。

（2）烟囱筒身。

1）圆形、方形筒身均按图示筒壁平均中心线周长乘以厚度并扣除筒身各种孔洞、钢筋混凝土圈梁、过梁等体积以立方米计算，其筒壁周长不同时可按下式分段计算。

$$V = \sum HC\pi D$$

式中　V——筒身体积；

H——每段筒身垂直高度；

C——每段筒壁厚度；

D——每段筒壁中心线的平均直径。

2）砖烟囱筒身原浆勾缝和烟囱帽抹灰已包括在定额内，不另行计算。如设计要求加浆勾缝时，套用勾缝定额，原浆勾缝所含工料不予扣除。

3）烟囱的混凝土集灰斗（包括：分隔墙、水平隔墙、梁、柱）、轻质混凝土填充砌块及混凝土地面，按有关章节规定计算，套用相应定额。

4）砖烟囱、烟道及其砖内衬，如设计要求采用楔形砖时，其数量按设计规定计算，套用相应定额项目。加工标准半砖和楔形半砖时，按楔形整砖定额的 1/2 计算。

5）砖烟囱砌体内采用钢筋加固时，其钢筋用量按设计规定计算，套用相应定额。

（3）烟囱内衬及内表面涂刷隔绝层。

1）烟囱内衬，按不同内衬材料并扣除孔洞后，以图示实体积计算。

2）填料按烟囱筒身与内衬之间的体积以立方米计算，不扣除连接横砖（防沉带）的体积。

3）内衬伸入筒身的连接横砖已包括在内衬定额内，不另行计算。

4）为防止酸性凝液渗入内衬及筒身间，而在内衬上抹水泥砂浆排水坡的工料，已包括在定额内，不单独计算。

5）烟囱内表面涂刷隔绝层，按筒身内壁并扣除各种孔洞后的面积以平方米计算。

（4）烟道砌砖。

1）烟道与炉体的划分以第一道闸门为界，炉体内的烟道部分列入炉体工程量计算。

2）烟道中的混凝土构件，按相应定额项目计算。

3）混凝土烟道以立方米计算（扣除各种孔洞所占体积），套用地沟定额（架空烟道除外）。

2. 水塔

（1）砖水塔。

1）水塔基础与塔身划分：以砖砌体的扩大部分顶面为界，以上为塔身，以下为基础。水塔基础工程量按设计尺寸以立方米计算，套用烟囱基础的相应项目。

2）塔身以图示实砌体积计算，扣除门窗洞口和混凝土构件所占的体积，砖平拱碹及砖出檐等并入塔身体积内计算。

3）砖水箱内外壁，不分壁厚，均以图示实砌体积计算，套相应的内外砖墙定额。

4）定额内已包括原浆勾缝，如设计要求加浆勾缝时，套用勾缝定额，原浆勾缝的工料不予扣除。

（2）混凝土水塔。

1）筒身与槽底以槽底连接的圈梁底为界，以上为槽底，以下为筒身。

2）筒式塔身及依附于筒身的过梁、雨篷挑檐等并入筒身体积内计算；柱式塔身、柱、梁合并计算。

3）塔顶及槽底，塔顶包括顶板和圈梁，槽底包括底板挑出的斜壁板和圈梁等合并计算。

4）混凝土水塔按设计图示尺寸以立方米计算工程量。

3. 储水（油）池、储仓

（1）储水（油）池、储仓以立方米计算。

（2）储水（油）池不分平底、锥底、坡底，均按池底计算；壁基梁、池壁不分圆形壁和矩形壁，均按池壁计算。

（3）沉淀池水槽，系指池壁上的环形溢水槽，纵横 U 形水槽，但不包括与水槽相连接的矩形梁。矩形梁按相应定额子目计算。

（4）储仓不分矩形仓壁、圆形仓壁均套用混凝土立壁定额，混凝土斜壁（漏斗）套用混凝土漏斗定额。立壁和斜壁以相互交点的水平线为界，壁上圈梁并入斜壁工程量内，仓顶板及其顶板梁合并计算，套用仓顶板定额。基础、支撑漏斗的柱和柱之间的连系梁按有关章节规定计算，套相应定额。

4. 检查井、化粪池及其他

（1）砖砌井（池）壁不分厚度均以立方米计算，洞口上的砖平拱碹等并入砌体体积内计算。与井壁相连接的管道及其内径在 20cm 以内的孔洞所占体积不予扣除。

（2）渗井系指上部浆砌、下部干砌的渗水井。干砌部分不分方形、圆形，均以立方米计算。计算时不扣除渗水孔所占体积。浆砌部分套用砖砌井（池）壁定额。

（3）混凝土井（池）按实体积以立方米计算，与井壁相连接的管道及内径在 20cm 以内的孔洞所占体积不予扣除。

（4）铸铁盖板（带座）安装以套计算。

5. 室外排水管道

（1）室外排水管道与室内排水管道的分界，以室内至室外第一个排水检查井为界。检查井至室内一侧为室内排水管道，另一侧为室外排水管道。

（2）排水管道铺设以延长米计算，扣除其检查井所占的长度。

（3）排水管道基础按不同管径及基础材料分别以延长米计算。

6. 场区道路

（1）道路垫层按设计图示尺寸以立方米计算。

（2）路面工程量按设计图示尺寸以平方米计算，定额内已包括伸缩缝及嵌缝的工料。

十、装饰工程

（一）楼地面工程

1. 定额说明

（1）本节包括楼地面找平层、整体面层、块料面层、木质楼地面及其他饰面等内容。

（2）本节中的水泥砂浆、水泥石子浆、混凝土等配合比，设计规定与定额不同时，可以换算，其他不变。

（3）整体面层、块料面层中的楼地项目、楼梯项目，均不包括踢脚板、楼梯梁侧面、牵边；台阶不包括侧面、牵边；设计有要求时，按相应定额项目计算。

（4）踢脚板（除缸砖、彩釉砖外）定额均按成品考虑编制的，其中异形踢脚板指非矩形的形式。

（5）定额中的"零星项目"适用于楼梯和台阶的牵边、侧面、池槽、蹲台等项目。

（6）块料面层拼图案项目，其图案材料定额按成品考虑。图案按最大几何尺寸算至图案外边线。图案外边线以内周边异形块料的铺贴，套用相应块料面层铺贴项目及图案周边异形块料铺贴另加工料项目。周边异形铺贴材料的损耗率，应根据现场实际情况，并入相应块料面层铺贴项目内。

（7）设计块料面层中有不同种类、材质的材料，应分别按相应定额项目执行。

（8）硬木地板，定额按不带油漆考虑；若实际使用成品木地板（带油漆地板），按其做法套用相应子目，扣除子目中刨光机械，其他不变。

2. 工程量计算规则

（1）楼地面找平层和整体面层均按主墙间净面积以平方米计算。计算时应扣除凸出地面的构筑物、设备基础、室内铁道、室内地沟等所占面积，不扣除柱、垛、间壁墙、附墙烟囱及面积在 $0.3m^2$ 以内的孔洞所占面积，但门洞、空圈、暖气包槽、壁龛的开口部分亦不增加。

（2）楼、地面块料面层，按设计图示尺寸实铺面积以平方米计算。门洞、空圈、暖气包槽和壁龛的开口部分的工程量并入相应的面层内计算。

【例 7-44】 某建筑平面如图 7-98 所示，墙厚 240mm，室内铺设水磨石地面，试计算水磨石地面的工程量；若室内铺设 600mm×75mm×18mm 实木地板，试计算木地板地面的工程量。

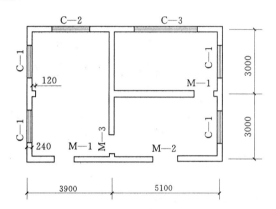

门窗表(mm)	
M—1	1000×2000
M—2	1200×2000
M—3	900 ×2400
C—1	1500×1500
C—2	1800×1500
C—3	3000×1500

图 7-98 某建筑平面

解： 水磨石地面为整体面层，工程量为：

$(3.9-0.24)×(3+3-0.24)+(5.1-0.24)×(3-0.24)×2=47.91$（$m^2$）

实木地板为块料面层，工程量为：

$(3.9-0.24)×(3+3-0.24)+(5.1-0.24)×(3-0.24)×2+(1×2+1.2+0.9)×0.24$
$=47.91+0.984=48.89$（m^2）

（3）楼梯面层（包括踏步及最后一级踏步宽、休息平台、小于 500mm 宽的楼梯井），按水平投影面积计算。

【例 7-45】 某建筑物内楼梯如图 7-99 所示，同走廊连接，采用直线双跑形式，墙厚 240mm，梯井 300mm 宽，试计算其工程量。

解： 楼梯工程量＝$(3.3-0.24)×(0.20+2.7+1.43)=13.25$（$m^2$）

（4）台阶面层（包括踏步及最上一层一个踏步宽）按水平投影面积计算。

【例 7-46】 某办公楼入口台阶如图 7-100 所示，花岗石贴面，请计算其台阶工程量。

解： 台阶工程量＝$(4+0.3×2)×(0.3×2+0.3)+(3.0-0.3)×(0.3×2+0.3)$
$=6.57$（m^2）

（5）踢脚板（线）根据设计做法，以定额单位的"平方米"或"米"计算工程量。

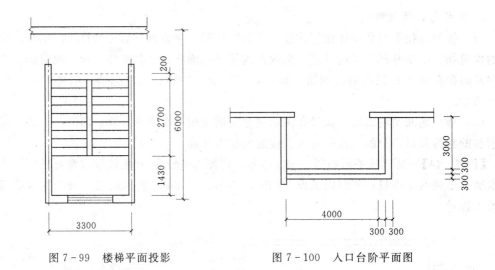

图 7-99 楼梯平面投影　　　　　　图 7-100 入口台阶平面图

【例 7-47】 在图 7-98 中，若室内贴 150mm 高大理石踢脚线，请计算踢脚线的工程量。

解：踢脚线的长度＝(3.9−0.24+3×2−0.24)×2+(5.1−0.24+3−0.24)×2
　　　　　×2−(0.9+1)×2−(1.2+1)+0.24×4+0.12×2=9.42
　　　　　×2+7.62×4−1.9×2−2.2+0.96+0.24＝44.52（m）

踢脚线工程量＝44.52×0.15＝6.74（m²）

（6）防滑条、地面分格嵌条按设计尺寸以延长米计算。

（7）地面点缀按点缀的面积计算，套用相应定额。计算地面铺贴面积时，不扣除点缀所占面积，主体块料加工用工亦不增加。

（8）螺旋形楼梯的装饰，踏步按水平投影面积计算，套用相应的项目定额，人工乘系数 1.20；侧面装饰按展开面积计算，套用相应的零星项目定额。

（9）大理石、花岗岩楼梯定额项目中，大理石、花岗岩是按设计定尺加工的规格材考虑的。施工时，若不能采用设计定尺加工的规格材，需现场加工，其加工费和加工损耗应单独计算。

（10）楼地面层铺地毯，若遇异形房间时，按以下规定执行。

1）异形房间铺地毯，设计允许接缝者，定额人工乘以系数 1.10，其他不变。

2）异形房间铺地毯，设计不允许接缝者，定额人工消耗量乘以系数 1.20，地毯损耗按实计算（可套裁者除外）。

（二）墙、柱面工程

1．定额说明

（1）本节包括墙、柱面的一般抹灰、装饰抹灰、镶贴块料及饰面、隔断、幕墙等内容。

（2）本节中凡注明砂浆种类、配合比、饰面材料型号规格的，设计与定额不同时，可按设计规定调整，但人工数量不变。

（3）墙面抹石灰砂浆分二遍、三遍、四遍，其标准如下：

二遍：一遍底层，一遍面层。

三遍：一遍底层，一遍中层，一遍面层。

四遍：一遍底层，一遍中层，二遍面层。

抹灰等级与抹灰遍数、工序、外观质量的对应关系见表 7-19。

表 7-19 抹灰等级与抹灰遍数、工序、外观质量的关系

名 称	普通抹灰（二遍）	中级抹灰（三遍）	高级抹灰（四遍）
主要工序	分层找平、修整、表面压光	阳角找方、设置标筋、分层找平、修整、表面压光	阳角找方、设置标筋、分层找平、修整、表面压光
外观质量	表面光滑、洁净、接槎平整	表面光滑、洁净、接槎平整、压线清晰、顺直	表面光滑、洁净、颜色均匀、无抹纹、压线平直方正

（4）抹灰厚度，设计与定额取定不同时，除定额有调整项目的可以换算外，其他不作调整。抹灰厚度，定额按不同的砂浆种类分别列在项目中，调整时按相应项目分别调整。

定额中厚度为××mm 者，抹灰种类为一种一层；

厚度为××mm+××mm 者，抹灰种类为两种两层，前者数据为打底抹灰厚度，后者数据为罩面抹灰厚度；

厚度为××mm+××mm+××mm 者，抹灰种类为三种三层，前者数据为打底抹灰厚度，中者数据为中层抹灰厚度；后者数据为罩面抹灰厚度。

（5）圆弧形墙面的抹灰，圆弧形、锯齿形墙面镶贴块料、饰面，按相应项目人工乘以系数 1.15。

（6）外墙贴面砖项目，灰缝宽按 5mm 以内、10mm 以内和 20mm 以内列项，其人工、材料已综合考虑。如灰缝超过 20mm 以上者，其块料及灰缝材料用量允许调整，其他不变。

（7）定额内除注明者外，均未包括压条、收边、装饰线（板），设计有要求时，按相应定额计算。

（8）墙、柱饰面中的面层、基层、龙骨均未包括刷防火涂料，设计有要求时，按相应定额计算。

（9）幕墙、隔墙（间壁）、隔断所用的轻钢、铝合金龙骨，设计与定额不同时允许换算，人工用量不变（轻钢龙骨损耗率 6%，铝合金龙骨损耗率 7%）。

（10）块料镶贴和装饰抹灰的"零星项目"适用于挑檐、天沟、腰线、窗台线、门窗套、压顶、栏板、扶手、遮阳板、雨篷周边等。一般抹灰中的"零星项目"适用于各种壁柜、碗柜、过人洞、暖气壁龛、池槽、花台以及 1m² 以内的抹灰；"装饰线条"子目适用于门窗套、挑檐、腰线、压顶、遮阳板、楼梯边梁、宣传栏边框等展开宽度小于 300mm 以内的竖、横线条抹灰。展开宽度超过 300mm 时按"零星项目"执行。

（11）墙面镶贴块料高度大于 300mm 时，按墙面、墙裙项目套用；小于 300mm 按踢脚线项目套用。

（12）木龙骨基层项目中龙骨是按双向计算的，设计为单向时，人工、材料、机械消耗量乘以系数 0.55。

(13) 基层板上钉铺造型层，定额按不满铺考虑，若在基层板上满铺板时，可套用造型层相应项目，人工消耗量乘系数 0.85。

(14) 玻璃幕墙、隔墙中设计有平开窗、推拉窗者，木隔断（间壁）、铝合金隔断（间壁）设计有门者，扣除门窗面积；门窗按相应章节规定计算。

2. 工程量计算规则

(1) 内墙抹灰工程量按以下规则计算。

1) 内墙抹灰以平方米计算。计算时应扣除门窗洞口和空圈所占的面积，不扣除踢脚板、挂镜线、单个面积在 $0.3m^2$ 以内的孔洞和墙与构件交接处的面积，洞侧壁和顶面亦不增加。墙垛和附墙烟囱侧壁面积与内墙抹灰工程量合并计算。

2) 内墙面抹灰的长度，以主墙间的图示净长尺寸计算。其高度确定如下：

a. 无墙裙的，其高度按室内地面或楼面至顶棚底面之间距离计算。

b. 有墙裙的，其高度按墙裙顶至顶棚底面之间距离计算。

c. 有顶棚的，其高度至顶棚底面另加 100mm 计算。

3) 内墙裙抹灰面积按内墙净长乘以高度计算（扣除或不扣除内容同内墙抹灰）。

4) 柱抹灰按结构断面周长乘设计柱抹灰高度，以平方米计算。

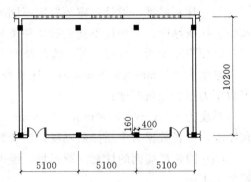

图 7-101 某单层建筑平面图

【例 7-48】 某单层建筑平面图如图 7-101所示，墙厚 240mm，室内净高 3.9m，门 1500mm×2700mm，内墙中级抹灰。试计算南立面内墙抹灰工程量（上北下南）。

解： 南立面内墙面抹灰工程量＝墙面工程量＋柱侧面工程量－门洞口工程量

$$内墙面净长＝5.1×3-0.24＝15.06（m）$$

$$柱侧面工程量＝0.16×3.9×6＝3.744（m^2）$$

$$门洞口工程量＝1.5×2.7×2＝8.1（m^2）$$

$$墙面抹灰工程量＝15.06×3.9+3.744-8.1$$
$$＝58.734+3.744-8.1$$
$$＝54.38（m^2）$$

(2) 外墙一般抹灰工程量按以下规则计算：

1) 外墙抹灰面积，按设计外墙抹灰的垂直投影面积以平方米计算。计算时应扣除门窗洞口、外墙裙和单个面积大于 $0.3m^2$ 孔洞所占面积，洞口侧壁面积不另增加。附墙垛、梁、柱侧面抹灰面积并入外墙面工程量内计算。

2) 外墙裙抹灰面积按其长度乘高度计算（扣除或不扣除内容同外墙抹灰）。

3) 栏板、栏杆（包括立柱、扶手或压项等）设计抹灰做法相同时，抹灰按垂直投影面积以平方米计算。设计抹灰做法不同时，按其他抹灰规定计算。

4）墙面勾缝按设计勾缝墙面的垂直投影面积计算。不扣除门窗洞口、门窗套、腰线等零星抹灰所占的面积，附墙柱和门窗洞口侧面的勾缝面积亦不增加。独立柱、房上烟囱勾缝，按图示尺寸以平方米计算。

（3）外墙装饰抹灰工程量按以下规则计算：

1）外墙各种装饰抹灰均按设计外墙抹灰的垂直投影面积计算，计算时应扣除门窗洞口、空圈及单个面积大于 $0.3m^2$ 孔洞所占面积，其侧壁面积不另增加。附墙垛侧面抹灰面积并入外墙抹灰工程量内计算。

2）挑檐、天沟、腰线、栏板、门窗套、窗台线，压顶等均按图示尺寸的展开面积以平方米计算。

3）柱装饰抹灰按结构断面周长乘设计柱抹灰高度，以平方米计算。

【例 7 - 49】 如图 7 - 102 所示，内墙面为 1：2 水泥砂浆，外墙面为普通水泥白石子水刷石，门窗尺寸分别为：M—1：900mm×2000mm；M—2：1200mm×2000mm；M—3：1000mm×2000mm；C—1：1500mm×1500mm；C—2：1800mm×1500mm；C—3：3000mm×1500mm。试计算外墙面抹灰工程量。

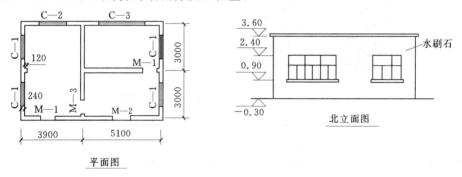

图 7 - 102 某建筑示意图

解： 外墙抹灰工程量＝墙面工程量－门洞口工程量

$$＝(3.9+5.1+0.24+3×2+0.24)×2×(3.6+0.3)-(1.5$$
$$×1.5×4+1.8×1.5+3×1.5+0.9×2+1.2×2)$$
$$＝15.48×2×3.9-(9+2.7+4.5+1.8+2.4)$$
$$＝100.34（m^2）$$

【例 7 - 50】 图 7 - 103 为五层砖混结构办公楼一层平面图，已知二层以上平面图除 M—2 的位置为 C—2 外，其他均与一层平面图相同，层高均为 3.00m，女儿墙顶标高为 15.60m，室外地坪为－0.5m，门窗框外围尺寸及材料见表 7 - 20。

表 7 - 20

门窗代号	尺寸 （mm×mm）	备注	门窗代号	尺寸 （mm×mm）	备注
C—1	1800×1800	铝合金	M—1	1000×1960	纤维板
C—2	1750×1800	铝合金	M—2	2000×2400	铝合金
C—3	1500×1800	铝合金			

试计算：① 建筑面积；

② 门窗工程量；

③ 水泥沙浆外墙抹灰工程量。

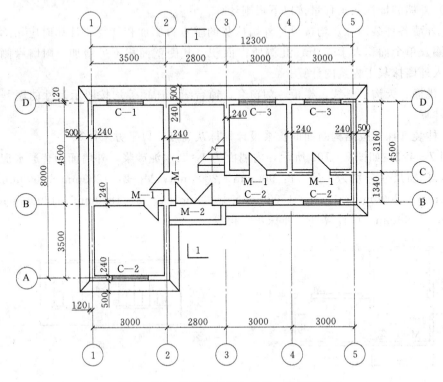

图 7-103 某砖混结构办公楼一层平面图

解：① 建筑面积=[(8+0.24)×(3.5+0.24)+(3+3+2.8)×(4.5+0.24)]×5

= (30.82+41.71)×5=72.53×5

= 362.66（m³）

② 门窗工程：C—1 工程量=(1.8×1.8)×5=16.20（m²）

C—2 工程量=(1.75×1.8)×(3+4×4)=3.15×19=59.85（m²）

C—3 工程量=(1.5×1.8)×2×5=27（m²）

铝合金窗工程量=C1+C2+C3=16.2+59.85+27=103.05（m²）

纤维板门 M—1 工程量=(1.0×0.96)×4×5=39.2（m²）

铝合金门 M—2 工程量=2.0×2.4=4.8（m²）

③ 水泥沙浆外墙抹灰：

外墙外边线长=(12.3+0.24+8+0.24)×2=41.56（m）

外墙抹灰高度=(15.60+0.5)=16.1（m）

外墙门窗面积=103.05+4.8=107.85（m²）

外墙抹灰工程量＝外墙外边线长×外墙抹灰高度－外墙门窗面积

$$＝41.56×16.1－107.85$$

$$＝561.27（m^2）$$

（4）其他抹灰：展开宽度在 300mm 以内者，按延长米计算，展开宽度超过 300mm 以上时，按图示尺寸的展开面积计算。

（5）块料面层工程量按以下规则计算：

1）墙面贴块料面层按图示尺寸的实贴面积计算，执行相应的墙面块料面层子目。

2）柱面贴块料面层按块料外围周长乘装饰高度以平方米计算，执行相应的零星项目子目。

【例 7-51】　某建筑物钢筋混凝土柱的构造如图 7-104 所示，柱面挂贴花岗岩面层，试计算工程量。

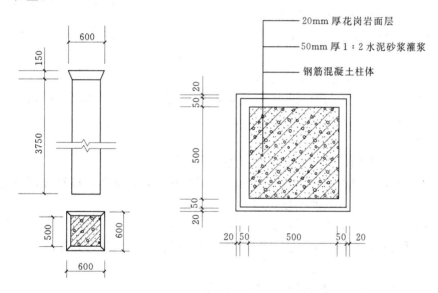

图 7-104　钢筋混凝土柱外贴花岗岩

解：　　　　　　所求工程量＝柱身工程量＋柱帽工程量

柱身工程量＝0.64×4×3.75＝9.6（m²）

柱帽工程量＝1.38×0.158×2＝0.44（m²）

柱面挂贴花岗岩的工程量＝7.5＋0.44＝7.94（m²）

（6）墙、柱饰面、隔断、幕墙工程量按以下规则计算：

1）墙、柱饰面龙骨按图示尺寸长度乘以高度，以平方米计算。定额龙骨按附墙、附柱考虑，若遇其他情况，按下列规定乘以系数处理：

a. 设计龙骨外挑时，其相应定额项目乘系数 1.15；

b. 设计木龙骨包圆柱，其相应定额项目乘系数 1.18；

c. 设计金属龙骨包圆柱，其相应定额项目乘系数 1.20。

2）墙、柱饰面基层板、造型层按图示尺寸面积，以平方米计算。面层按展开面积，

145

以平方米计算。

3）木间壁、隔断按图示尺寸长度乘以高度，以平方米计算。

4）玻璃间壁、隔断按上横档顶面至下横档底面之间的图示尺寸，以平方米计算。

5）铝合金（轻钢）间壁、隔断、各种幕墙，按设计四周外边线的框外围面积计算。

6）墙面保温项目，按设计图示尺寸以平方米计算。

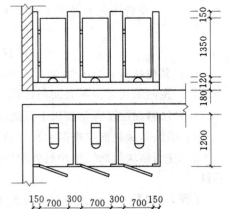

图 7 - 105　某厕所隔断

【例 7 - 52】　某厕所隔断平面、立面图如图 7 - 105所示，隔断及门采用某品牌 80 系列塑钢门窗材料制作。试计算厕所塑钢隔断工程量。

解： 厕所隔间隔断工程量＝（1.35＋0.15＋0.12）×（0.3×2＋0.15×2＋1.2×3）

$$＝1.62×4.5＝7.29（m^2）$$

厕所隔间门的工程量＝1.35×0.7×3＝2.835（m²）

厕所隔断工程量＝隔间隔断工程量＋隔间门的工程量＝7.29＋2.835＝10.13（m²）

（三）顶棚工程

1. 定额说明

（1）本节包括顶棚抹灰、顶棚龙骨、顶棚饰面等内容。

（2）本节中凡注明砂浆种类、配合比、饰面材料型号规格的，设计规定与定额不同时，可按设计规定换算，其他不变。

（3）本节中龙骨是按常用材料组合及规格编制，设计规定与定额不同时，可以换算，其他不变。材料的损耗率分别为：木龙骨 6%，轻钢龙骨 6%，铝合金龙骨 7%。

（4）定额中顶棚等级划分。

1）顶棚面层在同一标高者为"一级"顶棚。

2）顶棚面层不在同一标高，且龙骨有跌级高差者为"二级～三级"顶棚。

（5）定额中顶棚龙骨、顶棚面层分别列项，使用时分别套用相应定额。对于二级以上顶棚的面层，人工乘以系数 1.1。

（6）轻钢龙骨、铝合金龙骨定额按双层结构编制（即中、小龙骨紧贴大龙骨底面吊挂），如采用单层结构时（大、中龙骨底面在同一水平面上），扣除定额内小龙骨及相应配件数量，人工乘以系数 0.85。

2. 工程量计算规则

（1）顶棚抹灰工程量按以下规则计算。

1）顶棚抹灰面积，按主墙间的净面积计算；不扣除柱、垛、间壁墙、附墙烟囱、检查口和管道所占的面积。带梁顶棚，梁两侧抹灰面积，并入顶棚抹灰工程量内计算。

这里主墙是指建筑物结构设计已有的承重墙和功能性隔断墙，应区别于装社设计的间壁墙（或功能性轻质墙）。

2）密肋梁和井字梁顶棚抹灰面积，按展开面积计算。

3）顶棚抹灰带有装饰线时，装饰线按延长米计算。装饰线的道数以一个突出的棱角为一道线。

4）檐口顶棚及阳台、雨棚底的抹灰面积，并入相应的顶棚抹灰工程量内计算。

5）顶棚中的折线、灯槽线、圆弧形线、拱形线等艺术形式的抹灰，按展开面积计算，并入相应的顶棚抹灰工程量内。

【例 7 - 53】　计算如图 7 - 106 所示天棚抹灰工程量。

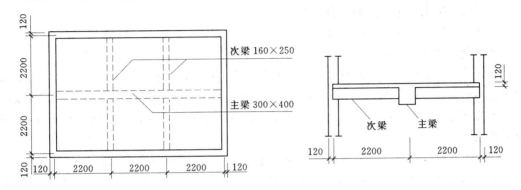

图 7 - 106　某天棚示意图

解：天棚抹灰工程量＝(4.4－0.24)×(6.6－0.24)＝26.46（m²）

主梁侧面抹灰工程量＝(6.6－0.24－0.16×2)×2×(0.4－0.12)＝3.38（m²）

次梁侧面抹灰工程量＝(4.4－0.24－0.3)×2×2×(0.25－0.12)＝2.01（m²）

主次梁交接处抹灰工程量＝0.16×(0.4－0.25)×2×2＝0.10（m²）

抹灰工程量合计＝26.46＋3.38＋2.01＋0.1＝31.95（m²）

（2）各种吊顶顶棚龙骨按主墙间净空面积以平方米计算；不扣除间壁墙、检查口、附墙烟囱、柱、灯孔、垛和管道所占面积。

1）"二～三级"顶棚龙骨的工程量，按龙骨跌级高差外边线所含最大矩形面积以平方米计算，套用"二～三级"顶棚龙骨定额项目。若顶棚龙骨有几级跌级高差者，按最外层龙骨跌级高差外边线的最大矩形面积计算（最大矩形面积内仍有几级跌级部分不再单独计算），套用"二～三级"顶棚龙骨定额项目。

2）计算顶棚龙骨时，顶棚中的折线、跌落、高低吊顶槽等面积不展开计算。

（3）顶棚饰面工程量按以下规则计算：

1）顶棚装饰面积，按主墙间设计面积以平方米计算；不扣除间壁墙、检查口、附墙烟囱、附墙垛和管道所占面积，但应扣除独立柱、灯带、大于 0.3m² 的灯孔及与顶棚相连的窗帘盒所占的面积。

2）顶棚中的折线，跌落、拱形、高低灯槽及其他艺术形式顶棚面层均按展开面积计算。

（四）油漆涂料

1. 定额说明

（1）本节包括木材面、金属面、抹灰面油漆及裱糊等内容。

（2）本节项目中刷涂料、刷油采用手工操作，喷塑、喷涂、喷油采用机械操作，实际操作方法不同时，不作调整。

（3）定额已综合考虑在同一平面上的分色及门窗内外分色的因素，如需做美术图案的另行计算。

（4）硝基清漆需增刷硝基亚光漆者，套用硝基清漆每增一遍子目，换算油漆种类，油漆用量不变。

（5）喷塑（一塑三油）大压花、中压花、喷中点的规格划分如下：

大压花：喷点压平、点面积在 $1.2cm^2$ 以上。

中压花：喷点压平、点面积在 $1\sim1.2cm^2$ 以内。

喷中点、幼点：喷点面积在 $1cm^2$ 以内。

（6）墙面、墙裙、顶棚及其他饰面上的装饰线油漆与附着面的油漆种类相同时，装饰线油漆不单独计算；单独的装饰线油漆执行不带托板的木扶手油漆，套用定额时，宽度50mm 以内的线条乘系数 0.2，宽度 100mm 以内的线条乘系数 0.35，宽度 200mm 内的线条乘系数 0.45。

（7）木踢脚线油漆按踢脚线的计算规则计算工程量，套用其他木材面油漆项目。

（8）抹灰面油漆、涂料项目中均未包括刮腻子内容，刮腻子按基层处理有关项目单独计算。木夹板、石膏板面刮腻子，套用相应定额，其人工乘系数 1.10，材料乘系数 1.20。

2. 工程量计算规则

（1）楼地面、顶棚面、墙、柱面的喷（刷）涂料、油漆工程，其工程量按本章各自抹灰的工程量计算规则计算。涂料系数表中有规定的，按规定计算工程量并乘系数表中的系数。裱糊项目工程量，按设计裱糊面积，以平方米计算。

（2）木材面、金属面油漆的工程量分别按油漆、涂料系数表的规定，并乘以系数表内的系数以平方米计算。

（3）明式窗帘盒按延长米计算工程量，套用木扶手（不带托板）项目，暗式窗帘盒按展开面积计算工程量，套用其他木材面油漆项目。

（4）基层处理的工程量按其面层的工程量套用基层处理相应子目。

（5）木材面刷防火涂料，按所刷木材面的面积计算工程量；木方面刷防火涂料，按木方所附墙、板面的投影面积计算工程量。

油漆、涂料工程量系数表见表 7-21～表 7-30。

1）木材面油漆见表 7-21～表 7-26。

表 7-21　　　　　　　　　　　　单层木门工程量系数表

项 目 名 称	系　　数	工程量计算方法
单层木门	1.00	
双层（一板一纱）木门	1.36	
双层（单裁口）木门	2.00	
单层全玻门	0.83	按单面洞口面积
木百叶门	1.25	
厂库木门	1.10	

表 7-22 　　　　　　　　单层木窗工程量系数表

项 目 名 称	系　　数	工程量计算方法
单层玻璃窗	1.00	按单面洞口面积
双层（一玻一纱）窗	1.36	
双层（单裁口）窗	2.00	
三层（二玻一纱）窗	2.60	
单层组合窗	0.83	
木百叶窗	1.50	
双层组合窗	1.13	

表 7-23 　　　　　　　木扶手（不带托板）工程量系数表

项 目 名 称	系　　数	工程量计算方法
木扶手（不带托板）	1.00	按延长米
木扶手（带托板）	2.60	
窗帘盒	2.04	
封檐板、顺水板	1.74	
挂衣板、黑板框	0.52	
挂镜线、窗帘棍	0.35	

表 7-24 　　　　　　　　墙面墙裙工程量系数表

项 目 名 称	系　　数	工程量计算方法
无造型墙面墙裙	1.00	长×宽
有造型墙面墙裙	1.25	投影面积

表 7-25 　　　　　　　　其他木材面工程量系数表

项 目 名 称	系　　数	工程量计算方法
木板、纤维板、胶合板顶棚、檐口（其他木材面）	1.00	长×宽
清水板条顶棚、檐口	1.07	
木方格吊顶顶棚	1.20	
吸音板墙面、顶棚面	0.87	
鱼鳞板墙	2.48	
窗台板、筒子板、盖板、门窗套、踢脚线	1.00	
暖气罩	1.28	
屋面板（带檩条）	1.11	斜长×宽
木间壁、木隔断	1.90	单面外围面积
玻璃间壁露明墙筋	1.65	
木栅栏、木栏杆（带扶手）	1.82	
木屋架	1.79	跨度（长）×中高×1/2
衣柜、壁柜	1.00	展开面积
零星木装饰	1.10	

表 7 - 26　　　　　　　　　　　　　　　　　木地板工程量系数表

项　目　名　称	系　数	工程量计算方法
木地板	1.00	长×宽
木楼梯（不包括底面）	2.30	水平投影面积

2）金属面油漆见表 7 - 27～表 7 - 29。

表 7 - 27　　　　　　　　　　　　　　　　单层钢门窗工程量系数表

项　目　名　称	系　数	工程量计算方法
单层钢门窗	1.00	洞口面积
双层（一玻一纱）钢门窗	1.48	
钢百叶钢门	2.74	
半截百叶钢门	2.22	
满钢门或包铁皮门	1.63	
钢折叠门	2.30	
射线防护门	2.96	框（扇）外围面积
厂库房平开、推拉门	1.70	
铁丝网大门	0.81	
间壁	1.85	长×宽
平板屋面	0.74	斜长×宽
瓦垄板屋面	0.89	
排水、伸缩缝盖板	0.78	展开面积
吸气罩	1.63	水平投影面积

表 7 - 28　　　　　　　　　　　　　　　　　其他金属面工程量系数表

项　目　名　称	系　数	工程量计算方法
钢屋架、天窗架、挡风架、屋架梁、支撑、檩条	1.00	重量（t）
墙架（空腹式）	0.50	
墙架（格板式）	0.82	
钢柱、吊车梁、花式梁柱、空花构件	0.63	
操作台、走台、制动梁、钢梁车挡	0.71	
钢栅栏门、栏杆、窗栅	1.71	
钢爬梯	1.18	
轻型屋架	1.42	
踏步式钢扶梯	1.05	
零星构件	1.32	

表 7 - 29　　　　　　　　平板屋面涂刷磷化、锌黄底漆工程量系数表

项 目 名 称	系　数	工程量计算方法
平板屋面	1.00	斜长×宽
瓦垄板屋面	1.20	
排水、伸缩缝盖板	1.05	展开面积
吸气罩	2.20	水平投影面积
包镀锌铁皮门	2.20	洞口面积

3）抹灰面油漆、涂料见表 7 - 30。

表 7 - 30　　　　　　　　抹灰面工程量系数表

项 目 名 称	系　数	工程量计算方法
槽形底板、混凝土折板	1.30	长×宽
有梁板底	1.10	
密肋、井字梁底板	1.50	
混凝土平板式楼梯底	1.30	水平投影面积

（6）定额子目列有各种油漆的遍数及刮腻子的遍数，凡子目后带有每增一遍子目的，前面的施工遍数是根据规范要求或装饰质量要求确定的最少遍数，使用时施工遍数只能增加，不得减少。

（7）裱糊项目的工程量，按设计裱糊面积以实贴面积计算。

（8）其他木材面工程量系数表中的"零星木装饰"项目指油漆工程量系数表中未列项目，其工程量按展开面积计算，套用其他木材面油漆项目并乘表中 1.1 的系数。

（五）配套装饰

1. 定额说明

（1）本节定额中的成品安装项目，实际使用的材料品种、规格与定额取定不同时，可以换算，但人工、机械的消耗量不变。

（2）本节定额中除铁件已包括刷防锈漆一遍外，均不包括油漆。油漆按第四节相应项目执行。

（3）本节定额项目中均未包括收口线、封边条、线条边框的工料，使用时另行计算线条用量，套用本节装饰线条相应子目。

（4）本节定额中除有注明外，龙骨均按木龙骨考虑，如实际采用细木工板、多层板等做龙骨，均执行定额不再调整。

（5）本节定额中玻璃均按成品加工玻璃考虑，并计入了安装时的损耗。

（6）零星木装饰。

1）门窗口套、窗台板、暖气罩及窗帘盒是按基层、造型层和面层分别列项，使用时分别套用相应定额。

2）门窗贴脸按成品线条编制，使用时套用本节装饰线条相应子目。

（7）装饰线条。

1）装饰线条均按成品安装编制。

2）装饰线条按直线安装编制，如安装圆弧形或其他图案者，按以下规定计算：

a. 顶棚面安装圆弧装饰线条，人工乘以 1.4 系数；

b. 墙面安装圆弧装饰线条，人工乘以 1.2 系数；

c. 装饰线条做艺术图案，人工乘以 1.6 系数；

（8）卫生间零星装饰。

1）大理石洗漱台的台面及裙边与挡水板分别列项，台面及裙边子目中综合取定了钢支架的消耗量。洗漱台面按成品考虑，如需现场开孔，执行相应台面加工子目。

2）卫生间配件按成品安装编制。

（9）工艺门扇。定额木门扇安装子目中每扇按 3 个合页编制，如与实际不同时，合页用量可以调整，每增减 10 个合页，增减 0.25 工日。

（10）橱柜。

1）橱柜定额按骨架制安、骨架围板、隔板制安、橱柜贴面层、抽屉、门扇龙骨及门扇安装、玻璃柜及五金件安装分别列项，使用时分别套用相应定额。

2）橱柜骨架中的木龙骨用量，设计与定额不同时可以换算，但人工、机械消耗量不变。

（11）美术字安装。

1）美术字定额按成品字安装固定编制，美术字不分字体。

2）外文或拼音字，以中文意译的单字计算。

3）材质适用范围：泡沫塑料有机玻璃字，适用于泡沫塑料、硬塑料、有机玻璃、镜面玻璃等材料制作的字；木质字适用于软、硬质木、合成材等材料制作的字；金属字适用于铝铜材、不锈钢、金、银等材料制作的字。

（12）招牌、灯箱。

1）招牌、灯箱分一般及复杂形式。一般形式是指矩形，表面平整无凹凸造型；复杂形式是指异形或表面有凹凸造型的情况。

2）招牌内的灯饰不包括在定额内。

2. 工程量计算规则

（1）基层、造型层及面层的工程量均按设计面积以平方米计算。

（2）窗台板按设计长度乘以宽度以平方米计算；设计未注明尺寸时，按窗宽两边共加 100mm 计算长度（有贴脸的按贴脸外边线间宽度），凸出墙面的宽度按 50mm 计算。

（3）暖气罩各层按设计面积计算，与壁柜相连时，暖气罩算至壁柜隔板外侧，壁柜套用橱柜相应子目，散热口按其框外围面积单独计算。

（4）百叶窗帘、网扣帘按设计尺寸面积计算，设计未注明尺寸时，按洞口面积计算；窗帘、遮光帘均按帘轨的长度以米计算（折叠部分已在定额内考虑）。

（5）明式窗帘盒按设计长度以延长米计算；与天棚相连的暗式窗帘盒，基层板（龙骨）、面层板按展开面积以平方米计算。

（6）装饰线条应区分材质及规格，按设计延长米计算。

（7）大理石洗漱台按台面及裙边的展开面积计算，不扣除开孔的面积；挡水板按设计面积计算。台面需现场开孔、磨孔边，按个计算。

（8）不锈钢、塑铝板包门框按框饰面面积以平方米计算。

（9）夹板门门扇木龙骨不分扇的形式，按扇面积计算；基层、造型层及面层按设计面积计算。扇安装按扇个数计算。门扇上镶嵌按镶嵌的外围面积计算。

（10）橱柜木龙骨项目按橱柜正立面的投影面积计算。基层板、造型层板及饰面板按实铺面积计算。抽屉按抽屉正面面板面积计算。

（11）木楼梯按水平投影面积计算，不扣除宽度小于300mm的楼梯井面积，踢脚板、平台和伸入墙内部分不另计算；栏杆、扶手按延长米计算；木柱、木梁按竣工体积以立方米计算。

（12）栏板、栏杆、扶手，按设计长度以米计算。

【例 7-54】 某楼梯如图 7-107 所示，试计算栏杆、扶手的工程量。

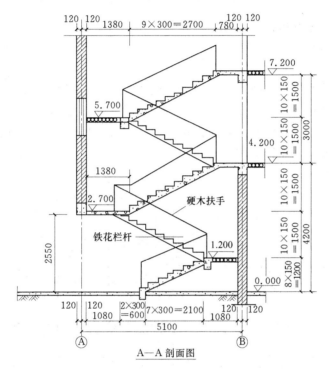

A—A 剖面图

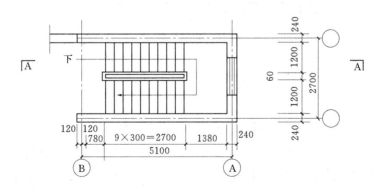

楼梯间平面图

图 7-107 楼梯示意图

解：栏杆工程量＝[2.1＋(2.1＋0.6)＋0.3×9＋0.3×10＋0.3×10]×1.118

　　　　　　　＋0.6＋(1.2＋0.06)＋0.06×4＝15.093＋0.6＋1.26＋0.24

　　　　　　　＝17.19（m）

（13）美术字安装，按字的最大外围矩形面积以个计算。

（14）招牌、灯箱的龙骨按正立面投影面积计算，基层及面层按设计面积计算。

（15）本节子目中做骨架使用的木龙骨、钢龙骨，其装修材及角钢用量与实际用量不同时可以调整，其他不变。木龙骨的制作损耗率和下料损耗率分别为8%和6%，角钢损耗率为6%。

十一、施工技术措施项目

（一）脚手架工程

1. 定额说明

（1）本节包括外脚手架（图7-108）、里脚手架、满堂脚手架、悬空及挑脚手架、安全网等内容。脚手架按搭设材料分为木制、钢管式；按搭设形式及作用分为型钢平台挑钢管式脚手架、烟囱脚手架和电梯井字脚手架等。为了适应建设单位单独发包的情况，单列了主体工程外脚手架和外装饰工程脚手架。

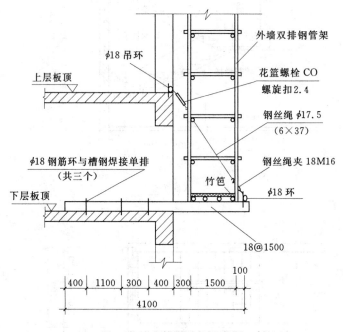

图7-108　外脚手架示意图

（2）外脚手架综合了上料平台，护卫栏杆等。在定额使用时不应再另行计算。

（3）斜道是按依附斜道编制的，独立斜道按依附斜道子目人工、材料、机械乘以系数1.8。

实际工程施工中一般为依附于外脚手架旁边搭设斜道，供人员上下和搬运较轻物料使用，若根据工程实际情况需搭设独立斜道，则执行本系数规定。

（4）水平防护架和垂直防护架指脚手架以外单独搭设的，用于车辆通行、人行通道、临街防护和施工与其他物体隔离等的防护。

是否搭设和搭设的部位、面积，均应根据工程实际情况，按施工组织设计确定的方案计算。

（5）烟囱脚手架综合了垂直运输架、斜道、缆风绳、地锚等内容。

（6）水塔脚手架按相应的烟囱脚手架人工乘以系数1.11，其他不变。倒锥壳水塔脚手架，按烟囱脚手架相应子目乘以系数1.3。

2. 工程量计算规则

（1）一般规定。

1）计算内、外墙脚手架时，均不扣除门窗洞口、空圈洞口等所占的面积。

2）同一建筑物高度不同时，应按不同高度分别计算。

3）总包施工单位承包工程范围不包括外墙装饰工程或外墙装饰不能利用主体施工脚手架施工的工程，可分别套用主体外脚手架或装饰外脚手架项目。

（2）外脚手架。

1）建筑物外墙脚手架高度自设计室外地坪算至檐口（或女儿墙顶）；工程量按外墙外边线长度（凸出墙面宽度大于240mm的墙垛等，按图示尺寸展开计算，并入外墙长度内），乘以高度以平方米计算。

外墙脚手架工程量＝（外墙外边线长度＋墙垛侧面宽度×2n）×设计室外地坪至墙顶高

a. 外墙有女儿墙的高度要算至女儿墙压顶上表面，无女儿墙的要算至檐口板顶面；檐口有天沟的要算至沟壁上口；有山尖的要算至山尖顶，但工程量应折算山尖面积。突出建筑物屋顶的电梯间、水箱间等不计入高度内，但应计算脚手架面积。

室外设计地坪标高不同时，有错坪的应按不同标高分别计算；室外地坪为有坡度的按平均高度计算。

b. 脚手架长度按外墙外边线长度计算（凸出墙面宽度大于240mm的墙垛等，按图示尺寸展开计算，并入外墙长度内）。即：长度区按外墙结构面外边线长度计算，若有外突出超过240mm的墙垛时，应按突出墙尺寸的2倍乘以垛数并于墙长内计算。

c. 脚手架面积按外墙边线长度乘以高度以平方米计算，不扣除门窗洞口、空圈洞口等所占的面积。

d. 外脚手架定额：按计算的外墙脚手架高度，套用相应高度（××m以内）的项目。

e. 同一建筑物高度不同时，应按不同高度分别计算。

高低层交界处的高层外脚手架，高度应从低层屋面结构上坪算至檐口（或女儿墙顶）。工程量并入高层部分的外脚手架内，套用高层部分高度的外脚手架定额项目。

【例7-55】 某工程如图7-109所示，底层为8层，高36.40m；高层为25层，高94.20m；楼顶电梯、水箱间高3.20m，；女儿墙高2.00m。采用钢管脚手架施工，已知定额中钢管架按高度分为15m以内、24m以内、30m以内、50m以内、70m以内、90m以内、110m以内等不同项目，请计算外脚手架工程量并找到适用定额项目。

解：因定额中钢管架按高度分为不同项目，所以应按不同高度分别计算，电梯、水箱

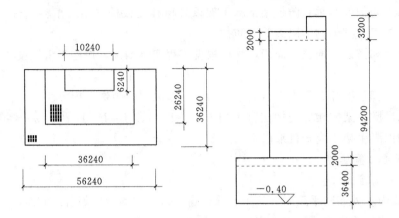

图 7－109 有高低层的某建筑示意图

间不计入高度内。

① 高层（25 层）部分外脚手架工程量：

$$(36.24+26.24\times2)\times(94.20-36.40+2.00)=5305.43 \text{（m}^2\text{）}$$

$$36.24\times(94.20+2.00)=3493.54 \text{（m}^2\text{）}$$

$$10.24\times(3.20-2.00)=12.29 \text{（m}^2\text{）}$$

合计：8811.29m²

可套用钢管架定额中 110m 以内项目。

② 低层（8 层）部分脚手架工程量：

$$[(36.24+56.24)\times2-36.24]\times(36.40+2.00)=5710.85 \text{（m}^2\text{）}$$

可套用钢管架定额中 50m 以内项目。

③ 电梯间、水箱间部分（假定为砖砌外墙）脚手架：

$$(10.24+6.24\times2)\times3.20=72.70 \text{（m}^2\text{）}$$

可套用钢管架定额中 15m 以内项目。

f. 外脚手架定额项目综合了上料平台和护卫栏杆。但不包括安全网、斜道和建筑物垂直封闭等项目，应另行计算。

若建筑物有挑出的外墙，挑出宽度大于 1.5m 时，外脚手架工程量按上部挑出外墙宽度乘以设计室外地坪至檐口或女儿墙表面高度计算，套用相应高度的外脚手架；下层缩入部分的外脚手架，工程量按缩入外墙长度乘以设计室外也坪至挑出层板底高度计算，不论实际需搭设单双排脚手架，均按单排外脚手架定额项目执行。

若建筑物仅上部几层挑出或挑出宽度小于 1.5m 时，应按施工组织设计确定的搭设方法，另行补充。

【例 7－56】 某工程如图 7－110 所示，建筑上部有挑出的外墙，已知定额中钢管架按高度分为 15m 以内、24m 以内、30m 以内、50m 以内、70m 以内、90m 以内、110m 以内等不同项目，请计算外脚手架工程量并找到适用定额项目。

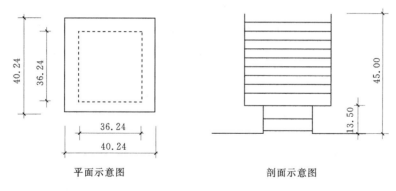

平面示意图　　　　　　　　　　　剖面示意图

图 7-110　外墙挑出的建筑示意图（单位：m）

解：挑出外墙脚手架：

工程量：　　　　　　　　40.24×4×45.00=7243.20（m²）

可套用定额 50m 以内钢管双排外脚手架。

缩入外墙脚手架：

工程量：　　　　　　　　36.24×4×13.50=1956.96（m²）

可套用定额 15m 以内钢管单排外脚手架。

2）砌筑高度在 15m 以下的按单排脚手架计算；高度在 15m 以上或高度虽小于 15m，但外墙门窗及装饰面积超过外墙表面积 60% 以上（或外墙为现浇混凝土墙、轻质砌块墙）时，按双排脚手架计算。

建筑物高度超过 30m 时，可根据工程情况按型钢挑平台双排脚手架计算。施工单位投标报价时，根据施工组织设计规定确定是否使用。编制标底时，外脚手架高度在 110m 以内按钢管架定额项目编制，高度 110m 以上的按型钢平台外挑双排钢管架定额项目编制。

工程量计算及不同高度分别计算等规定同外脚手架规定。平台外挑宽度定额已综合取定，使用时按定额项目设置高度分别套用。

3）独立柱（现浇混凝土框架柱）按柱图示结构外围周长另加 3.6m，乘以设计柱高以平方米计算，套用单排外脚手架项目。独立柱包括现浇混凝土独立柱、砖砌独立柱、石砌独立柱。混凝土构造柱不计算柱脚手架。设计柱高：基础上表面或楼板上表面至上层楼板上表面或屋面板上表面的高度。

现浇混凝土梁、墙，按设计室外地坪或楼板上表面至楼板底之间的高度，乘以梁、墙净长以平方米计算，套用双排外脚手架项目。

即：梁、墙净长度×（高度－上层板厚）

独立柱脚手架工程量=（柱图示结构外围周长+3.6）×设计柱高

梁墙脚手架工程量=梁墙净长度×设计室外地坪（或板顶）至板底高度

4）型钢平台外挑钢管架，按外墙外边线长度乘设计高度以平方米计算。平台外挑宽度定额已综合取定，使用时按定额项目的设置高度分别套用。

型钢平台外挑钢管架工程量=外墙外边线长度×设计高度

（3）里脚手架。

1）建筑物内墙脚手架，凡设计室内地坪至顶板下表面（或山墙高度1/2处）的高度在3.6m以下（非轻质砌块墙）时，按单排里脚手架计算；高度超过3.6m，小于6m时，按双排里脚手架计算。

2）里脚手架按墙面垂直投影面积计算，套用里脚手架项目。不能在内墙上留脚手架洞的各种轻质砌块墙等套用双排里脚手架项目。

$$内墙里脚手架工程量＝内墙净长度×设计净高度$$

里脚手架高度按设计室内地坪至顶板下表面计算（有山尖或坡度的高度折算）。计算面积时不扣除门窗洞口、混凝土圈梁、过梁、构造柱及梁头等所占面积。

凡设计室内地坪至顶板下表面（或山墙高度1/2处）的高度在3.6m以下（非轻质砌块墙）时，按单排里脚手架计算；高度超过3.6m，小于6m时，按双排里脚手架计算。

若内墙砌体（非轻质砌块墙）高度超过6m时，按外墙单排脚手架执行；轻体砌块墙砌体高度超过6m时按双排外脚手架执行。

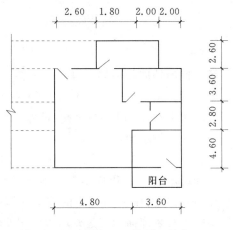

图7-111　　［例7-57］图（单位：m）

【例7-57】　如图7-111所示，层高2.80m，砖墙厚240mm，混凝土楼板、阳台板厚120mm。计算实线所示部分砌体里脚手架。

解：工程量（阳台外墙应按里脚手架计入）＝（11.00－0.24＋13.60－0.24×2＋6.40

　　　　－0.24＋4.00－0.24＋3.60－0.24

　　　　＋3.60－0.24）×（2.80－0.12）

　　　　＝108.58（m²）

（4）装饰脚手架。

1）高度超过3.6m的内墙面装饰不能利用原砌筑脚手架时，可按里脚手架计算规则计算装饰脚手架。装饰脚手架按双排里脚手架乘以0.3系数计算。

$$内墙面装饰双排里脚手架工程量＝内墙净长度×设计净高度×0.3$$

内墙装饰脚手架按装饰的结构面垂直投影面积（不扣除门窗洞口面积）计算。高度3.6m以下的内墙面装饰不计算装饰脚手架。

2）室内天棚装饰面距设计室内地坪在3.6m以上时，可计算满堂脚手架。满堂脚手架按室内净面积计算，其高度在3.61~5.2m之间时，计算基本层。超过5.2m时，每增加1.2m按增加一层计算，不足0.6m的不计。

$$满堂脚手架工程量＝室内净长度×室内净宽度$$

室内净高超过3.6m时，方可计算满堂脚手架。室内净高超过5.2m时，方可计算增加层，如图 7 - 112 所示。增加层计算公式为：

$$满堂脚手架增加层＝［室内净高度－5.2］÷1.2（m）$$

（计算结果 0.5 以内舍去）

计算室内净面积时，不扣除柱、垛所占面积。已计算满堂脚手架后，室内墙壁面装饰不再计算墙面装饰脚手架。

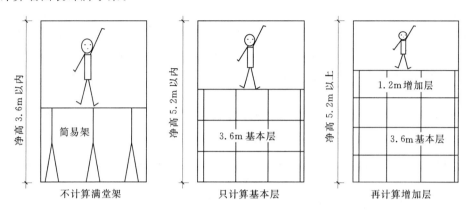

图 7 - 112　满堂架计算高度示意图

3）外墙装饰不能利用主体脚手架施工时，可计算外墙装饰脚手架。外墙装饰脚手架按设计外墙装饰面积计算，套用相应定额项目。外墙油漆、涂刷者不计算外墙装饰脚手架。

$$外墙装饰脚手架工程量＝装饰面长度×装饰面高度$$

4）按规定计算满堂脚手架后，室内墙面装饰工程不再计算脚手架。

【例 7 - 58】　某矩形餐厅长 21m，宽 12m，层高 6m，楼板厚 120mm。试计算顶棚抹灰脚手架。

解：因为层高 6m，超过 3.6m，故需要搭设满堂脚手架。

$$满堂脚手架工程量＝21×12＝252（m^2）$$

满堂架增加层＝(6.00－0.12－5.2)÷1.2＝0.57 层，取 1 层。

（5）其他脚手架。

1）围墙脚手架，按室外自然地坪至围墙顶面的砌筑高度乘长度以平方米计算。围墙脚手架套用单排里脚手架相应项目。

$$围墙脚手架工程量＝围墙长度×室外自然地坪至围墙顶面高度$$

2）石砌墙体脚手架，凡砌筑高度在 1.0m 以上时，按设计砌筑高度乘长度以平方米计算，套用双排里脚手架项目。

$$石砌墙体双排里脚手架工程量＝砌筑长度×砌筑高度$$

3）挑脚手架，按搭设长度和层数，以延长米计算。

$$挑脚手架工程量＝实际搭设总长度$$

4）悬空脚手架，按搭设水平投影面积以平方米计算。

$$悬空脚手架工程量＝水平投影长度×水平投影宽度$$

5）烟囱脚手架，区别不同搭设高度以座计算。滑升模板施工的混凝土烟囱、筒仓不另计算脚手架。

6）电梯井脚手架，按单孔以座计算。计算高度以电梯井底至顶板下坪的高度计算（不包括建筑物顶层电梯间的高度）。设备管道井不得套用。

7）斜道区别不同高度以座计算。使用时应根据斜道所爬垂直高度计算，从下至上连成一个整体的斜道为1座。

投标报价时，施工单位应按照施工组织设计要求确定数量。编制标底时，建筑物底面积小于1200m²的按1座计算，超过1200m²按每500m²以内增加1座。

8）砌筑储仓脚手架，不分单筒或储仓组均按单筒外边线周长，乘以设计室外地坪至储仓上口之间高度，以平方米计算，套用双排外脚手架项目。

9）储水（油）池脚手架，按外壁周长乘以室外地坪至池壁顶面之间高度，以平方米计算。储水（油）池凡距地坪高度超过1.2m以上时，套用双排外脚手架项目。

10）设备基础脚手架，按其外形周长乘以地坪至外形顶面边线之间高度，以平方米计算，套用双排里脚手架项目。

11）水平防护架，按实际铺板的水平投影面积，以平方米计算。

$$水平防护架工程量＝水平投影长度×水平投影宽度$$

12）垂直防护架，按自然地坪至最上一层横杆之间的搭设高度，乘以实际搭设长度以平方米计算。

$$垂直防护架工程量＝实际搭设长度×自然地坪至最上一层横杆的高度$$

13）建筑物垂直封闭工程量按封闭面的垂直投影面积计算。

$$建筑物垂直封闭工程量＝封闭面的投影长度×垂直投影高度$$

若采用交替向上倒用时，工程量按倒用封闭过的垂直投影面积计算，套用定额项目中的封闭材料乘以以下系数：

竹席：0.5；竹笆和密目网：0.33。

14）立挂式安全网按架网部分的实际长度乘以实际高度以平方米计算。

$$立挂式安全网工程量＝实际长度×实际高度$$

15）挑出式安全网按挑出的水平投影面积计算。

$$挑出式安全网工程量＝挑出总长度×挑出的水平投影宽度$$

16）平挂式安全网（脚手架与建筑外墙之间的安全网）按水平投影面积计算。

（二）垂直运输机械及超高增加

1.定额说明

（1）建筑物垂直运输机械。本节包括建筑物垂直运输机械、建筑物超高人工机械增加内容。本节所称檐口高度是指设计室外地坪至屋面板板底（坡屋面算至外墙与屋面板板底）的高度。突出建筑物屋顶的电梯间、水箱间等不计入檐口高度之内。

1）檐口高度在3.6m以内的建筑物不计算垂直运输机械。

2）同一建筑物檐口高度不同时应分别计算。

3）20m以上垂直运输机械除混合结构及影剧院、体育馆外其余均以现浇框架外砌围护结构编制。若建筑物结构不同时按表7-31乘以相应系数。

表 7 - 31   垂直运输机械系数表

结构类型	建筑物檐高（m）以内			结构类型	建筑物檐高（m）以内		
	20~40	50~70	80~150		20~40	50~70	80~150
全现浇	0.92	0.84	0.76	预制框（排）架	0.96	0.96	0.96
滑模	0.82	0.77	0.72	内浇外挂	0.71	0.71	0.71

表 7 - 31 中"预制框（排）架"结构，系数 0.96 系指采用塔式起重机安装的工程使用。若采用轮胎式起重机或汽车起重机时不乘此系数。

4）同一檐高建筑物有多种结构时，应按不同结构分别计算垂直运输机械。

5）预制钢筋混凝土柱、钢屋架的厂房按预制排架类型计算。

6）轻钢结构中有高度大于 3.6m 的砌体、钢筋混凝土、抹灰及门窗安装等内容时，其垂直运输机械按各自工程量，分别套用本节中轻钢结构建筑物垂直运输机械的相应项目。

7）构筑物垂直运输机械。构筑物的高度，以设计室外地坪至构筑物的结构顶面高度为准。

（2）建筑物超高人工、机械增加。

1）建筑物设计室外地坪至檐口高度超过 20m 时，即为"超高工程"。本节定额项目适用于建筑物檐口高度 20m 以上的工程。

2）本节各项降效系数包括完成建筑物 20m 以上（除垂直运输、脚手架外）全部工程内容的降效。

3）本节其他机械降效系数是指除垂直运输机械及其所含机械以外的，其他施工机械的降效。

4）建筑物内装修工程超高人工增加，是指无垂直运输机械，无施工电梯上下的情况。

（3）建筑物分部工程垂直运输机械。

1）建筑物主体垂直运输机械项目、建筑物外墙装修垂直运输机械项目、建筑物内装修垂直运输机械项目，适用于建设单位单独发包的情况。

2）建筑物主体结构工程垂直运输机械，适用于±0.000 以上的主体结构工程。定额按现浇框架外砌围护结构编制，若主体结构为其他形式，按垂直运输系数表乘相应系数。

3）建筑物外墙装修工程垂直运输机械，适用于由外墙装修施工单位自设垂直运输机械施工的情况。外墙装修是指各类幕墙、镶贴或干挂各类板材等内容。

4）建筑物内装修工程垂直运输机械，适用于建筑物主体工程完成后，由装修施工单位自设垂直运输机械施工的情况。

（4）其他。

1）建筑物结构施工采用泵送混凝土时，垂直运输项目中塔式起重机台班乘以系数 0.80。

2）垂直运输机械定额项目中的其他机械包括：排污设施及清理，临时避雷设施，夜间高空安全信号等内容。

2. 工程量计算规则

（1）建筑物垂直运输机械。

1) 凡定额计量单位为平方米的，均按"建筑面积计算规则"规定计算。

2) ±0.000 以上工程垂直运输机械，按"建筑面积计算规则"计算出建筑面积后，根据工程结构形式，分别套用相应定额。

3) ±0.000 以下工程垂直运输机械。

a. 钢筋混凝土地下建筑，按其上口外墙（不包括采光井、防潮层及其保护墙）外围水平面积以平方米计算。

b. 钢筋混凝土满堂基础，按其工程量计算规则计算出的立方米体积计算。

4) 20m 以下垂直运输机械。适用于檐高大于 3.6m、小于 20m 的建筑物，工程量按"建筑面积计算规则"规定以平方米计算。

5) 20m 以上垂直运输机械。适用于建筑物檐口高度在 20m 以上的工程，同一建筑物檐口高度不同时应分别计算，套用相应高度的定额项目。工程量按高低层相交处以高层外墙垂直分割线为界，分别计算。同一檐高建筑物有多种结构时，应按不同结构分别计算垂直运输机械，套用定额项目的檐高，以建筑物的总檐高为准。

（2）建筑物超高人工、机械增加。

1) 人工、机械降效按 20m 以上的全部人工、机械（除脚手架、垂直运输机械外）数量乘以相应子目中的降效系数计算。

2) 建筑物内装修工程的人工降效，按施工层数的全部人工数量乘定额内分层降效系数计算。

（3）构筑物垂直运输机械。

1) 构筑物垂直运输机械工程量以座为单位计算。构筑物高度超过定额设置高度时，按每增高 1m 项目计算。高度不足 1m 时，亦按 1m 计算。

2) 构筑物的高度，以设计室外地坪至构筑物的结构顶面高度为准。

（4）建筑物分部工程垂直运输机械。

1) 建筑物主体结构工程垂直运输机械，按"建筑面积计算规则"计算出面积后，套用相应定额项目。

2) 建筑物外装修工程垂直运输机械，适用于建筑物主体工程完成后，由装修施工单位自设垂直运输机械施工的情况。外墙装修是指各类幕墙、镶贴或干挂各类板材等做法。

工程量按建筑物外墙装饰的垂直投影面积（不扣除门窗洞口，凸出外墙部分及侧壁也不增加）以平方米计算。

3) 建筑物内装修工程垂直运输机械按"建筑面积计算规则"计算出面积后，并按所装修建筑物的层数套用相应定额项目。

（三）构件运输及安装工程

1. 定额说明

（1）本节包括混凝土构件运输、金属构件运输、木门窗、铝合金、塑钢门窗运输、成型钢筋场外运输；预制混凝土构件安装、金属结构构件安装等内容。

（2）构件运输。

1) 本节适用于构件堆放场地或构件加工厂至施工现场吊装点的运输，吊装点不能堆放构件时，可按构件 1km 运输项目计算场内运输。

2）本节按构件的类型和外型尺寸划分类别，构件类型及分类见表 7 - 32 和表 7 - 33。

表 7 - 32　　　　　　　　　　　　　预制混凝土构件分类表

类　别	项　　目
Ⅰ	4m 内空心板、实心板
Ⅱ	6m 内的桩、屋面板、工业楼板、基础梁、吊车梁、楼梯休息板、楼梯段、阳台板
Ⅲ	6m 以上至 14m 的梁、板、柱、桩、各类屋架、桁架、托架（14m 以上另行处理）
Ⅳ	天窗架、挡风架、侧板、端壁板、天窗上下档、门框及单件体积在 0.1m³ 以内的小型构件
Ⅴ	装配式内、外墙板、大楼板、厕所板
Ⅵ	隔墙板（高层用）

表 7 - 33　　　　　　　　　　　　　金属结构构件分类表

类　别	项　　目
Ⅰ	钢柱、屋架、托架梁、防风桁架
Ⅱ	吊车梁、制动梁、型钢檩条、钢支撑、上下档、钢拉杆栏杆、盖板、垃圾出灰门、倒灰门、算子、爬梯、零星构件、平台、操作台、走道休息台、扶梯、钢吊车梯台、烟囱紧固箍
Ⅲ	墙架、挡风架、天窗架、组合檩条、轻型屋架、滚动支架、悬挂支架、管边支架

3）本节定额综合考虑了城镇及现场运输道路等级、重车上下坡等各种因素。

4）构件运输过程中，如遇路桥限载（限高）而发生的加固、拓宽等有关费用，另行处理。

（3）构件安装。

1）混凝土构件安装项目中，凡注明现场预制的构件，其构件按定额有关子目计算；凡注明成品的构件，按其商品价格计入安装项目内。

2）金属构件安装项目中，未包括金属构件的消耗量。金属构件制作按定额有关子目计算，第七章未包括的构件，按其商品价格计入工程造价内。

3）本节定额的安装高度为 20m 以内。

4）本节定额中机械吊装是按单机作业编制的。若构件尺寸和重量确需采用多机作业时，双机作业轮胎式起重机台班数量乘以 2，三机作业时乘以 3。

5）本节定额是按机械起吊中心回转半径 15m 以内的距离编制的。

6）定额中包括每一项工作循环中机械必要的位移。

7）本节定额安装项目是以轮胎式起重机、塔式起重机（塔式起重机台班消耗量包括在垂直运输机械项目内）分别列项编制的。如使用汽车式起重机时，按轮胎式起重机相应定额项目乘以系数 1.05。

8）本节定额中不包括起重机械、运输机械行驶道路的修整、垫铺工作所消耗的人工、材料和机械。

9）小型构件安装是指单体体积小于 0.1m³，本节定额中未单独列项的构件。

10）升板预制柱加固是指柱安装后，至楼板提升完成期间所需要的加固搭设费用。工程量按提升混凝土板的体积计算。

11）钢屋架安装单榀重量在1t以下者，按轻钢屋架子目计算。

12）本节定额中的金属构件拼装和安装是按焊接编制的。

13）钢柱、钢屋架、天窗架安装子目中，不包括拼装工序，如需拼装时，按拼装子目计算。

14）预制混凝土构件和金属构件安装子目均不包括为安装工程所搭设的临时性脚手架及临时平台，发生时按有关规定另行计算。

15）钢柱安装在混凝土柱上时，其人工、机械乘以系数1.43。

16）预制混凝土构件、钢构件必须在跨外安装就位时，按相应构件安装子目中的人工、机械台班乘以系数1.18，使用塔式起重机安装时，不再乘以系数。

2．工程量计算规则

（1）预制混凝土构件运输及安装均按图示尺寸，以实体积计算；钢构件按构件设计图示尺寸以吨计算，所需螺栓、电焊条等重量不另计算；木门窗、铝合金门窗、塑钢门窗按框外围面积计算；成型钢筋按吨计算。

（2）构件运输。

1）构件运输项目的定额运距为10km以内，超出时按每增加1km子目累加计算。

2）加气混凝土板（块）、硅酸盐块运输每立方米折合混凝土构件体积0.4m³，按1类构件运输计算。

3）若预制混凝土成品构件的商品价是送至工地指定堆放点的价格，则不应计算构件运输。

（3）预制混凝土构件安装。

1）焊接成型的预制混凝土框架结构，其柱安装按框架柱计算；梁安装按框架梁计算。

2）预制钢筋混凝土工字形柱、矩形柱、空腹柱、双肢柱、空心柱、管道支架等的安装，均按柱安装计算。

3）组合屋架安装，以混凝土部分的实体积计算，钢杆件部分不另计算。

4）预制钢筋混凝土多层柱安装，首层柱按柱安装计算，二层及二层以上按柱接柱计算。

（4）钢构件安装。

1）钢构件安装按图7-113所示，构件钢材重量以吨计算。

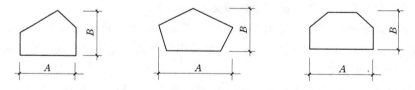

图7-113　钢板构件计算尺寸示意图

2）依附于钢柱上的牛腿及悬臂梁等，并入柱身主材重量内计算。

3）金属构件中所用钢板，设计为多边形者，按矩形计算，矩形的边长以设计构件尺寸的最大矩形面积计算。

（四）混凝土模板及支撑工程

1. 定额说明

（1）现浇混凝土模板，定额按不同构件，分别以组合钢模板、钢支撑、木支撑；复合木模板、钢支撑、木支撑；胶合板模板、钢支撑、木支撑；木模板、木支撑编制。

（2）现场预制混凝土模板，定额按不同构件分别以组合钢模板、复合木模板、木模板，并配制相应的混凝土地膜、砖地膜、砖胎膜编制。

（3）现浇混凝土梁、板、柱、墙是按支模高度（地面支撑点至模底或支模顶）3.6m编制的，支模高度超过3.6m时，执行相应"每增3m"子目（不足3m，按3m计算），计算模板支撑超高。

（4）采用钢滑升模板施工的烟囱、水塔及储仓是按无井架施工编制的，定额内综合了操作平台。使用时不再计算脚手架及竖井架。

（5）用钢滑升模板施工的烟囱、水塔，提升模板使用的钢爬杆用量是按一次摊销编制的，储仓是按两次摊销编制的，设计要求不同时，可以换算。

（6）倒锥壳水塔塔身钢滑升模板项目，也适用于一般水塔塔身滑升模板工程。

（7）烟囱钢滑升模板项目均已包括烟囱筒身、牛腿、烟道口；水塔钢滑升模板均已包括直筒、门窗洞口等模板用量。

（8）钢筋混凝土直形墙、电梯井壁等项目，模板及支撑是按普通混凝土考虑的，若设计要求防水、防油、防射线时，按相应子目增加止水螺栓及端头处理内容。

（9）组合钢模板、复合木模板项目，已包括回库维修费用。回库维修费的内容包括：模板的运输费，维修的人工、材料、机械费用等。

2. 工程量计算规则

（1）现浇混凝土模板工程量，按以下规定计算。

1）现浇混凝土及预制钢筋混凝土模板工程量，除另有规定者外，应区别模板的材质，按混凝土与模板接触面的面积，以平方米计算。

2）现浇钢筋混凝土墙、板上单孔面积在0.3m²以内的孔洞，不予扣除，洞侧壁模板亦不增加；单孔面积在0.3m²以外时，应予扣除，洞侧壁模板面积并入墙、板模板工程量内计算。

钢筋混凝土模板工程量＝混凝土与模板接触面面积－0.3m²以外单孔面积＋垛孔洞侧面积

3）现浇钢筋混凝土框架及框架剪力墙分别按梁、板、柱、墙有关规定计算；附墙柱并入墙内工程量计算。

4）杯形基础杯口高度大于杯口长边长度的，套用高杯基础定额项目。

5）柱与梁、柱与墙、梁与梁等连接的重叠部分，以及伸入墙内的梁头、板头部分，均不计算模板面积。

6）构造柱外露面按图示外露部分计算模板面积。构造柱与墙的接触面不计算模板面积。

构造柱模板工程量＝图示外露部分模板面积

7）混凝土后浇带二次支模工程量按混凝土与模板接触面积计算，套用后浇带项目。

后浇带二次支模工程量＝后浇带混凝土与模板接触面积

8）现浇钢筋混凝土悬挑板（雨篷、阳台）按图示外挑部分尺寸的水平投影面积计算。挑出墙外的牛腿梁及板边模板不另计算。

雨篷、阳台模板工程量＝外挑部分水平投影面积

9）现浇钢筋混凝土楼梯，以图示露明面尺寸的水平投影面积计算，不扣除小于500mm楼梯井所占面积。楼梯的踏步、踏步板、平台梁等侧面模板，不另计算。

混凝土楼梯模板工程量＝钢筋混凝土楼梯工程量

10）混凝土台阶（不包括梯带），按图示台阶尺寸的水平投影面积计算，台阶端头两侧不另计算模板面积。

混凝土台阶模板工程量＝台阶水平投影面积

11）现浇混凝土小型池槽按构件外围体积计算，池槽内、外侧及底部的模板不另计算。

现浇混凝土小型池槽模板工程量＝池槽外围体积

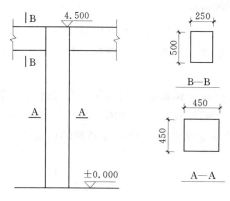

图7-114　混凝土框架柱梁节点示意图

12）各种现浇混凝土斜板，其坡度大于15°时，人工乘1.30系数，其他不变。

13）轻体框架柱（壁式柱）子目已综合轻体框架中的梁、墙、柱内容，但不包括电梯井壁、单梁、挑梁。轻体框架工程量按框架外露面积以平方米计算。

轻体框架模板工程量＝框架外露面积

【例7-59】　如图7-114所示，现浇混凝土框架柱20根，组合钢模板，钢支撑，请计算钢模板工程量。

解： 现浇混凝土框架柱钢模板工程量＝$0.45 \times 4 \times 4.50 \times 20 = 162.00$（m²）

超高次数：　　　　$4.5 - 3.6 = 0.90$（m）≈ 1（次）

混凝土框架柱钢支撑一次超高工程量＝$0.45 \times 4 \times 20 \times (4.50 - 3.60) = 32.40$（m²）

超高工程量＝$32.40 \times 1 = 32.40$（m²）

【例7-60】　某现浇花篮梁，梁端有现浇梁垫，尺寸如图7-115所示。计算模板、支撑工程量。

解： ① 模板工程量

梁异型断面支模长度＝$[0.25 + 0.21 + (0.12^2 + 0.07^2)^{1/2} + 0.08 + 0.12 + 0.14) \times 2]$
$$= 1.628 \text{（m）}$$

梁异型断面模板工程量＝$1.628 \times (5.24 - 0.24) = 8.14$（m²）

梁垫模板工程量＝$0.60 \times 0.20 \times 4 = 0.48$（m²）

梁矩形断面模板工程量＝$(0.25 + 0.24 \times 2) \times (0.21 + 0.07 + 0.08 + 0.14) \times 2$
$$= 0.73 \text{（m}^2\text{）}$$

模板工程量＝$8.14 + 0.14 + 0.73 = 9.35$（m²）

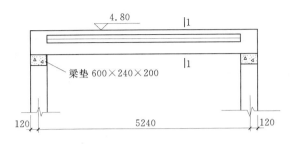
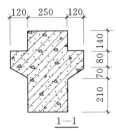

图 7 - 115　花篮梁

② 梁支撑超高次数：（4.80－0.50－3.60）÷3.00≈1（次）

超高工程量＝9.35（m²）

（2）现场预制混凝土构件模板工程量，按以下规定计算：

1）现场预制混凝土模板工程量，除注明者外均按混凝土实体体积以立方米计算。

现场预制混凝土模板工程量＝混凝土工程量

2）预制桩按桩体积（不扣除桩尖虚体积部分）计算。

预制桩模板工程量＝混凝土工程量

（3）构筑物混凝土模板工程量，按以下规定计算：

1）构筑物工程的水塔、储水（油）池、储仓的模板工程量按混凝土与模板的接触面积以平方米计算。

2）大型池槽等分别按基础、墙、板、梁、柱等有关规定计算并套用相应定额项目。

3）液压滑升钢模板施工的烟囱、倒锥壳水塔支筒、水箱、筒仓等均按混凝土体积，以立方米计算。

4）倒锥壳水塔的水箱提升按不同容积以座计算。

习　　题

1. 多层建筑物的建筑面积怎么计算？

2. 阳台、雨篷、外廊和楼梯的建筑面积分别怎么计算？

3. 内外墙面抹灰的工程量怎么计算？

4. 建筑物的基础有哪几种类型？其工程量是怎么计算的？

5. 混凝土工程的梁、板、柱的工程量计算规则分别是什么？

6. 一级顶棚与二、三级顶棚有什么区别？

7. 说明各种土方开挖的施工方法（附图形表示）。

8. 某砖混结构住宅，结构外围平面尺寸为 30m× 11.8m，层数及层高等尺寸如图 7 - 116 所示，阁楼为

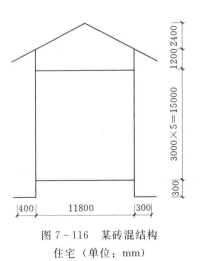

图 7 - 116　某砖混结构
住宅（单位：mm）

坡屋顶结构，屋顶结构层厚度120mm，计算该住宅的建筑面积。

9. 某建筑的底层外墙外围结构外边线尺寸如图7-117所示，计算场地的平整面积。

10. 某砖混结构2层建筑，基础平面图如图7-118所示，基础剖面图如图7-119所示，室外地坪标高为-0.2m，混凝土垫层与灰土垫层施工均不留工作面，求：（1）平整场地工程量；（2）人工挖沟槽工程量；（3）混凝土垫层工程量。

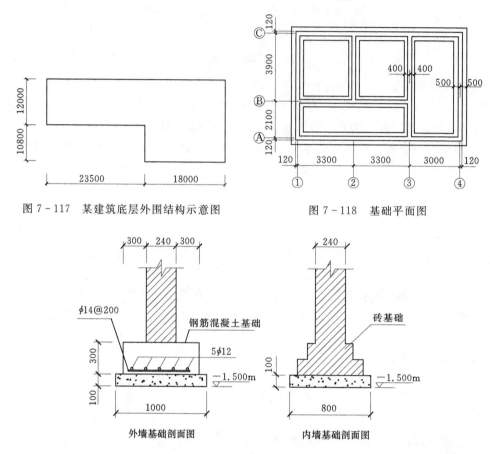

图7-117 某建筑底层外围结构示意图

图7-118 基础平面图

图7-119 基础剖面图

11. 如图7-120所示，某现浇花篮梁共20支，混凝土强度为C30，求该混凝土梁的钢筋工程量。

12. 某砖混结构一层和二层平面图如图7-121所示，一层层高3.6m，二层层高3.0m，内外墙厚均为240mm，女儿墙高600mm，厚240mm，外墙上的过梁、圈梁和构造柱的体积为2.4m³，内墙上的过梁体积为0.8m³，圈梁体积为1.2m³，C1尺寸为1500mm×1500mm，C2尺寸为1200mm×1500mm，M1尺寸为900mm×2100mm，M2尺寸为1200mm×2100mm。分别计算该建筑的建筑面积和内外墙的工程量。

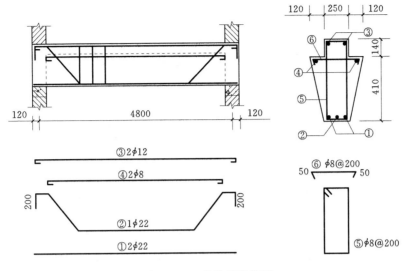

图 7-120　花篮梁配筋图

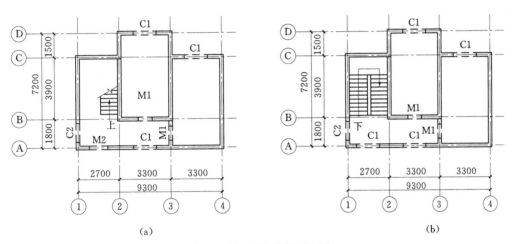

(a)　　　　　　　　　　　　　　(b)

图 7-121　砖混结构平面图

(a) 一层平面图；(b) 二层平面图

第八章 工程量清单计价

第一节 工程量清单计价概述

为了全面推行工程量清单计价政策，2003 年 2 月 17 日，建设部以第 119 号公告批准发布了 GB 50500—2003《建设工程工程量清单计价规范》（以下简称"03 规范"），自 2003 年 7 月 1 日起实施。"03 规范"的实施，使我国工程造价从传统的以预算定额为主的计价方式向国际上通行的工程量清单计价模式转变，是我国工程造价管理政策的一项重大措施，在工程建设领域受到了广泛的关注与积极的响应。"03 规范"实施以来，在各地和有关部门的工程建设中得到了有效推行，积累了宝贵的经验，取得了丰硕的成果。但在执行中，也反映出一些不足之处。因此，为了完善工程量清单计价工作，原建设部标准定额司从 2006 年开始，组织有关单位和专家对"03 规范"的正文部分进行修订。

2008 年 7 月 9 日，住房和城乡建设部以第 63 号公告，发布了 GB 50500—2008《建设工程工程量清单计价规范》（以下简称"08 规范"），从 2008 年 12 月 1 日起实施。"08 规范"的出台，对巩固工程量清单计价改革的成果，进一步规范工程量清单计价行为具有十分重要的意义。

工程量清单计价法是国际上通用的计价方法，它为企业之间的公平竞争提供了有利条件。"08 规范"的发布施行，将提高工程量清单计价改革的整体效力，更加有利于工程量清单计价的全面推行，更加有利于规范工程建设参与各方的计价行为，对建立公开、公平、公正的市场竞争秩序，推进和完善市场形成工程造价机制的建设必将发挥重要作用，进一步推动我国工程造价改革迈上新的台阶。

一、工程量清单计价的概念

工程量清单计价是承包人依据发包人按统一项目（计价项目）设置，统一计量规则和计量单位按规定格式提供的项目实物工程量清单，结合工程实际、市场实际和企业实际，充分考虑各种风险后，提出的包括成本、管理费和利润在内的综合单价，由此形成工程价格。这种计价方式和计价过程体现了企业对工程价格的自主性，有利于市场竞争机制的形成，符合社会主义市场经济条件下工程价格由市场形成的原则。

二、实行工程量清单计价的目的和意义

（一）推行工程量清单计价是深化工程造价管理改革，推进建设市场市场化的重要途径

长期以来，工程预算定额是我国承发包计价、定价的主要依据。现预算定额中规定的消耗量和有关施工措施性费用是按照社会平均水平编制的，以此为依据形成的工程造价基本上也属于社会平均价格，以这种价格作为市场竞争的参考价格，不能反映企业的实际水平，一定程度上限制了企业的公平竞争。20 世纪 90 年代，有人提出了量价分离的构想，将工程预算定额中的人工、材料、机械消耗量和价格分离，国家控制量以保证质量，价格

由企业根据市场自行报价，这一措施走出了向传统工程预算定额改革的第一步。但是，这种做法难以改变工程预算定额中国家指令性内容较多的状况，难以满足企业投标报价和评标中合理低价中标的要求。改变以往的工程计价模式，适应招投标工作的需要，推行工程量清单计价，即在建设工程招投标中，按照国家规定的统一的工程量清单计价规范由招标人计算出工程数量，投标人自主报价，经评审合理低价中标是十分必要的。

（二）在建设工程招投标中实行工程量清单计价是规范建筑市场秩序的根本措施

工程造价是工程建设的核心，也是市场运行的核心内容。建筑市场存在着许多不规范行为，多数与工程造价有直接的关系。为规范社会主义市场经济的发展，国家颁发了相应的法律法规，如建设部 2001 年第 107 号令《建设工程施工发包与承包计价管理办法》规定：施工图预算、招标标底和投标报价由成本、利润和税金构成，投标报价应依据企业定额和市场信息，并按国务院和省、自治区、直辖市人民政府建设行政主管部门发布的工程造价计价办法编制。过去预算定额在调节承发包双方利益和反映市场需求方面有其不足之处，在招投标活动中，标底的作用始终显得至关重要。而采用工程量清单报价方式招标，标底只作为招标人对投标的上限控制线，评标时不作为评分的基准值，其作用也不再突出。通过资格预审选择信誉好、质量优、管理水平高的施工单位参加投标。无特殊技术要求的工程项目如果其技术标经专家评审合格，经济标的评审原则上选取报价最低（不低于成本）的单位为中标单位。一切操作均公开、透明，无人为操作的环节和余地，彻底杜绝了暗箱操作。通过推行工程量清单报价有利于发挥企业自主报价的能力，同时也有利于规范业主在工程招投标中的计价行为，真正体现公开、公平和公正的原则。

（三）推行工程量清单计价是与国际接轨的需要

工程量清单计价是目前国际上通行的做法，随着我国加入世界贸易组织，国内建筑业面临着来自国内和国际的双重压力，竞争日趋激烈，国外建筑企业要进入我国建筑市场开展竞争，必然要带进国际惯例、规范和做法计算工程造价；同时，国内建筑企业也会到国外参与市场竞争，也要按照国际惯例、规范和做法计算工程造价。因此，推行建筑市场发展，采用工程量清单计价是我国建筑企业适应国际惯例的需要。

（四）实行工程量清单计价是促进建筑市场有序竞争和企业健康发展的需要

工程量清单是招标文件的重要组成部分，由招标单位或有资质的工程造价咨询单位编制，工程量清单编制的准确、详尽、完整，有利于提高招标单位的管理水平，减少索赔事件的发生。投标单位通过对单位工程成本、利润进行分析，结合企业自身状况统筹考虑，精心选择施工方案，合理进行自主报价，改变了过去依赖建设行政主管部门发布的定额和取费标准及调价指数计价的模式，有利于企业技术进步，提高投资效益。另外，由于工程量清单是公开的，有利于防止公开招标中弄虚作假、暗箱操作等不规范行为。

（五）工程量清单计价有利于工程造价政府管理职能的转变

由过去政府控制的指令性定额计价方式转变为适应市场经济规律需要的工程量清单计价，能有效增强政府对工程造价宏观控制能力，变过去行政直接干预为对工程造价依法监督管理，逐步建立"政府宏观调控、企业自主报价、市场形成价格、社会全面监督"的工程造价管理新思路。

三、实行工程量清单计价的合理性和可行性

（1）工程量清单计价采用综合单价，综合单价包含了工程直接费、间接费、利润和一定范围内的风险费用，不像以往定额计价中先计算定额直接费，再计算价差，最后再计取各项费用，才能知道工程费用。相比之下，工程量清单计价显得简单明了，更适合工程的造价管理。

（2）采用统一工程量清单，施工企业可将经济、技术、质量和进度等因素经过科学测算，细化到综合单价的确定中，并对工程造价中自变和波动较大的因素比如建筑材料价格及具体工程的施工措施费和管理费，实行自主报价。这就充分引入了市场竞争机制，并通过竞争确定招标、投标双方均能接受的工程承包价，符合市场经济运行规律。

（3）采用工程量清单，有利于投标者集中力量评估、分析、测算自身各项费用单价高低的情况，合理选择具有竞争性的施工组织和措施方案，从而促进企业抓管理、练内功、降成本、提效益，有效地避免了个别投标单位因预算人员的编制水平、素质的差异而造成工程量计算偏差，从而使评标、定标工作在量的方面有一个共同的竞争基础。在招标过程中把施工图纸发给各投标单位，以各自计算的工程量为准的方式，虽说对招标单位来说，能减轻许多工程量，但对投标单位来说，常常是在非常短的时间内要计算工程量，还要考虑确定投标单价和施工组织设计加上要承担工程量计算偏差的风险，招投标实际上有失公平。工程量计算的偏差，对于工程总造价影响很大，利用定额编制预算进行招投标，实际上主要是考核各投标单位预算员的编制水平，未能真正体现施工企业整体的综合实力。

（4）采用工程量清单招标可以节省投标单位的时间、精力和投标费用，因为投标过程往往是多家单位参与一个标段的投标，而中标单位仅是一家，未中标单位各项支出亦无法得到补偿，造成社会劳动资源的浪费。采用工程量清单招标不仅能够缩短投标报价时间，而且有利于招投标工作的公开、公平、科学合理。

（5）采用工程量清单招投标有利于实现风险的合理分担。建筑工程一般都比较复杂、周期长，工程变更多，风险大。采用工程量清单报价，投标单位只对自己所报的成本、单价等负责，而对设计变更和工程量的计算错误不负责任，这部分风险由业主承担。这样符合风险分担，责、权、利关系对等原则。

（6）实现工程量清单计价是深化工程造价管理改革，促进建筑市场化的重要途径。过去工程造价以定额为依据，1992 年为了适应建筑市场改革，将定额中的人、材、机消耗量和相应的单价分离，这样国家控制量使工程质量得到保证，价格也逐步走向市场化，这是定额改革的第一步。此后建设部在 1998 年 8 月印发的《关于进一步加强招标管理的规定》中明确指出"在具备条件的城市和工程项目上，可以按照建设行政主管部门发布的统一工程量计算规则和工程项目划分规定，进行工程量清单招标、合理低价中标的试点，实现在国家宏观调控下由市场确定工程价格"。所以，实行工程量清单计价是完全可行的。

四、编制《建设工程工程量清单计价规范》（以下简称《计价规范》）的原则

（1）企业自主报价、市场竞争形成价格的原则。为规范发包方与承包方的计价行为，"计价规范"要确定工程量清单计价的原则、方法和必须遵守的规则，包括统一编码、项

目名称、计量单位、工程量计算规则等。工程价格最终由工程项目的招标人和投标人，按照国家法律、法规和工程建设的各项规章制度以及工程计价的有关规定，通过市场竞争形成工程价格。

（2）与现行预算定额既有机联系又有所区别的原则。《计价规范》的编制过程中，参照我国现行的全国统一工程预算定额，尽可能地做到与全国统一工程预算定额的衔接，主要是考虑工程预算定额是我国经过多年的实践总结，具有一定的科学性和实用性，广大工程造价计价人员熟悉，有利于推行工程量清单计价。与工程预算定额区别的主要表现在：定额项目是规定以工序作为划分项目的标准，施工工艺、施工方法是根据大多数企业的施工方法综合取定的，工、料、机消耗量根据"社会平均水平"综合测定，取费标准按照不同地区平均测算出来。

（3）既考虑我国工程造价管理的实际，又尽可能与国际惯例接轨的原则。编制"计价规范"，是根据我国当前工程建设市场发展的形势，为逐步解决预算定额计价中与当前工程建设市场不相适应的因素，适应我国社会主义市场经济发展的需要，特别是适应我国加入世界贸易组织后工程造价计价与国际接轨的需要，积极稳妥地推行工程量清单计价。"计价规范"的编制，既借鉴了世界银行、菲迪克（FIDIC）、英联邦国家、香港地区等的一些做法，同时也结合了我国工程造价管理的实际情况。工程量清单在项目划分、计量单位、工程量计算规则等方面尽可能多地与全国统一定额相衔接，费用项目的划分借鉴了国外的做法，名称叫法上尽量采用国内的习惯叫法。

五、工程量清单计价与现行定额的关系

《建筑工程施工发包与承包计价管理办法》第三条规定：建筑工程施工发包承包价在政府宏观调控下，由市场形成。从制度上彻底否定了以定额作为法定计价依据的管理模式。

实行工程量计价模式改革地区的结果表明，企业自主报价使中标价比定额计价降低了大约 10%～15%。继续保持定额的法定性作用就是继续保持其对建筑产品的价格控制作用，而定额一旦失去了对建筑产品定价的法定性，建筑产品价格就可能会随着市场的变化而发生变动。从本质上讲，工程量清单计价模式是一种与市场经济相适应的、允许施工单位自主报价的、通过市场竞争确定价格的、与国际惯例接轨的计价模式。

必须认识到，否定定额的法定性并不是否定现行定额，工程量清单计价模式与定额都是工程造价的依据，在未来相当长时间内还有必要并行使用。定额作为工程造价的计价基础之一，目前在我国有其不可代替的地位和作用。现行全国统一基础定额是生产要素的量的消耗标准，是提供工程计价的参考依据，所以不可能否定或抛弃定额。相反，应进一步认识和理解定额的性质和作用，尤其是消耗量定额，它是工程造价改革的平台。因为，就目前建筑企业的发展状况来看，大部分企业还不具备建立和拥有企业定额的条件，消耗量定额仍是企业投标报价的计算基础，也是编制工程量清单进行项目划分和组合的基础。

总之，定额计价与工程量清单计价都是工程造价的计价方法，而工程量清单计价模式更加接近市场确定价格，较定额计价是一种历史的进步。

第二节 《建设工程工程量清单计价规范》内容简介

一、GB 50500—2008《建设工程工程量清单计价规范》简介

GB 50500—2008《建设工程工程量清单计价规范》，已由中华人民共和国住房和城乡建设部第 63 号公告批准发布，编号为 GB50500—2008，自 2008 年 12 月 1 日起实施。其中共有 15 条强制性条文，必须严格执行。原 GB 50500—2003《建设工程工程量清单计价规范》同时废止。

GB 50500—2008 总结了 GB 50500—2003 实施以来的经验，针对执行中存在的问题，特别是清理拖欠工程款工作中普遍反映的，在工程实施阶段中有关工程价款调整、支付、结算等方面缺乏依据的问题，主要修订了 GB 50500—2003 正文中不尽合理、可操作性不强的条款及表格格式，特别增加了采用工程量清单计价如何编制工程量清单和招标控制价、投标报价、合同价款约定以及工程计量与价款支付、工程价款调整、索赔、竣工结算、工程计价争议处理等内容，并增加了条文说明。GB 50500—2003 的附录 A～E 除个别调整外，基本没有修改。原由局部修订增加的附录 F，此次修订一并纳入规范中。

GB 50500—2008 共分 5 章和 6 个附录，主要内容有：

1　总则

2　术语

3　工程量清单编制

4　工程量清单计价

5　工程量清单计价表格

附录 A　建筑工程工程量清单项目及计算规则

附录 B　装饰装修工程工程量清单项目及计算规则

附录 C　安装工程工程量清单项目及计算规则

附录 D　市政工程工程量清单项目及计算规则

附录 E　园林绿化工程工程量清单项目及计算规则

附录 F　矿山工程工程量清单项目及计算规则

二、工程量清单计价与定额计价的区别与联系

（一）工程量清单计价与定额计价的不同

1. 采用的计价模式不同

工程量清单计价是实行量价分离的原则、依据统一的工程量计算规则，按照施工设计图纸、施工现场情况和招标文件的规定，企业自行编制。建设项目工程量由招标人提供，投标人依据企业自己的管理能力、技术装备水平和市场行情，自主报价，真正体现按市场竞争形成价格的原则，所有投标人在招标过程中都站在同一起跑线上竞争，建设工程发承包在公开、公平、公正的情况下进行。

工程预算定额计价，企业不分大小，一律按国家统一的预算定额计算工程量，按规定的费率套价，其所报的工程造价实际上是社会平均价，难以形成竞争，不能真正体现企业按自身条件和市场行情，自主报价。

2. 采用的单价方法不同

工程量清单计价，采用综合单价法，综合单价是指完成规定计量单位项目所需的人工费、材料费、机械使用费、管理费、利润，并考虑风险因素，是除规费和税金的以外的全费用单价。

工程预算定额计价，采用工料单价法，工料单价是指以分部分项工程量的单价为直接费，直接费以人工、材料、机械的消耗量及其相应的价格确定；间接费、利润和税金按照有关规定另行计算。

3. 反映的成本价不同

工程量清单计价，反映的是个别成本，各个投标人根据市场的人工、材料、机械价格行情、自身技术实力和管理水平投标报价，其价格有高有低，具有多样性。招标人在考虑投标单位的综合素质的同时选择合理的工程造价。

工程预算定额计价，反映的是社会平均成本，各个投标人根据相同的预算定额及估价表投标报价，所报的价格基本相同，不能反映中标单位的真正实力。由于预算定额的编制是按社会平均消耗量考虑，所以其价格反映的是社会平均价；这也就给招标人提供盲目压价的可能，从而造成结算突破预算，不利于建设单位投资的控制。

4. 结算的要求不同

工程量清单计价，是结算时按合同中事先约定综合单价的规定执行，综合单价基本上是包死的。

工程预算定额计价，结算时按定额规定工料单价计价，往往调整内容较多，容易引起纠纷。

5. 风险处理的方式不同

工程量清单计价，使招标人与投标人风险合理分担，投标人不仅要对自己所报的成本、综合单价负责，还要考虑各种风险对价格的影响，综合单价一经合同确定，结算时不可以调整（除工程量有较大变化），且对工程量的变更或计算错误不负责任；招标人在计算工程量时要准确，对于这一部分风险应由招标人承担，从而有利于控制工程造价。

工程预算定额计价，风险只在投资一方，所有的风险在不可预见费中考虑；结算时，按合同约定，可以调整。可以说投标人没有风险，不利于控制工程造价。

6. 项目的划分不同

工程量清单计价，项目划分以实体列项，实体和措施项目相分离，施工方法、手段不列项，不设人工、材料、机械消耗量。这样加大了承包企业的竞争力度，鼓励企业尽量采用合理的技术措施，提高技术水平和生产效率，市场竞争机制可以充分发挥。

工程预算定额计价，项目划分按施工工序列项、实体和措施相结合，施工方法、手段单独列项，人工、材料、机械消耗量已在定额中规定，不能发挥市场竞争的作用。

7. 工程量计算规则不同

工程量清单计价，清单项目的工程量是按实体的净值计算，这是当前国际上比较通行的做法。

工程预算定额计价，工程量是按实物加上人为规定的预留量或操作富余度等因素进行计算的。

8. 计量单位不同

工程量清单计价，清单项目是按基本单位计量，以规范为准。

工程预算定额计价，计量单位可以不采用基本单位。

（二）工程量清单计价与定额计价的联系

（1）《计价规范》中清单项目的设置，参考了全国统一定额的项目划分，注意使清单计价项目设置与定额计价项目设置的衔接；同时注意到工程量清单的工程量计算规则与定额工程量计算规则的衔接，以解决招标人编制标底，投标人进行报价的需要；做到既与国际接轨，又符合我国实际，以便于推广工程量清单计价方式能易于操作，平稳过渡。

（2）《计价规范》附录中的"项目特征"的内容，基本上取自原定额的项目（或子目）设置的内容，如规格、材质、重量等。

（3）《计价规范》附录中的"工程内容"与定额子目相关联，它是综合单价的组价内容。

（4）工程量清单计价，企业需要根据自己的企业实际消耗成本报价，在目前多数企业没有企业定额的情况下，现行全国统一定额仍然可作为消耗量定额的重要参考依据。

所以，工程量清单的编制与计价，与定额有着密不可分的联系。但是，随着"计价规范"的贯彻实施，对定额的结构形式、项目划分、人工、材料和机械消耗水平等要做相应的修改，以适应企业自主报价的需要。各地工程造价管理部门还要做大量艰苦细致的工作，以推进工程量清单计价的更好实施。

第三节　工程量清单

一、作用

工程量清单作为招标文件的组成部分，一个最基本的功能是作为信息的载体，为潜在的投标者提供必要的信息。除此之外，还具有以下作用。

（1）为投标者提供一个公开、公平、公正的竞争环境。工程量清单由招标人统一提供，投标人按照招标人提供的工程量进行报价，这就避免了由于计算不准确和项目不一致等人为因素造成的影响，给投标人创造一个公平的竞争环境。

（2）为计价和询标、评标的基础。招标工程标底的编制和企业的投标报价，都必须在清单的基础上进行，不能脱离招标单位提供的工程量清单。同样工程量清单也为今后的询标、评标奠定了基础。

（3）为施工过程中支付工程进度款提供依据。

（4）为办理竣工结算及工程索赔提供依据。

二、编制

"工程量清单"是建设工程实行清单计价的专用名词，它表示的是实行工程量清单计价的建设工程的分部分项工程项目、措施项目、其他项目、规费项目和税金项目的名称和相应数量。

采用工程量清单方式招标发包，工程量清单必须作为招标文件的组成部分，招标人应将工程量清单连同招标文件的其他内容一并发（或发售）给投标人。招标人对编制的工程量清单的准确性和完整性负责。投标人依据工程量清单进行投标报价，对工程量清单不负有核实的义务，更不具有修改和调整的权力。同时，对编制质量的责任规定得更加明确和具体。工程量清单作为投标人报价的共同平台，其准确性——数量不算错，其完整性——不缺项漏项，均应由招标人负责，如招标人委托工程造价咨询人编制，责任仍应由招标人承担。至于工程造价咨询人应承担的具体责任则应由招标人与工程造价咨询人通过合同约定处理或协商解决。

1. 工程量清单的组成部分

工程量清单是招标文件的重要组成部分，主要由分部分项工程量清单、措施项目清单、其他项目清单、规费项目清单、税金项目清单组成。

（1）分部分项工程量清单。分部分项工程量清单应根据附录规定的项目编码、项目名称、项目特征、计量单位和工程量计算规则进行编制。是一种不可调整的闭口清单，投标人对投标文件提供的分部分项工程量清单必须逐一计价，对清单所列内容不允许作任何更改变动。投标人如果认为清单内容有不妥或遗漏，只能通过质疑的方式由清单编制人作统一的修改更正，并将修正后的工程量清单发往所有投标人。

（2）措施项目清单。措施项目清单应根据拟建工程的实际情况列项。通用措施项目可按表8-1选择列项，专业工程的措施项目可按附录中规定的项目选择列项。若出现规范未列的项目，可根据工程实际情况补充。它是一种可以调整的清单，投标人对招标文件中所列项目，可根据企业自身特点作适当的变更增减。投标人要对拟建工程可能发生的措施项目和措施费用作通盘考虑。清单一经报出，即被认为是包括了所有应该发生的措施项目的全部费用。如果报出的清单中没有列项，且施工中又必须发生的项目，业主有权认为，其已经综合在分部分项工程量清单的综合单价中。将来措施项目发生时，投标人不得以任何借口提出索赔与调整。

表 8-1   通用措施项目一览表

序 号	项 目 名 称
1	安全文明施工（含环境保护、文明施工、安全施工、临时设施）
2	夜间施工
3	二次搬运
4	冬雨季施工
5	大型机械设备进出场及安拆
6	施工排水
7	施工降水
8	地上、地下设施，建筑物的临时保护设施
9	已完工程及设备保护

（3）其他项目清单。工程建设标准的高低、工程的复杂程度、工程的工期长短、工程的组成内容、发包人对工程管理要求等都直接影响其他项目清单的具体内容，主要包括：暂列金额；暂估价，包括材料暂估单价、专业工程暂估价；计日工和总承包服务费。

2. 工程量清单的编制人

规范规定了工程量清单的编制主体，工程量清单应由具有编制能力的招标人或受其委托，具有相应资质的工程造价咨询人编制。招标人是进行工程建设的主要责任主体，其责任包括负责编制工程量清单。若招标人不具备编制工程量清单的能力，可委托工程造价咨询人编制。根据《工程造价咨询企业管理办法》（建设部 2006 年第 149 号令），受委托编制工程量清单的工程造价咨询人应依法取得工程造价咨询资质，并在其资质许可的范围内从事工程造价咨询活动。

工程量清单的编制专业性强、内容复杂，对编制人的业务技术水平要求比较高，能否编制出完整、严谨的工程量清单，直接影响着招标的质量，也是招标工作能否顺利进行的关键。因此，规范规定，工程量清单应由具有编制招标文件能力的招标人或具有相应资质的工程造价咨询单位进行编制，"相应资质的工程造价咨询单位"是指具有工程造价咨询单位资质并按规定的业务范围承担工程造价咨询业务的咨询单位。

3. 分部分项工程量清单的编制

（1）分部分项工程工程量清单编制规则

分部分项工程量清单应根据附录规定的项目编码、项目名称、项目特征、计量单位和工程量计算规则进行编制。

分部分项工程量清单的项目编码，应采用十二位阿拉伯数字表示。一～九位应按附录的规定设置，十～十二位应根据拟建工程的工程量清单项目名称设置。同一招标工程的项目编码不得有重码。例如一个标段（或合同段）的工程量清单中含有三个单位工程，每一单位工程中都有项目特征相同的实心砖墙砌体，在工程量清单中又需反映三个不同单位工程的实心砖墙砌体工程量时，此时工程量清单应以单位工程为编制对象，则第一个单位工程的实心砖墙的项目编码应为 010302001001，第二个单位工程的实心砖墙的项目编码应为 010302001002，第三个单位工程的实心砖墙的项目编码应为 010302001003，并分别列出各单位工程实心砖墙的工程量

分部分项工程量清单的项目名称应按附录的项目名称结合拟建工程的实际确定。所列工程量应按附录中规定的工程量计算规则计算，计量单位应按附录中规定的计量单位确定。

（2）分部分项工程量清单编制依据。

1）GB 50500—2008《建设工程工程量清单计价规范》。

2）国家或省级、行业建设主管部门颁发的计价依据和办法。

3）建设工程设计文件。

4）与建设工程项目有关的标准、规范、技术资料。

5）招标文件及其补充通知、答疑纪要。

6）施工现场情况、工程特点及常规施工方案。

7）其他相关资料。

（3）分部分项工程量清单编制程序。分部分项工程量清单编制程序如下：

1）确定工程内容。根据工程量清单项目名称，结合拟建工程的实际，参照规范所列分部分项工程量清单项目，确定该清单项目主体工程内容及相关的工程内容。

2）计算工程数量。按照规范所给工程量计算规则和计量单位，计算各分部分项工程的工程量。

3）按规范统一编码规则进行编码并列项。在工程量清单编制时，当出现"分部分项工程量清单"项目表缺项时，编制人可以补充。补充项目应填写在工程量清单项目相应分部工程项目之后，并在"项目编码"栏中以"补"字示之。同时规范还规定，编制工程量清单出现附录中未包括的项目，编制人应作补充，并报省级或行业工程造价管理机构备案，省级或行业工程造价管理机构应汇总报住房和城乡建设部标准定额研究所。

补充项目的编码由附录的顺序码与 B 和三位阿拉伯数字组成，并应从×B001 起顺序编制，同一招标工程的项目不得重码。工程量清单中需附有补充项目的名称、项目特征、计量单位、工程量计算规则、工程内容。

4. 措施项目清单的编制

（1）措施项目清单的编制规则。措施项目清单应根据拟建工程的实际情况列项，其中通用措施项目可按表 8-1 选择列项，专业工程的措施项目可按附录中规定的项目选择列项。如果出现规范未列的项目，可根据工程实际情况进行补充。

措施项目中可以计算工程量的项目清单宜采用分部分项工程量清单的方式编制，列出项目编码、项目名称、项目特征、计量单位和工程量计算规则；不能计算工程量的项目清单，以"项"为计量单位。

（2）措施项目清单的编制依据。

1）拟建工程的施工组织设计。

2）拟建工程的施工技术方案。

3）与拟建工程相关的工程施工规范与工程验收规范。

4）招标文件。

5）设计文件。

（3）措施项目清单的设置。措施项目清单的设置，首先，要参考拟建工程的施工组织设计，以确定环境保护、安全文明施工、材料的二次搬运等项目；其次，参阅施工技术方案，以确定夜间施工、大型机具进出场及安拆、混凝土模板与支架、脚手架、施工排水降水、垂直运输机械、组装平台、大型机具使用等项目。参阅相关的施工规范与工程验收规范，可以确定施工技术方案没有表述的，但是为了实现施工规范与工程验收规范要求而必须发生的技术措施。

措施项目清单的编制需考虑多种因素，除工程本身的因素外，还涉及水文、气象、环境、安全等因素。规范仅提供了"通用措施项目一览表"，作为措施项目列项的参考。表中所列内容是各专业工程均可列出的措施项目，各专业工程的"措施项目清单"中可列的措施项目分别在附录中规定，应根据拟建工程的具体情况选择列项。

规范将实体性项目划分为分部分项工程量清单，非实体性项目划分为措施项目。所谓非实体性项目，一般来说，其费用的发生和金额的大小与使用时间、施工方法或者两个以上工序相关，与实际完成的实体工程量的多少关系不大，典型的是大中型施工机械、文明施工和安全防护、临时设施等。但有的非实体性项目，则是可以计算工程量的项目，典型的是混凝土浇筑的模板工程，用分部分项工程量清单的方式采用综合单价，更有利于措施费的确定和调整。

5. 其他项目清单的编制

（1）GB 50500—2008《建设工程工程量清单计价规范》3.4.1 条规定，其他项目清单宜按照以下内容列项：

1）暂列金额。

2）暂估价：包括材料暂估单价、专业工程暂估价。

3）计日工。

4）总承包服务费。

工程建设标准的高低、工程的复杂程度、工程的工期长短、工程的组成内容、发包人对工程管理要求等都直接影响其他项目清单的具体内容，规范仅提供了 4 项内容作为列项参考。其不足部分，可根据工程的具体情况进行补充。

（2）暂列金额在规范第 2.0.6 条已经定义，是招标人暂定并包括在合同中的一笔款项。不管采用何种合同形式，其理想的标准是，一份合同的价格就是其最终的竣工结算价格，或者至少两者应尽可能接近。我国规定对政府投资工程实行概算管理，经项目审批部门批复的设计概算是工程投资控制的刚性指标，即使商业性开发项目也有成本的预先控制问题，否则，无法相对准确预测投资的收益和科学合理地进行投资控制。但工程建设自身的特性决定了工程的设计需要根据工程进展不断地进行优化和调整，业主需求可能会随工程建设进展出现变化，工程建设过程还会存在一些不能预见、不能确定的因素。消化这些因素必然会影响合同价格的调整，暂列金额正是为这类不可避免的价格调整而设立，以便达到合理确定和有效控制工程造价的目标。

（3）暂估价是指招标阶段直至签订合同协议时，招标人在招标文件中提供的用于支付必然要发生但暂时不能确定价格的材料以及专业工程的金额。暂估价类似于 FIDIC 合同条款中的 Prime Cost Items，在招标阶段预见肯定要发生，只是因为标准不明确或者需要由专业承包人完成，暂时无法确定价格。暂估价数量和拟用项目应当结合工程量清单中的"暂估价表"予以补充说明。

为方便合同管理，需要纳入分部分项工程量清单项目综合单价中的暂估价应只是材料费，以方便投标人组价。

专业工程的暂估价一般应是综合暂估价，应当包括除规费和税金以外的管理费、利润等取费。总承包招标时，专业工程设计深度往往是不够的，一般需要交由专业设计人设计，国际上，出于提高可建造性考虑，一般由专业承包人负责设计，以发挥其专业技能和专业施工经验的优势。这类专业工程交由专业分包人完成是国际工程的良好实践，目前在我国工程建设领域也已经比较普遍。公开透明地合理确定这类暂估价的实际开支金额的最佳途径，就是通过施工总承包人与工程建设项目招标人共同组织的招标。

（4）计日工是为了解决现场发生的零星工作的计价而设立的。国际上常见的标准合同条款中，大多数都设立了计日工（Daywork）计价机制。计日工对完成零星工作所消耗的人工工时、材料数量、施工机械台班进行计量，并按照计日工表中填报的适用项目的单价进行计价支付。计日工适用的所谓零星工作一般是指合同约定之外的或者因变更而产生的、工程量清单中没有相应项目的额外工作，尤其是那些时间不允许事先商定价格的额外工作。

（5）总承包服务费是为了解决招标人在法律、法规允许的条件下进行专业工程发包，以及自行供应材料、设备、并需要总承包人对发包的专业工程提供协调和配合服务，对供应的材料、设备提供收、发和保管服务以及进行施工现场管理时发生，并向总承包人支付的费用。招标人应预计该项费用并按投标人的投标报价向投标人支付该项费用。

6. 规费项目清单

规范第 3.5.1 条规定规费项目清单应按照以下内容列项：

（1）工程排污费。

（2）工程定额测定费。

（3）社会保障费：包括养老保险费、失业保险费、医疗保险费。

（4）住房公积金。

（5）危险作业意外伤害保险。

当出现规范第 3.5.1 条未列的项目，应根据省级政府或省级有关权力部门的规定列项。

7. 税金项目清单

根据建设部、财政部"关于印发《建筑安装工程费用项目组成》的通知"（建标〔2003〕206 号）的规定，目前国家税法规定应计入建筑安装工程造价内的税种包括营业税、城市建设维护税及教育费附加，当出现未列项目时，应根据税务部门的规定列项。如国家税法发生变化或地方政府及税务部门依据职权对税种进行了调整，应对税金项目清单进行相应调整。

第四节　工程量清单计价

工程量清单计价应包括按招标文件规定，完成工程量清单所列项目的全部费用，包括分部分项工程费、措施项目费、其他项目费、规费和税金。分部分项工程费是指为完成分部分项工程量所需的实体项目费用。措施项目费是指分部分项工程费以外，为完成该工程项目施工，发生于该工程施工前和施工过程中技术、生活、安全等方面的非工程实体项目所需的费用。其他项目费是指分部分项工程费和措施项目费以外，该工程项目施工中可能发生的其他费用，规范给出了暂列金额、暂估价、计日工和总包服务费，其不足部分，可根据工程的具体情况进行补充。

分部分项工程量清单应采用综合单价计价。《建筑工程施工发包与承包计价管理办法》（建设部令 2001 年第 107 号）第五条规定：工程计价方法包括工料单价法和综合单价法。采用综合单价法进行工程量清单计价时，综合单价包括除规费和税金以外的全部费用。

　　需要说明的是，规范定义的综合单价与《建筑工程施工发包与承包计价管理办法》（建设部令 2001 年第 107 号）规定的综合单价存在差异，差异之处在于前者不包规费和税金，而后者包括如图 8-1 和图 8-2 所示。

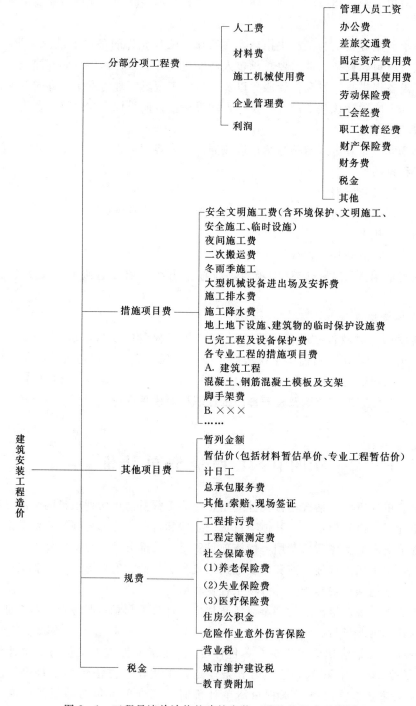

图 8-1　工程量清单计价的建筑安装工程造价组成示意图

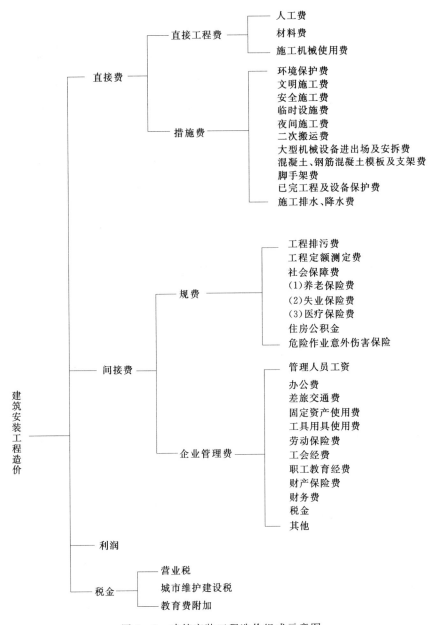

图 8-2 建筑安装工程造价组成示意图

工程量清单计价格式由下列内容组成。

1. 封面

封面包括以下四部分内容。

（1）工程量清单：封-1。

（2）招标控制价：封-2。

（3）投标总价：封-3。

（4）竣工结算总价：封-4。

对每一部分内容，投标单位应分别按规定内容填写、签字并盖章。

2．总说明

总说明主要应包括两方面的内容：① 对招标人提出的包括清单在内有关问题的说明，即工程量清单报价文件所包括的内容，工程量清单报价编制依据，工程质量和工期；② 有利于自身中标等问题的说明，即有关优惠条件的说明，优越于招标文件中技术标准的备选方案的说明，对招标文件中的某些问题有异议时的说明和其他需要说明的问题。

3．汇总表

汇总表主要包括以下内容。

（1）工程项目招标控制价/投标报价汇总表。表中单项工程名称应按单项工程费汇总表的工程名称填写，金额应按单项工程费汇总表的合计金额填写。

（2）单项工程招标控制价/投标报价汇总表。表中单位工程名称应按单位工程费汇总表的工程名称填写，金额应按单位工程费汇总表的合计金额填写。

（3）单位工程招标控制价/投标报价汇总表。表中金额应分别按分部分项工程量清单计价表、措施项目清单计价表、其他项目清单计价表的合计金额和有关规定计算的规费和税金填写。

（4）工程项目竣工结算汇总表。

（5）单项工程竣工结算汇总表。

（6）单位工程竣工结算汇总表。

4．分部分项工程量清单计价表

（1）分部分项工程量清单与计价表：表-08。

（2）工程量清单综合单价分析表：表-09。

分部分项工程量清单计价应注意以下两点：① 分部分项工程量清单计价表的项目编码、项目名称、项目特征、计量单位和工程数量必须按照分部分项工程量清单的相应内容填写，不允许增加或减少，也不允许修改，工程数量严格按照规范规定的工程量计算规则计算；② 分部分项工程量清单报价，核心是综合单价的确定。

综合单价的确定要按照清单计价规范，依据企业定额、参照市场情况来确定，没有企业定额的，可以参照当地造价管理部门发布的地区定额，按照以下顺序进行。

1）确定工程内容。根据分部分项工程量清单项目名称，结合工程实际情况，确定项目主体工程内容及相关的工程内容。

2）计算工程数量。按照《山东省建筑工程消耗量定额》工程量计算规则，计算清单项目所包含的每一项工程内容的工程数量。

3）计算含量。计算清单项目的每计量单位的工程数量应包含的工程内容的实际工程数量。

含量＝定额工程数量/相应清单项目工程数量

4）选择定额。根据1）项所确定的工程内容，按《山东省建筑工程工程量清单计价办法》分部分项工程量清单项目设置及其消耗量定额表中的定额名称及其编号，分别选定定额、确定人工、材料和机械台班消耗量；或者根据企业自身定额确定人工、材料和机械台班的消耗量。

5）选择单价。参照工程造价主管部门发布的人工、材料和机械台班信息价格，或者企业自己掌握的价格信息确定相应单价。

6）"工程内容"中的人工、材料、机械价款＝∑（选择定额×选择单价）×计算含量。

7）清单项目人、材、机价款＝∑人工、材料、机械价款。

8）选定费率。按照《山东省建筑工程工程量清单计价办法》规定的费率或参照工程造价主管部门发布的相关费率，结合本企业和市场情况，确定管理费费率和利润费率。

9）计算综合单价。对于建筑工程，综合单价＝清单项目人、材、机价款×（1＋管理费率＋利润率）

5. 措施项目清单计价表

措施项目清单计价表中的序号、名称、应根据措施项目清单的相应内容填写，投标人投标时应根据自身编制的施工组织设计（或施工方案）确定措施项目，对招标人提供的措施项目进行调整，并进行报价。措施项目费虽然可以由投标人自主确定，但其中安全文明施工费和临时设施费应按照国家或省级行业建设主管部门的规定确定。措施项目报价的方法如下：

（1）根据措施项目清单和拟建工程的施工组织设计，确定措施项目。

（2）确定项目所包含的工程内容。

（3）计算措施项目所含每项工程内容的工程量。

（4）根据项目所包含的工程内容，确定人工、材料和机械台班消耗量。

（5）参照价格信息或市场行情，确定相应单价。

（6）计算措施项目所含某项工程内容的人、材、机价款。

（7）计算措施项目人工、材料和机械台班价款。

措施项目人工、材料和机械台班价款＝∑措施项目所含某项工程内容的人、材、机价款

（8）按照《山东省建筑工程工程量清单计价办法》规定的费率或参照工程造价主管部门发布的相关费率，结合本企业和市场情况，确定管理费费率和利润费率。

（9）计算措施项目费

对于建筑工程

措施项目费＝措施项目人工、材料和机械台班价款×（1＋管理费率＋利润率）

6. 其他项目清单计价表

其他项目费应按以下规定计价。

（1）其他项目清单与计价汇总表。

（2）暂列金额明细表。暂列金额应根据工程特点，按有关计价规定估算；可根据工程的复杂程度、设计深度、工程环境条件（包括地质、水文、气候条件等）进行估算，一般可按分部分项工程费的10％～15％作为参考。

（3）材料暂估单价表。材料暂估单价应按工程造价管理机构发布的工程造价信息中的材料单价计算，工程造价信息未发布的材料单价，其单价参考市场价格估算。

（4）专业工程暂估价表：暂估价中的专业工程金额应分不同专业，按有关计价规定估算；

（5）计日工表。表—12—4计日工包括计日工人工、材料和施工机械。在编制招标控制价时，对计日工中的人工单价和施工机械台班单价应按省级、行业建设主管部门或其授

权的工程造价管理机构公布的单价计算；材料应按工程造价管理机构发布的工程造价信息中的材料单价计算，工程造价信息未发布材料单价的材料，其价格应按市场调查确定的单价计算。

（6）总承包服务费计价表。表—12—5 总承包服务费应根据招标文件列出的内容和要求估算；规范在条文说明中列出了可供参考的标准：

1）招标人仅要求对分包的专业工程进行总承包管理和协调时，按分包的专业工程估算造价的 1.5％计算；

2）招标人要求对分包的专业工程进行总承包管理和协调，并同时要求提供配合服务时，根据招标文件列出的配合服务内容和提出的要求，按分包的专业工程估算造价的 3％～5％计算。

3）招标人自行供应材料的，按招标人供应材料价值的 1％计算。

（7）索赔与现场签证计价汇总表。

（8）费用索赔申请（核准）表。

（9）现场签证表。

7. 规费、税金项目清单与计价表

投标人在投标报价时必须按照国家或省级、行业建设主管部门的有关规定计算规费和税金。规费和税金的计取标准是依据有关法律、法规和政策规定制定的，具有强制性。投标人是法律、法规和政策的执行者，不能改变，更不能制定，而必须按照法律、法规、政策的有关规定执行。

8. 工程款支付申请（核准）表

承包人应在每个付款周期末，向发包人递交进度款支付申请，并附相应的证明文件。发包人应在接到报告后按合同约定进行核对、计量和支付工程进度款。

第五节　工程量清单计价与招投标

招投标制度在我国建设市场中的已经占据主导地位，竞争已成为市场形成工程造价的主要形式。尤其是国有资产投资或国有资金占主体的建设工程，为了提高投资效益，保障国有资金的有效使用，很多地方也都出台了相应的法规要求必须实行招标。在招投标工程中推行工程量清单计价，是目前规范建设市场秩序的治本措施之一，同时也是我国招投标制度与国际接轨的需要。因此，在 GB 50500—2008《建设工程工程量清单计价规范》中强调："全部使用国有资金投资或国有资金投资为主的工程建设项目应执行本规范"，在招标中采用工程量清单计价。

一、在建设工程招标中采用工程量清单计价的优点

（一）工程量清单计价的特点

工程量清单是指"拟建工程的分部分项工程项目、措施项目、其他项目名称和相应数量的明细清单"。采用工程量清单计价，企业可以将自己的实际情况和在市场中的地位充分考虑到工程报价上去，因而可以做到科学、准确地反映实际情况。同时，由于大家拿到的是同一份清单，各投标单位都站在同一起跑线上，有利于通过公平竞争形成工程造价。

另外，工程量清单计价从技术上便于规范招投标过程中有关各方的计价行为，避免"暗箱操作"，增加透明度。

（二）在招标中采用工程量清单计价的优点

1. 增加透明度，使公平、公正、公开性得到更充分体现

传统的招投标，评标多采用百分法，总报价分值占至 60％以上。无论是用一次标底，还是二次标底作为评标的基准来评定报价得分，标底的作用始终显得至关重要。尽管采用了种种封闭做标底的方法，其保密性始终使未中标单位心存疑虑，同时确因个别投标单位煞费苦心打探标底，给投标单位和参与招标工作的人员造成一定影响。在对其他指标评定打分时也容易渗入人为因素。其公平、公正、公开性在某种程度上难以令人信服。而采用工程量清单报价方式招标，标底只作为招标人对投标的上限控制线，评标时不作为评分的基准值，其作用也不再突出。通过资格预审选择信誉好、质量优、管理水平高的施工单位参加投标。无特殊技术要求的工程项目如果其技术标经专家评审合格，经济标的评审原则上选取报价最低（不低于成本）的单位为中标单位。一切操作均公开、透明，无人为操作的环节和余地，彻底杜绝了暗箱操作。传统的招标工作中，由于没有统一的工程量提供给各投标单位，在投标时由于工程量计算失误而造成价格太高或太低而造成废标的情况比比皆是。采用工程量清单计价以后，工程量清单作为招标文件的重要组成部分，其分部分项工程项目、措施项目、其他项目名称和相应数量的明细清单，都由招标人负责统一提供，从而有效保证了投标单位竞争基础的一致性，减少了由于投标单位编制投标文件时出现的偶然性错误而导致投标失败的可能，充分体现招投标公平竞争的原则。

2. 采用工程量清单招标有利于发挥企业的综合实力

工程质量、工程造价和工期之间存在着对立统一的矛盾关系，要提高工程质量，就很可能提高工程造价和延长施工周期，如何在不增加投资和延长工期的情况下提高工程质量，是工程管理的一项重要工作内容，也是反映一个企业综合实力的重要标准。现行的标底编制方法、依据、原则是一致的，招标文件规定的收费标准，执行的差价文件也一致，投标单位不能按照自己的具体施工条件，施工设备和技术特长来确定报价，不能按照自己的采购优势来确定材料预算价格，不能按照企业的管理水平来确定工程的费用开支。采用清单模式招标，投标单位可以结合本身的特点，充分考虑自身的优势，考虑可竞争的现场费用，技术措施费用及所承担的风险，最终确定综合单价和总价进行投标，真正体现企业自主报价。体现我国工程造价管理改革的目标"控制量，指导价，竞争费"，实现通过市场机制决定工程造价。投标企业报价时综合考虑招标文件规定完成工程量清单所需的全部费用，不仅要考虑工程本身的实际情况，还要求企业将进度、质量、工艺及管理技术等方案落实到清单。投标报价时，能在竞争中真正体现出企业的综合实力。

3. 工程量清单计价使风险的分担更加合理

由于建筑工程本身持续时间长，工程的不确定和变更因素众多，现场复杂，工程建设的风险也比较大。在传统的计价模式下，不论采用总价合同和单价合同，风险的承担往往存在着不合理性。比如在工期比较短，图纸设计比较完整的情况下，甲乙双方一般签订固定总价合同，几乎所有的风险都由施工单位承担，这显然是不够公平的。采用工程量清单计价模式后，投标单位只对自己所报的成本、单价等内容负责，而对工程量的变更或计算

错误等不负责任，因此由这部分引起的风险由业主承担，这种格局符合风险合理分担与责权利关系对等的原则，因而更加合理。修订后的清单计价规范按照"政府宏观调控、企业自主报价、市场形成价格、加强市场监管"的改革思路，在发展和完善社会主义市场经济体制的要求下，对工程建设领域中施工阶段发、承包双方的计价，适宜采用市场定价的充分放开，政府监管不越位；在现阶段还需政府宏观调控的，政府监管一定不缺位，并且要切实做好。因此，在安全文明施工费、规费等计取上，规定了不允许竞价；在应对物价波动对工程造价的影响上，较为公平的提出了发、承包双方共担风险的规定。避免了招标人凭借工程发包中的有利地位无限制地转嫁风险的情况，同时遏制了施工企业以牺牲职工切身利益作为市场竞争中降价的利益驱动。

4. 工程量清单招标有利于企业自身的竞争能力的提高

企业中标以后，可以根据中标价以及投标文件中的承诺，通过对单位工程成本、利润进行分析，统筹考虑，精心选择施工方案，采用切实可行的先进技术，逐步建立企业自己的定额库，通过在施工过程中不断地调整、优化组合，合理控制现场费用和施工技术措施费用等，从而不断地促进企业自身的发展和进步。同时，由于工程量清单的统一提供，简化了投标报价的计算过程，节省了报价时间，减少不必要的重复劳动，也节省了投标企业的成本。作为施工单位要在激烈的竞争中取胜，必须具有先进的设备、先进技术和管理方法，这就要求施工单位在施工中要加强管理、鼓励创新，从技术中要效率、从管理中要利润，在激烈的竞争中不断发展、不断壮大，促进建筑业的健康发展。

5. 有利于业主以最合理的造价发包工程，降低工程造价

按照工程量清单计价确定的中标价格，在没有设计变更的情况下，中标价与最终结算价是一致的，就是说中标单位所报的综合单价是不变的，而且工程量清单计价实体项目和措施项目分开，实体项目费可随工程量的变化而变化，措施项目费不随工程量变化。国际承包工程中，一般工程量超过15％时才允许调整。因此，有利于建设单位控制造价。

为进一步规范企业报价，在规范中增加了招标控制价，规定国有资金投资的工程进行招标，根据《中华人民共和国招标投标法》的规定，招标人可以设标底；当招标人不设标底时，为有利于客观、合理的评审投标报价和避免哄抬标价，造成国有资金流失，招标人应编制招标控制价。招标控制价是招标人在工程招标时能接受投标人报价的最高限价。国有资金中的财政性资金投资的工程在招标时还应符合《中华人民共和国政府采购法》相关条款的规定，如：国有资金投资的工程，投标人的投标不能高于招标控制价，否则，其投标将被拒绝。

6. 工程量清单招标有利于控制工程索赔

在传统的招标方式中，"低价中标、高价索赔"的现象屡见不鲜，其中，设计变更、现场签证、技术措施费用及价格是索赔的主要内容，变更是否合理、签证是否规范，一直影响着工程的正常结算，有的因此走上法律程序。工程量清单计价招标中，由于单项工程的综合单价不因施工数量变化、施工难易程度、施工技术措施差异、取费等变化而调整，大大减少了施工单位不合理索赔的可能。监理单位在签订变更工程数量和单价时，也更加有据可依，减少了不必要的扯皮和推诿，有利于工程的结算工作。

二、招标文件的编制

所谓工程量清单招标，是指由招标单位提供统一含工程量清单的招标文件，投标单位根据招标文件中的工程量清单数量和要求，考察施工现场实际情况，拟定施工组织设计，按企业定额或参照建设行政主管部门发布的现行消耗量定额以及造价管理机构发布的价格信息或自己掌握的市场价格信息进行投标报价，招标单位择优选定中标人的过程。

采用工程量清单招标以后，工程量清单在招标文件中占有比较重要的地位。在招标准备阶段，招标人自行编制或委托有资质的工程造价咨询单位（或招标代理机构）编制招标文件，包括工程量清单。在编制工程量清单时，若该工程是"全部使用国有资金投资或国有资金投资为主的大中型建设工程"，应严格执行 GB 50500—2008《建设工程工程量清单计价规范》进行。工程量清单编制完成后，作为招标文件的一部分，发给各投标单位。投标单位在接到招标文件后，可对现场进行察看，对工程量清单进行复核，如果没有大的出入，即可考虑各种因素按照企业实际情况进行工程报价；如果投标单位发现工程量清单中工程量与按有关图纸计算的工程量差异比较大，可要求招标单位进行澄清，招标单位若变更工程量，必须将变更后的工程量同时递交所有投标人。投标单位不得擅自变动工程量，否则视为不响应标书实质性内容而废标。投标报价完成后，投标单位在约定的时间内提交投标文件，评标委员会根据招标文件确定的评标标准和方法进行评标定标。由于采用了工程量清单计价方法，所有投标单位都站在同一起跑线上，因而使竞争更为公平合理。

从以上招标工作的程序可也看出，招标文件的编制是一项关键工作。

（一）招标文件的编制人

《中华人民共和国招标投标法》规定，招标文件可由有编制能力的招标人自行编制，也可以委托招标代理机构办理招标事宜。规范规定："工程量清单应由具有编制招标文件能力的招标人或受其委托具有相应资质的中介机构编制"，其中，有资质的中介机构一般包括招标代理机构和工程造价咨询机构。

（二）编制依据

建设部 2001 年第 107 号令《建筑工程施工发包与承包计价管理办法》规定："工程量清单应当依据招标文件、施工设计图纸、施工现场条件和国家制定的统一工程量计算规则、分部分项工程项目划分、计量单位等进行编制"。不论是招标人自己或受其委托具有相应资质的中介机构都应严格按照规范进行编制。

（三）编制内容

招标文件的编制，应当包含工程量清单的所有内容，即应包括分部分项工程量清单、措施项目清单、其他项目清单，且必须严格按照规范规定的计价规则和标准格式进行。在编制工程量清单时，应根据规范规定的项目编码、项目名称、工程量计算规则和工程计量单位，对照设计图纸及其他有关要求对清单项目进行准确详细的描述，以保证投标企业正确理解各清单项目的内容，合理报价，不应出现模棱两可、容易造成分歧的情况。

（四）招标控制价

在招标过程中，一般都设有标底，规定所有投标单位的投标报价不得高于标的，但有时会出现招标项目上所有投标人的报价均高于标底的现象，致使中标人的中标价高于招标人的预算，对招标工程的项目业主带来了困扰。因此，为有利于客观、合理地评审投标报价和避免哄抬标价，造成国有资产流失，招标人应编制招标控制价，作为招标人能够接受的最高交易价格。规范规定，国有资金投资的工程建设项目应实行工程量清单招标，并应编制招标控制价。招标控制价超过批准的概算时，招标人应将其报原概算审批部门审核。投标人的投标报价高于招标控制价的，其投标应予以拒绝。"招标控制价超过批准的概算时，招标人应将其报原概算审批部门审核"。招标控制价应由具有编制能力的招标人，或受其委托具有相应资质的工程造价咨询人编制。

三、利用工程量清单投标报价

投标单位拿到招标文件以后，根据招标文件及有关计价办法，并且根据企业自身的实际情况和市场状况，计算出投标报价，在此基础上研究投标策略，提出更有竞争力的报价。投标报价对投标单位竞标的成败和将来实施工程的盈利水平起着决定性的作用，因而，编制合理的投标报价对投标企业来说是一项非常重要的工作。

（一）编制投标报价的原则

按照传统的招投标管理模式，企业得到招标文件以后，按照图纸和相关定额编制投标文件，如果工程量计算都是准确的，又按规定套用相同的定额，则有可能造成相同的价格，企业缺乏报价的自主权。采用工程量清单招标后，投标单位才真正有了报价的自主权，但企业在充分合理地发挥自身的优势自主定价时，还应遵守有关文件的规定。

《建筑工程施工发包与承包计价管理办法》明确指出：投标报价应当满足招标文件要求；应当依据企业定额和市场参考价格信息，并按照国务院和省、自治区、直辖市人民政府建设行政主管部门发布的工程造价计价办法进行编制。

规范规定：投标报价应根据招标文件中的工程量清单和有关要求、施工现场实际情况及拟定的施工方案或施工组织设计，依据企业定额和市场价格信息，或参照建设行政主管部门发布的消耗量定额及有关规定进行编制。

除规范强制性规定外，投标价由投标人自主确定，但不得低于成本。

（二）投标报价编制方法

（1）投标人在投标报价中填写的工程量清单的项目编码、项目名称、项目特征、计量单位、工程量必须于招标人招标文件中提供的一致。实行工程量清单招标，招标人在招标文件中提供工程量清单，其目的是使各投标报价中具有共同的竞争平台。

（2）分部分项工程费应依据规范第2.0.4条综合单价的组成内容，按招标文件中分部分项工程量清单项目的特征描述确定综合单价计算。在招投标过程中，当出现招标文件中分部分项工程量清单特征描述与设计图纸不符时，投标人应以分部分项工程量清单的项目特征描述为准，确定投标报价的综合单价。当施工中施工图纸或设计变更与工程量清单项目特征描述不一致时，发、承包双方应按实际施工的项目特征，依据合同约定重新确定综合单价。综合单价中应考虑招标文件中要求投标人承担的风险费用，在施工过程中，当出现的风险内容及其范围（幅度）在合同约定的范围内时，工程价款不做调整。招标文件中提供了暂估单价的材料，按暂估的单价计入综合单价。

（3）投标人可根据工程实际情况结合施工组织设计，对招标人所列的措施项目进行增补。措施项目费应根据招标文件中的措施项目清单及投标时拟定的施工组织设计或施工方案按规范第4.1.4条的规定自主确定。其中安全文明施工费应按照规范第4.1.5条的规定确定。

由于各投标人拥有的施工装备、技术水平和采用的施工方法有所差异，招标人提出的措施项目清单是根据一般情况确定的，没有考虑不同投标人的"个性"，投标人投标时应根据自身编制的投标施工组织设计或施工方案确定措施项目，对招标人提供的措施项目进行调整。

（4）投标人对其项目费的投标报价，主要有以下几种。

1）暂列金额应按照其他项目清单中列出的金额填写，不得变动。

2）暂估价不得变动和更改。暂估价中的材料必须按照暂估单价计入综合单价；专业工程暂估价必须按照其他项目清单中列出的金额填写。

3）计日工应按照其他项目清单列出的项目和估算的数量，自主确定各项综合单价并计算费用。

4）总承包服务费应依据招标人在招标文件中列出的分包专业工程内容和供应材料、设备情况，按照招标人提出协调、配合与服务要求和施工现场管理需要自主确定。

（5）规费和税金的计取标准是依据有关法律、法规和政策规定制定的，具有强制性。投标人在投标报价时必须按照国家或省级、行业建设主管部门的有关规定计算规费和税金。

（6）实行工程量清单招标，投标人的投标总价应当与组成工程量的分部分项工程费、措施项目费、其他项目费和规费、税金的合计金额相一致，即投标人在投标报价时，不能进行投标总价优惠（或降价、让利），投标人对招标人的任何优惠（或降价、让利）均应反映在相应清单项目的综合单价中。

（三）编制投标报价时应注意的问题

工程量清单计价包括了按招标文件规定完成工程量清单所需的全部费用，包括分部分项工程量清单费、措施清单项目费、其他清单费和规费、税金以及风险因素。由于工程量清单计价规范在工程造价的计价程序、项目的划分和具体的计量规则上与传统的计价方式有较大的区别，因此，施工单位应加强学习和培训，以适应工程量清单方式的投标工作。

（1）应注意投标文件中的工程量清单与招标文件的工程量清单在格式、内容、描述等各方面须保持一致，避免由此而造成投标的失败。

（2）应注意阅读工程量清单的描述，避免由于理解上的差异，造成投标报价时的失误，注意使投标文件的清单项目编码、项目名称、计量单位必须与招标文件一致。

（3）仔细区分分部分项工程量清单费、措施项目清单费、其他项目清单费和规费、税金等各项费用的组成，避免重复计算和遗漏。

（4）在投标报价书中，没有填写单价和合价的项目将不予支付，因此投标企业应仔细填写每一单项的单价和合价，做到报价时不漏项不缺项，并且使单价与合价对应起来，避免造成废标的发生。

（5）注意技术标报价与商务标报价不得重复，尤其是在技术标中已经包括的措施项目报价，在列措施项目清单时应避免重复报价。

（6）掌握一定的投标报价策略和技巧，根据各种影响因素和工程具体情况灵活机动地调整报价，提高企业的市场竞争力。

四、采用工程量清单计价后的评标问题

目前，对投标文件的评价方法有很多。有的采用有标底的评标方法，根据标底，对投标报价进行报价分数的计算，另外对每一家企业的施工组织等内容进行专家评述，最后总额打分，选出中标人；有的事先不计算标底，采用投标单位投标报价的平均值作为标底进行评标；还有的采用无标底的办法进行评标，采用低价中标的办法。无论采用哪一种评标办法，都有其长处和不足，实际应用时，应根据招标人的需求进行选择。比如某些较复杂的项目，或者招标人招标主要考虑的不是价格而是投标人的个人技术和专门知识及能力，那么，最低投标价中标的原则就难以适用，而必须采用综合评价方法，这样招标人的目的才能实现。因此，推行工程量清单招标后，需要有关部门对评标标准和评标方法进行相应的改革和完善：

（1）制定更多的适应不同要求的、法律法规允许的评标方法，供招标人灵活选择，以满足不同类型、不同性质和不同特点的工程招标需要。国家计委等七部委 2001 年 7 月颁发的《评标委员会和评标办法暂行规定》，在关于低于成本价的认定标准、中标人的确定条件以及评标委员会的具体操作等方面做出了比较具体的规定，为制定新的评定标方法提供了依据。广东省在实施工程量清单计价试点后，针对新的竞争环境和不同的需求，制定了具体的“合理低价评标法”、“平均报价评标法”、“两阶段低价评标法”以及“A＋B 评标法”等多种评定标试行办法，招标人可根据工程具体情况，选择一种，或其中的几种方法综合修改经建设行政主管部门备案后使用。这些方法和指导思想都值得各地或有关部门参考。

（2）充分发挥行业协会、学会的作用，将行业协会制定出的行业标准引入具体的评审标准和评标方法中，以定量代替定性评标办法，提高评审的合理性。

在采用工程量清单招标的试点地区中，有的地区在评定标中将造价工程师协会制定的“市场报价低于成本”的评定原则切实引入评定标办法中，借助专业的电脑软件，按照设定的量化指标标准，对投标企业报价的消耗量材料报价进行全面、系统的分析对比，为专家评审提供公正、全面的基础数据。

第六节 工程量清单计价的合同问题

我国现在推行的建设工程施工合同是 1999 年 12 月建设部和工商行政管理局联合印发的《建设工程施工合同（示范文本）》（以下简称《示范文本》）（GF—1999—0201）。施工合同示范文本的推行依据《中华人民共和国合同法》第十二条第二款“当事人可以参考各类合同的示范文本订立合同”的规定。

一、工程量清单与施工合同主要条款的关系

采用工程量清单计价以后，工程量清单与施工合同关系密切，合同里有很多条款是涉及工程量清单的。

（一）工程量清单是合同文件的组成部分

施工合同不仅仅指发包人和承包人签订的协议书，它还应包括与建设项目施工有关的资料和施工过程中的补充、变更文件。GB 50500—2008《建设工程工程量清单计价规范》

颁布实施后，工程造价采用工程量清单计价模式的，其施工合同也即通常所说的"工程量清单合同"或"单价合同"。

《示范文本》第二条第一款规定：合同文件应能相互解释，互为说明。除专用条款另有约定外，组成本合同的文件及优先解释顺序如下：

（1）本合同的协议书。

（2）中标通知书。

（3）投标书及其附件。

（4）本合同专用条款。

（5）本合同通用条款。

（6）标准、规范及有关的技术文件。

（7）图纸。

（8）工程量清单。

（9）工程报价单或预算书。

对于采用清单计价的招标工程而言，工程量清单是合同的重要组成部分，对于工程结算时的变更和索赔价款，也都涉及到工程量清单的计价。非招标的建设项目，其计价活动也必须遵守《建设工程工程量清单计价规范》，作为工程造价的计算方式和施工履行的标准之一，其合同内容必须涵盖工程量清单。因此，无论招标抑或非招标的建设工程，工程量清单都是施工合同的组成部分。

（二）工程量清单是计算合同价款和确认工程量的依据

工程量清单中所载工程量是按照规范规定的工程量计算规则，依据拟建工程图纸计算出来的工程数量，它是计算投标价格和确定合同价款的基础，承发包双方必须依据工程量清单所约定的规则，计算工程数量、确定工程合同价款。

（三）工程量清单是计算工程变更价款和追加合同价款的依据

工程施工过程中，因设计变更或追加工程影响工程造价时，合同双方应依据工程量清单和合同其他约定调整合同价款。根据规范的要求，一般按以下原则进行：① 清单或合同中已有适用于变更工程的价格，按已有价格变更合同价款；② 清单或合同中只有类似于变更工程的价格，可以参照类似价格变更合同价款；③ 清单或合同中没有适用或类似于变更工程的价格，由承包人提出适当的变更价格，经监理工程师确认后执行。

（四）工程量清单是支付工程进度款和竣工结算的计算基础

工程施工过程中，发包人应按照合同约定和施工进度支付工程价款。传统的计价模式不利于进度款的拨付，原因是难以确定已完工程的实际工作量，并且计算出工作量以后，还要按照定额等计价依据进行复杂的计算，才能确定进度款的数量；采用清单计价以后，发包人可以依据已完项目的工程量和相应投标单价计算工程进度款，相对要容易得多。工程竣工验收后，承发包人应按照合同约定办理竣工结算，依据竣工图纸和规范规定的工程量计算规则对实际工程进行计量，调整工程量清单中的工程量，并依此计算工程结算价款。

（五）工程量清单是索赔的依据之一

索赔在工程实际中是经常发生的，在合同履行过程中，对于并非自己的过错，而是应由对方承担责任的情况造成的经济损失或时间延误，合同当事人可向对方提出经济索赔和（或）工期顺延的要求。《示范文本》第三十六条对索赔的程序、要求作出了具体的规定。当一方向另一方提出索赔要求时，要有正当索赔理由，且有索赔事件发生时的有效证据，在有效时间内提出索赔意向，然后要有索赔的详细计算和说明。工程量清单作为合同文件的组成部分是索赔的重要依据，是计算索赔量的基础。

二、工程量清单合同的特点

建设工程采用工程量清单的方式进行计价最早诞生在英国，并逐步在英殖民国家使用。经过数百年实践检验与发展，目前已经成为世界上普遍采用的计价方式，世界银行和亚洲开发银行贷款项目也都推荐或要求采用工程量清单的形式进行计价。我国加入世界贸易组织以后，为了尽快和国际接轨，实现"引进来，走出去"战略，必须在工程计价方面加快和国际的接轨。工程量清单计价之所以有如此生命力，主要依赖于清单合同的自身特点和优越性。

（1）单价具有综合性和固定性。工程量清单报价均采用综合单价形式，综合单价中包含了清单项目所需的全部的材料、人工、施工机械、管理费、利润以及风险因素，具有一定的综合性。与以往定额计价相比，清单合同的单价简单明了，能够直观反映各清单项目所需的消耗和资源。而且，工程量清单报价一经合同确认，竣工结算时不能改变，单价具有固定性。因此，工程量清单报价所采用的都是综合单价，投标企业在报价时必须按照招标文件提供的清单数量和单位进行报价，对数量和单位不允许做任何更改，如果某项内容不报则视为该项工作内容的报价已经包含在其他项目内，且在结算时不允许以任何理由调整或索赔。综合单价因工程变更需要调整时，可按 GB 50500—2008《建设工程清单计价规范》的有关规定执行，在签订合同时应予以说明。

（2）有利于施工合同价款的计算。施工过程中进度款的拨付一般首先由承包人提交工程进度计算表，发包人代表或工程师对承包人提交的进度报表进行核实，然后拨付工程进度款；采用清单计价方式依据合同中的计日工价、依据或参考合同中已有的单价或总价，有利于工程变更价的确定和费用索赔的处理。工程结算时，承包人可依据竣工图纸、设计变更和工程签证等资料计算实际完成的工程量，对与原工程量清单不符的部分提出调整，并最终依据实际完成工程量确定工程造价，结算方法见下节。

（3）清单合同更适于招投标工作。在清单招标投标中，投标单位可根据图纸等资料和国家的有关规定，依据自身的企业实力和管理水平，对不同项目进行价格计算，充分反映投标人的实力水平和价格水平。由招标人统一提供工程量清单，不仅增大了招标投标市场的透明度，杜绝了腐败的源头，而且为投标企业提供了一个公平合理的基础和环境，真正体现了建设工程交易市场的公开、公平和公正。

招标文件是招标投标的核心，而工程量清单是招标文件的关键。准确、全面和规范的工程量清单有利于体现业主的意愿，有利于工程施工的顺利进行，有利于工程质量的监督和工程造价的控制；对于投标人来说，有详细而准确的工程量清单，不仅增加了报价的准确性，而且减少了由于繁琐的工程量的计算而带来的人力和财力的浪费，减少了企业成本，有利于企业的健康发展；反之，不准确的工程量将会给投标人带来决策上的错误，对招标单位也可能会造成招标结果的不理想。

三、营造清单合同的社会环境

经济体制的改革是一项极其复杂繁琐的工作，往往牵一发而动全身。GB 50500—2008《建设工程工程量清单计价规范》颁布实施后，更需要各级政府管理部门的跟踪和监督，尤其是工程造价管理部门。不仅施工企业要加强对清单报价的认识，政府也要为工程量清单计价创造良好的社会、经济环境，工程造价管理部门要转变观念、与时俱进，出台相应的配套措施，确保清单计价的顺利实施和健康发展。

（1）技术进步的要求。技术进步对建筑施工企业的作用好比"四两拨千斤"，工程量清单招标要求施工企业不断进行技术创新，向新工艺、新技术要效益；要求施工企业改变观念善于应用新技术、新工艺、新生产经营方式，提高企业的机械化施工水平和技术水平，提高劳动生产率，努力先进的技术缩短工期、提高质量、降低造价，使企业在招标和施工过程中占据有利优势。

（2）企业经营管理的要求。建设部《关于进一步加强招标投标管理的规定》中指出："引导企业在国有定额的指导下，依据自身技术和管理情况建立内部定额，提高投标报价的水平和技巧。"施工企业参加工程清单招标，对其编制企业定额、施工定额、工期定额、消耗定额、费用定额、掌握市场材料价格等方面提出了新要求。施工企业必须加强"定额"这一基础工作在经营管理中的作用。要认识到：企业定额是进行经济活动分析的依据，是评价企业工作的重要标准，是决定企业收入的重要因素。企业只有达到或超过定额水平才能在施工中提高劳动生产率，减低消耗，提高企业效益；才能在工程清单报价中做到心中有数，稳操胜券。

（3）建立合同风险管理制度。风险管理就是人们对潜在的损失进行辨识、评估、预防和控制的过程。风险转移是工程风险管理对策中采用最多的措施。工程保险和工程担保是风险转移的两种常用方法。工程保险可以采取建安工程一切险，附加第三者责任险的形式。工程担保能有效地保障工程建设顺利地进行，许多国家的政府都在法规中规定进行工程担保，在合同的标准条款中也有关于工程担保的条文。目前，我国工程担保和工程保险制度仍不健全，亟待政府出台有关的法律法规。

（4）尽快建立起比较完善的工程价格信息系统。工程造价最终要做到随行就市，不但承包人要掌握，业主也要了解，造价管理部门更要熟悉市场价格行情。否则的话，这种新机制就不会带来应有的结果。价格信息系统可以利用现代化的传媒手段，通过网络、新闻媒体等各种方式让社会有关各方都能及时了解工程建设领域内的最新价格信息，建立工程量清单项目数据库，提高工程建设价格信息发布的质量和力度。市场价格的准确与否是决定投标报价是否准确、合理的主要因素之一。因此，应当建立专业的工程建设价格信息发布的服务机构。提高价格信息发布的质量，在准确性和品种规格上，满足一般工程报价的需要；保证价格信息发布的时效性，缩短信息发布的间隔时间，对主要价格的突然变化要做到及时发布。加强工程建设价格的研究和预测工作，应当形成统一工程价格信息网。

（5）进一步完善工程量清单计价的软件。有了可操作的工程量清单计价办法，还要辅以完善的实施操作程序，才能使该工作在规范的基础上有序运作。为了保障推行工程量清单计价的顺利实施，必须设计研制出界面直观、操作方便、功能齐全的高水平工程量清单计价系统软件，解决编制工程量清单、标底和投标报价中的繁杂运算程序，为推行工程量清单计价扫清障碍，满足参与招标、投标活动各方面的需求。

（6）提高造价执业队伍的水平，规范执业行为。清单计价对工程造价专业队伍特别是执业人员的个人素质提出了更高要求。要顺利实施工程量清单计价，当务之急就是必须加大管理力度，促进工程造价专业队伍的健康发展。① 对人员的管理转变为行业协会管理，专业队伍的健康发展、素质教育、规章制度的制定、监督管理等具体工作由行业协会负责；② 建章立制，实施规范管理，制定行业规范、人员职业道德规范、行为准则、业绩考核等可行办法，使造价专业队伍自我约束，健康发展；③ 加强专业培训，实施继续教育制度，每年对专业队伍进行规定内容的培训学习，定期组织理论讨论会、学术报告会，开展业务交流、经验介绍等活动，提高自身素质。

第七节 工 程 结 算

工程竣工验收后，承发包人应按照合同约定办理竣工结算，依据竣工图纸和规范规定的工程量计算规则对实际工程进行计量，调整工程量清单中的工程量，并依此计算工程结算价款。由于在施工过程中会发生许多难以预料的情况，因此工程竣工结算时会发生很多影响造价的情况，这就要按照有关规定进行价款的调整。

一、竣工结算的依据

（1）工程量清单计价规范。

（2）施工合同。

（3）工程竣工图纸及资料。

（4）双方确认的工程量。

（5）双方确认追加（减）的工程价款。

（6）双方确认的索赔、现场签证事项及价款。

（7）投标文件。

（8）招标文件。

（9）其他依据。

二、竣工结算的原则

分部分项工程费应依据双方确认的工程量、合同约定的综合单价计算；如发生调整的，以发、承包双方确认调整的综合单价计算。

措施项目费应依据合同约定的项目和金额计算；如发生调整的，以发、承包双方确认调整的金额计算，其中安全文明施工费应按规范第 4.1.5 条的规定计算。

其他项目费用应按下列规定计算：

（1）计日工应按发包人实际签证确认的事项计算。

（2）暂估价中的材料单价应按发、承包双方最终确认价在综合单价中调整；专业工程暂估价应按中标价或发包人、承包人与分包人最终确认价计算。

（3）总承包服务费应依据合同约定金额计算，如发生调整的，以发、承包双方确认调整的金额计算。

（4）索赔费用应依据发、承包双方确认的索赔事项和金额计算。

（5）现场签证费用应依据发、承包双方签证资料确认的金额计算。

（6）暂列金额应减去工程价款调整与索赔、现场签证金额计算，如有余额归发包人。

规费和税金应按规范第4.1.8条的规定计算。

三、工程竣工结算一般原则

承包人应在合同约定时间内编制完成竣工结算书，并在提交竣工验收报告的同时递交给发包人。

承包人未在合同约定时间内递交竣工结算书，经发包人催促后仍未提供或没有明确答复的，发包人可以根据已有资料办理结算。发包人在收到承包人递交的竣工结算书后，应按合同约定时间核对。

同一工程竣工结算核对完成，发、承包双方签字确认后，禁止发包人又要求承包人与另一个或多个工程造价咨询人重复核对竣工结算。

发包人或受其委托的工程造价咨询人收到承包人递交的竣工结算书后，在合同约定时间内，不核对竣工结算或未提出核对意见的，视为承包人递交的竣工结算书已经认可，发包人应向承包人支付工程结算价款。

承包人在接到发包人提出的核对意见后，在合同约定时间内，不确认也未提出异议的，视为发包人提出的核对意见已经认可，竣工结算办理完毕。发包人应对承包人递交的竣工结算书签收，拒不签收的，承包人可以不交付竣工工程。

承包人未在合同约定时间内递交竣工结算书的，发包人要求交付竣工工程，承包人应当交付。

四、工程量和综合单价的调整

竣工结算由承包人编制，发包人核对。实行总承包的工程，由总承包人对竣工结算的编制负总责。承、发包人均可委托具有工程造价咨询资质的工程造价咨询企业编制或核对竣工结算。办理竣工结算时，分部分项工程费中工程量应依据发、承包双方确认的工程量，综合单价应依据合同约定的单价计算。如发生了调整的，以发、承包双方确认调整后的综合单价计算。

1. 工程量的计算原则

由于招标人的原因，不论是工程量清单有误还是设计变更等原因引起的分部分项工程量清单项目及工程量发生变化，都要按实际情况进行调整，由承包人根据《山东省建筑工程工程量清单计价办法》规定的工程量计算办法计算，经发包人确认后，作为工程结算的依据，由此引起的措施项目清单或其他方面费用的变化，也要进行调整。

2. 综合单价的调整原则

若施工中出现施工图纸（含设计变更）与工程量清单项目特征描述不符的，发、承包双方应按新的项目特征确定相应工程量清单项目的综合单价。

因分部分项工程量清单漏项或非承包人原因的工程变更，造成增加新的工程量清单项目，其对应的综合单价按以下方法确定：

（1）合同中已有适用的综合单价，按合同中已有的综合单价确定。

（2）合同中有类似的综合单价，参照类似的综合单价确定。

（3）合同中没有适用或类似的综合单价，由承包人提出综合单价，经发包人确认后执行。

在合同履行过程中，因非承包人原因引起的工程量增减与招标文件中提供的工程量可能有偏差，该偏差对工程量清单项目的综合单价将产生影响，是否调整综合单价以及如何调整应在合同中约定。若合同未作约定，按以下原则办理：

（1）当工程量清单项目工程量的变化幅度在 10％以内时，其综合单价不做调整，执行原有综合单价。

（2）当工程量清单项目工程量的变化幅度在 10％以外，且其影响分部分项工程费超过 0.1％时，其综合单价以及对应的措施费（如有）均应作调整。调整的方法是由承包人对增加的工程量或减少后剩余的工程量提出新的综合单价和措施项目费，经发包人确认后调整。

为进一步合理分担工程风险，2008 清单计价规范规定，市场价格发生变化超过一定幅度时，工程价款应该调整。如合同没有约定或约定不明确的，可按以下规定执行：

1）人工单价发生变化时，发、承包双方应按省级或行业建设主管部门或其授权的工程造价管理机构发布的人工成本文件调整工程价款。

2）材料价格变化超过省级和行业建设主管部门或其授权的工程造价管理机构规定的幅度时应当调整，承包人应在采购材料前将采购数量和新的材料单价报发包人核对，确认用于本合同工程时，发包人应确认采购材料的数量和单价。发包人在收到承包人报送的确认资料后三个工作日不予答复的视为已经认可，作为调整工程价款的依据。如果承包人未报经发包人核对即自行采购材料，再报发包人确认调整工程价款的，如发包人不同意，则不做调整。

3．措施项目费用的调整

办理竣工结算时，措施项目费应依据合同约定的措施项目和金额或发、承包双方确认调整后的措施项目费金额计算。

措施项目费中的安全文明施工费应按照国家或省级、行业建设主管部门的规定计算。施工过程中，国家或省级、行业建设主管部门对安全文明施工费进行了调整的，措施项目费中的安全文明施工费应作相应调整。

4．其他项目费用的计算

（1）计日工的费用应按发包人实际签证确认的数量和合同约定的相应单价计算。

（2）当暂估价中的材料是招标采购的，其单价按中标价在综合单价中调整。当暂估价中的材料未非招标采购的，其单价按发、承包双方最终确认的单价在综合单价中调整。

当暂估价中的专业工程是招标采购的，其金额按中标价计算。当暂估价中的专业工程为非招标采购的，其金额按发、承包双方与分包人最终确认的金额计算；暂列金额应减去工程价款调整与索赔、现场签证金额计算，如有余额归发包人。

（3）总承包服务费应依据合同约定的金额计算，发、承包双方依据合同约定对总承包服务费进行了调整，应按调整后的金额计算。

5．工程结算价款的组成

$$工程结算价款＝（1）＋（2）＋（3）＋（4）＋（5）＋（6）＋（7）$$

（1）分部分项工程量清单报价款。

（2）措施项目清单报价款。

（3）其他项目清单报价款＝暂列金额＋暂估价＋计日工＋总包服务费。

（4）工程量的变更而调整的价款。

1）分部分项工程量清单漏项，或由于设计变更增加了的项目清单应调增的价款。

$$调增价款＝\sum（漏项、新增项目工程量×相应新编综合单价）$$

2）分部分项工程量清单多余项目，或设计变更减少的原有分部分项工程量清单项目，应调减的价款。

$$调减价款＝\sum（多余项目原有价款＋减少项目原有价款）$$

3）分部分项工程量清单有误而调增的工程量，或由于设计变更引起分部分项工程量清单工程量的增加，应调增的价款。

$$调增价款＝\sum[某清单项目调增工程量（15\%以内部分）×相应原综合单价]$$
$$＋\sum[某清单项目调增工程量（15\%以外部分）×相应新编综合单价]$$

4）分部分项工程量清单有误而调减的工程量，或由于设计变更引起分部分项工程量清单工程量的减少，应调减的价款。

$$调减价款＝\sum（某清单项目调增工程量×相应原综合单价）$$

（5）索赔费用。

（6）规费。

$$规费＝[（1）＋（2）＋（3）＋（4）＋（5）＋实际发生的发包人自行采购材料的价款]×规费费率$$

其中建筑、装饰、安装工程的"规费"不包括社会保障费、意外伤害保险费。

（7）税金。

$$税金＝\{[（1）＋（2）＋（3）＋（4）＋（5）＋实际发生的发包人自行采购材料的价款]$$
$$×（1＋社会保障费率＋意外伤害保险费率）＋（6）\}×税金率$$

五、竣工结算的时间要求

竣工结算的核对时间：按发、承包双方合同约定的时间完成。

《最高人民法院关于审理建设工程施工合同纠纷案件适用法律问题的解释》（法释［2004］14号）第二十条规定："当事人约定，发包人收到竣工结算文件后，在约定期限内不予答复，视为认可竣工结算文件的，按照约定处理。承包人请求按照竣工结算文件结算工程价款的，应予支持"。根据这一规定，要求发、承包双方不仅应在合同中约定竣工结算的核对时间，并应约定发包人在约定时间内对竣工结算不予答复，视为认可承包人递交的竣工结算。

合同中对核对结算时间没有约定或约定不明的，按表8-2规定时间进行核对并提出核对意见。

表 8-2 核 对 结 算 时 间

序 号	工程竣工结算书金额	核 对 时 间
1	500 万元以下	从接到竣工结算书之日起 20 天
2	500 万～2000 万元	从接到竣工结算书之日起 30 天
3	2000 万～5000 万元	从接到竣工结算书之日起 45 天
4	5000 万元以上	从接到竣工结算书之日起 60 天

建设项目竣工总结算在最后一个单项工程竣工结算核对确认后 15 天内汇总，送发包人后 30 天内核对完成。

合同约定或规范规定的结算核对时间含发包人委托工程造价咨询人核对的时间。

六、工程计价争议处理原则

工程造价管理机构是工程造价计价依据、办法以及相关政策的管理机构。对发包人、承包人或工程造价咨询人在工程计价中，对计价依据、办法以及相关政策规定发生的争议进行解释是工程造价管理机构的职责。因此，一旦发包人、承包人双方发生工程计价争议时，可请求工程造价管理部门给予解释。

（1）在工程计价中，对工程造价计价依据、办法以及相关政策规定发生争议事项的，由工程造价管理机构负责解释。发包人以对工程质量有异议，拒绝办理工程竣工结算的，已竣工验收或已竣工未验收但实际投入使用的工程，其质量争议按该工程保修合同执行，竣工结算按合同约定办理；已竣工未验收且未实际投入使用的工程以及停工、停建工程的质量争议，双方应就有争议的部分委托有资质的检测鉴定机构进行检测，根据检测结果确定解决方案，或按工程质量监督机构的处理决定执行后办理竣工结算，无争议部分的竣工结算按合同约定办理。

（2）发、承包双方发生工程造价合同纠纷时，应通过以下办法解决：

1）双方协商。

2）提请调解，工程造价管理机构负责调解工程造价问题。

3）按合同约定向仲裁机构申请仲裁或向人民法院起诉。

第八节　工程量清单计价的应用

一、工程量清单的编制

工程量清单的编制关键在于工程项目的划分和工程量的计算，项目划分一般以规范为依据，根据项目的具体情况来选择，如果清单项目不能完全反应工程的所有工作，也可以编制补充项目；工程量清单中项目编码的前九位和计量单位严格按照规范附录确定，不允许更改，后三位由清单编制人根据同一项目的不同做法来确定，项目特征一栏要根据设计做法详细描述，明确每一个项目所包含的具体工作内容；同时，项目工程量的计算要按照规范提供的工程量计算规则来计算，在清单计价规范的附录中，每一个子目都有其工程量计算规则，要防止和消耗量定额计算规则混淆。

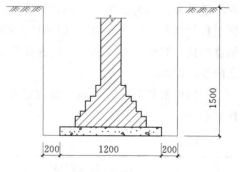

图 8-3　某砖基础沟槽剖面图

1. 土石方工程

【例 1】　某砖基础沟槽如图 8-3 所示，土质为三类土，挖深为 1.5m，不放坡。已知沟长 50m，计算其清单工程量和定额工程量。

解：项目编码：010101003　　项目名称：挖基础土方

（1）清单工程量（按设计图示尺寸以基础垫层底面积乘以挖土深度计算）。

$$挖基础土方工程量＝1.2×50×1.5＝90（m^3）$$

清单工程量计算见表 8-3。

表 8-3　　　　　　　　　　　　　　　清单工程量计算表

项目编码	项目名称	项 目 特 征	计量单位	工程数量
010101003	挖基础土方	三类土，砖条形基础，垫层底宽 1.2m	m^3	90

（2）定额工程量。按照消耗量定额工程量计算规则，砖基础施工每边应保留 20cm 宽的工作面

$$基础土方工程量＝(1.2＋0.4)×50×1.5＝120（m^3）$$

2. 桩与地基基础工程

【例2】某工程打预制钢筋混凝土桩，土质为二类土，尺寸如图 8-4 所示，计算其清单工程量和定额工程量。

解：项目编码：010201001　　　项目名称：预制钢筋混凝土桩

工程量按设计图示尺寸以桩长（含桩尖长度）或桩根数计算。

（1）清单工程量。

$$预制钢筋混凝土桩工程量＝8.6m$$

清单工程量计算见表 8-4。

表 8-4　　　　　　　　　　　　　　　清单工程量计算表

项目编码	项目名称	项 目 特 征	计量单位	工程数量
010201001	预制钢筋混凝土桩	二类土，单桩长 8.6m，共一根，桩截面 300mm×300mm	m	8.6

（2）定额工程量。按照设计桩长乘以桩截面面积以 m^3 计算。

$$预制钢筋混凝土桩工程量＝0.3×0.3×8.6＝0.74（m^3）$$

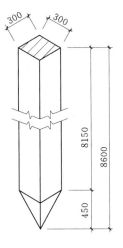

图 8-4　钢筋混凝土桩

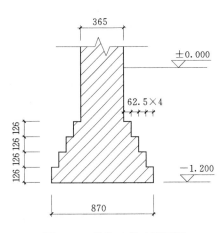

图 8-5　外墙砖基础断面图

3. 砌筑工程

【例3】　某房屋外墙砖基础截面如图8-5所示，轴线长度为100m，计算其砖基础工程量。

解：项目编码：010301001　　项目名称：砖基础

（1）清单工程量。砖基础工程的清单工程量，按设计图示尺寸以体积计算，基础长度外墙按中心线，内墙按净长线。

该基础为3/2四层等高式基础，折加高度为0.432，计算得到基础体积为

$$V_{砖基础}=0.365×（1.2+0.432）×100=59.57（m^3）$$

清单工程量计算见表8-5。

表8-5　　　　　　　　　　　　　　清单工程量计算表

项目编码	项目名称	项目特征	计量单位	工程数量
010301001	砖基础	条形基础，基础深度1.2m	m^3	59.57

（2）定额工程量。定额工程量与清单工程量相同，$V_{砖基础}=59.57（m^3）$

4. 混凝土及钢筋混凝土工程

【例4】　某房屋结构平面如图8-6所示，GZ_1、GZ_2断面为240mm×240mm，圈梁断面为240mm×180mm，板厚130mm，圈梁与板整体浇注，混凝土强度为C20。计算圈梁和楼板的混凝土工程量，编制工程量清单。

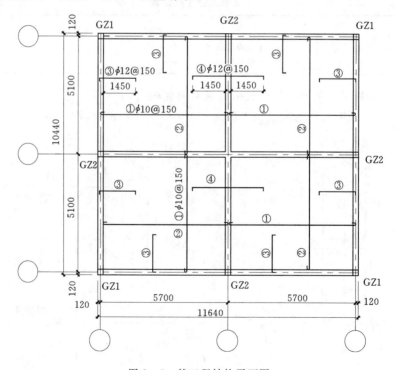

图8-6　某工程结构平面图

解：（1）清单工程量。圈梁混凝土工程量计算

$$L_外＝[(5.7-0.12×2)×2+(5.1-0.12×2)×2]×2＝41.28（m）$$
$$L_内＝(5.7×2-0.12×2)+(5.1×2-0.24×2)＝20.88（m）$$

圈梁混凝土　　　　$V＝0.24×0.18×(41.28＋20.88)＝2.69（m^3）$

板混凝土工程量计算　$V＝(5.7-0.12×2)×(5.1-0.12×2)×0.13×4＝13.80（m^3）$

工程量清单见表 8-6。

表 8-6　　　　　　　　　　　分部分项工程量清单

序　号	项目编码	项目名称	项目特征	计量单位	工程数量
1	010403004001	圈梁混凝土	梁断面 240mm×180mm，混凝土强度 C20	m³	2.69
2	010405003001	板混凝土	板厚度 130mm，混凝土强度 C20	m³	13.80

（2）定额工程量。定额工程量与清单工程量相同。

5. 屋面及防水工程

【例5】　某工程屋面平面如图 8-7 所示，工程做法：在混凝土结构层上面做 80mm 厚聚苯乙烯泡沫塑料板保温层，1∶6 水泥焦渣找坡，最薄处 30mm 厚，1∶3 水泥砂浆找平层，3mm 厚高聚性改性沥青卷材防水层，女儿墙厚 240mm，高 600mm，计算该工程的屋面防水工程量。

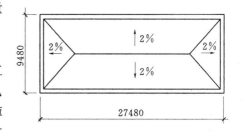

图 8-7　屋顶平面图

解：项目编码：010702001　　项目名称：屋面卷材防水

（1）清单工程量。

屋面水平投影面积：$S＝(9.48-0.24×2)×(27.48-0.24×2)＝243（m^2）$

屋面保温层：　　　　$V＝243×0.08＝19.44（m^3）$

水泥焦渣找坡：$V＝243×[0.03+(9.48-0.24×2)÷2×2\%÷2]＝18.23（m^3）$

屋面找平层：　　　　$S＝243+(9+27)×2×0.25＝261（m^2）$

屋面防水层：　　　　$S＝243+(9+27)×2×0.25＝261（m^2）$

清单工程量计算见表 8-7。

表 8-7　　　　　　　　　　　清 单 工 程 量 计 算 表

项目编码	项目名称	项目特征	计量单位	工程数量
010702001	屋面卷材防水	80mm 厚聚苯乙烯泡沫塑料板保温层，1∶6 水泥焦渣找坡，最薄处 30mm 厚，1∶3 水泥砂浆找平层，3mm 厚高聚性改性沥青卷材防水层	m²	261

（2）定额工程量。定额工程量与清单工程量相同。

二、工程量清单计价

工程量清单计价是根据工程量清单提供的项目名称、项目特征、计量单位和工程的实际内容，结合施工组织设计中的具体做法，参照企业定额（没有企业定额的可参照当地的预算定额）、市场价格，并考虑一定风险因素，确定清单工程内容的实际价格，一般为工程量清单的综合单价。

$$工程量清单综合单价 = \sum(定额工程量 \times 定额综合单价) \div 清单工程量$$

（一）分部分项工程量清单计价的确定

1. 土石方工程

【例6】 编制例题1中挖基础土方的工程量清单计价。

解： （1）计算人工挖土方的工程量。

由前面例题1知：挖基础土方工程量＝1.2×50×1.5＝90（m³）

根据实际情况，参照消耗量定额的工程量计算规则，按照《山东省建筑工程消耗量定额济南地区价目表》计价。

人工挖地槽：砖基础每边需要的工作面为200mm，三类土质，挖土深度1.5m，放坡系数为1：0.33。

$$基础土方工程量 = (1.2 + 0.4) \times 50 \times 1.5 = 120（m^3）$$

（2）套定额计算挖基础土方的综合价

人工挖地槽综合价： 178.29×120÷10＝213.95（元/m³）

（3）计算人工挖土方的综合单价（本题未考虑企业管理费和利润，投标时应结合企业和市场实际计算，下同）

$$综合单价 = 213.95 \div 90 = 2.38（元）$$

将结果填入分部分项工程量清单计价表（表8-8）。

表8-8　　　　　　　　　　　　分部分项工程量清单计价表

项目编码	项目名称	计量单位	工程数量	金额（元）	
				综合单价	合价
010101003001	挖基础土方	m³	90	2.38	214.20

2. 桩与地基基础工程

【例7】 编制例2中打预制钢筋混凝土桩的工程量清单计价。

解： 桩基础的清单工程量：预制钢筋混凝土桩工程量＝8.6（m）

桩基础的工程量清单计价：

（1）定额工程量：预制钢筋混凝土桩工程量＝0.3×0.3×8.6＝0.74（m³）

（2）套定额计算预制钢筋混凝土桩的综合价

$$综合价 = 1553.93 \times 0.74 \div 10 = 114.99（元）$$

（3）计算合价、综合单价

$$综合单价 = 114.99 \div 8.6 = 13.37（元/m）$$

将结果填入分部分项工程量清单计价表（表 8 - 9）。

表 8 - 9 分部分项工程量清单计价表

项目编码	项目名称	计量单位	工程数量	金额（元）	
				综合单价	合价
010201001001	预制钢筋混凝土桩	m	8.6	13.37	114.98

3. 砌筑工程

【例8】 编制例2中房屋外墙砖基础的工程量清单计价。

解： 清单工程量

砖基础工程的清单工程量为

$$V_{砖基础} = 0.365 \times (1.2 + 0.432) \times 100 = 59.57 \text{（m}^3\text{）}$$

（1）定额工程量。

$$砖基础工程量 \ V_{砖基础} = 59.57 \text{（m}^3\text{）}$$

$$砖基础防潮层工程量 \ S = 0.365 \times 100 = 36.5 \text{（m}^2\text{）}$$

（2）套定额计算综合价。

$$砖基础综合价 = 1682.46 \times 59.57 \div 10 = 10022.41 \text{（元）}$$

$$砖基础防潮层综合价 = 89.58 \times 36.5 \div 10 = 326.97 \text{（元）}$$

（3）计算合价、综合单价。

$$综合价 = 10022.41 + 326.97 = 10349.37 \text{（元）}$$

$$综合单价 = 10349.37 \div 59.57 = 173.73 \text{（元/m}^3\text{）}$$

将结果填入分部分项工程量清单计价表（表 8 - 10）

表 8 - 10 分部分项工程量清单计价表

项目编码	项目名称	计量单位	工程数量	金额（元）	
				综合单价	合价
010301001001	砖基础	m³	59.57	173.73	10349.37
	砖基础砌筑	10m³	5.957	1682.46	10022.41
	墙基防潮层	100m²	0.365	859.81	326.97

4. 混凝土及钢筋混凝土工程

【例9】 编制例2中房屋钢筋混凝土圈梁和楼板工程的工程量清单计价。GZ_1、GZ_2 断面为 240mm×240mm，圈梁断面为 240mm×180mm，板厚 130mm，圈梁与板整体浇注，混凝土强度为 C20。

解：（1）清单工程量。

圈梁混凝土工程量计算。

圈梁混凝土： $V = 0.24 \times 0.18 \times (41.28 + 20.88) = 2.69 \text{（m}^3\text{）}$

板混凝土工程量计算：$V = (5.7 - 0.12 \times 2) \times (5.1 - 0.12 \times 2) \times 0.13 \times 4 = 13.80 \text{（m}^3\text{）}$

工程量清单见表 8 - 11。

表 8 - 11   **分部分项工程量清单**

序号	项目编码	项目名称	项目特征	计量单位	工程数量
1	010403004001	圈梁混凝土	梁断面 240mm×180mm，混凝土强度 C20	m³	2.69
2	010405003001	板混凝土	板厚度 130mm，混凝土强度 C20	m³	13.80

定额工程量与清单工程量相同。

（2）套定额计算综合价。

混凝土圈梁：

$$现场搅拌混凝土圈梁综合价 = 154.87 \times 2.69 \div 10 = 41.66（元）$$

$$现浇混凝土圈梁综合价 = 2237.67 \times 2.69 \div 10 = 601.93（元）$$

$$混凝土圈梁综合价 = 41.66 + 601.93 = 643.59（元）$$

混凝土板：

$$现场搅拌混凝土板综合价 = 154.87 \times 13.8 \div 10 = 213.72（元）$$

$$现浇混凝土板综合价 = 1993.52 \times 13.8 \div 10 = 2751.06（元）$$

$$混凝土板综合价 = 213.72 + 2751.06 = 2964.78（元）$$

（3）计算合价、综合单价。

$$混凝土圈梁合价 = 643.59（元）$$

$$混凝土圈梁综合单价 = 643.59 \div 2.69 = 239.25（元/m³）$$

$$混凝土板合价 = 2964.78（元）$$

$$混凝土板综合单价 = 2964.78 \div 13.8 = 214.84（元/m³）$$

将结果填入分部分项工程量清单计价表（表 8 - 12）。

表 8 - 12   **分部分项工程量清单计价表**

序号	项目编码	项目名称	计量单位	工程数量	金额（元）	
					综合单价	合价
1	010403004001	圈梁混凝土	m³	2.69	239.25	643.59
2	010405003001	板混凝土	m³	13.80	214.84	2964.78

5. 屋面及防水工程

【例 10】 编制例 5 中屋面工程的工程量清单计价。

解：（1）工程量清单。

屋面保温层： $V = 19.44（m³）$

水泥焦渣找坡： $V = 18.23（m³）$

屋面找平层： $S = 261（m²）$

屋面防水层： $S = 261（m²）$

（2）屋面工程量清单计价。定额工程量与清单工程量相同。

套定额计算综合价

80mm 厚聚苯乙烯塑料板

$$10570.75×19.44÷10＝20549.54 \text{（元）}$$

1：6水泥焦渣找坡

$$1033.13×18.23÷10＝1883.40 \text{（元）}$$

水泥砂浆找平层

$$63.93×261.00÷10＝1668.57 \text{（元）}$$

屋面改性沥青卷材防水：$393.57×261.00÷10＝10272.18$（元）

（3）计算合价、综合单价。

屋面工程合价

$$20549.54＋1883.40＋1668.57＋10272.18＝34373.69 \text{（元）}$$

屋面工程综合单价

$$34373.69÷261＝131.70 \text{（元/m}^2\text{）}$$

将结果填入分部分项工程量清单计价表（表8-13）。

表 8-13　　　　　　　　分部分项工程量清单计价表

序号	项目编码	项目名称	计量单位	工程数量	金额（元）	
					综合单价	合价
1	010702001001	屋面卷材防水 80mm厚聚苯乙烯塑料板 1：6水泥焦渣找坡 水泥砂浆找平层 屋面改性沥青卷材防水	m²	261	131.70	34373.7
		80mm厚聚苯乙烯塑料板	10m³	1.944	10570.75	20549.54
		1：6水泥焦渣找坡	10m³	1.823	1033.13	1883.40
		水泥砂浆找平层	10m²	26.1	63.93	1668.57
		屋面改性沥青卷材防水	10m²	26.1	393.57	10272.18

（二）措施项目清单计价

措施项目清单的计算见表8-14，按照国家和地方政府颁布的收费标准记取。可以根据工程的具体情况和市场行情，对部分措施项目降低报价或增加部分措施费用。

表 8-14　　　　　　　　措施项目清单与计价表

工程名称：

序　号	项　目　名　称	计　算　方　法
1	安全文明施工费	按照山东省建设厅颁发的鲁建标字〔2004〕15号规定计取
2	夜间施工费	按照山东省建设厅颁发的鲁建标字〔2004〕15号规定计取
3	二次搬运费	按照山东省建设厅颁发的鲁建标字〔2004〕15号规定计取
4	冬雨季施工	按照山东省建设厅颁发的鲁建标字〔2004〕15号规定计取
5	大型机械设备进出场及安拆费	结合施工组织设计计算
6	施工排水	参照《山东省建筑工程消耗量定额》规定计算
7	施工降水	参照《山东省建筑工程消耗量定额》规定计算

续表

序 号	项 目 名 称	计 算 方 法
8	地上、地下设施、建筑物的临时保护设施	按照国家、地方政府有关规定计取
9	已完工程及设备保护	按照山东省建设厅颁发的鲁建标字〔2004〕15号规定计取
10	各专业工程的措施项目	结合施工组织设计计算
11		
12		
合 计		

（三）其他项目清单计算方法

其他项目清单计算方法见表8-15。

表 8-15　　　　　　　　　　　其他项目清单与计价汇总表

工程名称：

序号	项 目 名 称	计 价 方 法
1	暂列金额	暂列金额应根据工程特点，按有关计价规定估算；可根据工程的复杂程度、设计深度、工程环境条件（包括地质、水文、气候条件等）进行估算
2	暂估价	
2.1	材料暂估价	材料暂估单价应按工程造价管理机构发布的工程造价信息中的材料单价计算，工程造价信息未发布的材料单价，其单价参考市场价格估算
2.2	专业工程暂估价	暂估价中的专业工程金额应分不同专业，按有关计价规定估算
3	计日工	对计日工中的人工单价和施工机械台班单价应按省级、行业建设主管部门或其授权的工程造价管理机构公布的单价计算
4	总承包服务费	总承包服务费应根据招标文件列出的内容和要求估算，是具体情况确定。
5		
合 计		

习　　题

1. 简述实行工程量清单计价的目的和意义。

2. 编制《建筑工程工程量清单计价规范》的原则有哪些？

3. 采用工程量清单计价的优点有哪些？

4. 简述工程量清单和工程量清单计价的格式。

5. 某花篮梁截图及配筋示意图如图8-8所示，混凝土保护层厚度为25mm，采用木模板支撑施工，箍筋采用$\phi8@200$计算该梁混凝土、钢筋和模板的清单工程量。

6. 如图8-9所示，某建筑物墙厚240mm，女儿墙厚180mm，板厚120mm，圈梁尺寸240mm×240mm，门窗见表8-16，试计算砌体清单工程量。

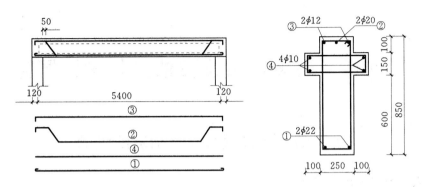

图 8-8 某花篮梁截面和配筋图

表 8-16 门 窗 表

门窗编号	尺寸 （mm×mm）	数量	门窗编号	尺寸 （mm×mm）	数量
C—1	1500×1500	2	M—1	1000×1800	4
C—2	1200×1500	1	M—2	1500×2100	1
C—3	1800×1500	2			

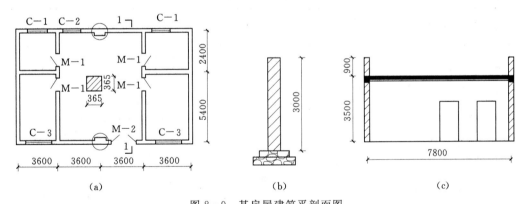

(a) (b) (c)

图 8-9 某房屋建筑平剖面图
(a) 某建筑平面图；(b) 砖柱示意图；(c) 1—1 剖面图

第九章　建设项目投资估算与设计概算

第一节　建设项目投资估算的编制

一、投资估算的阶段划分

投资估算是指在投资决策过程中，依据现有的资料和一定的方法，对建设项目的投资额进行的估计。

由于投资过程可划分为规划阶段、项目建议书阶段、可行性阶段、评审阶段、设计任务书阶段，因而投资估算工作也相应分为五个阶段，不同阶段由于具备的条件和掌握的资料不同，所以投资估算的准确度也不同，进而每个阶段投资估算所起的作用也不同。随着阶段的不断发展，调查研究的不断深入，掌握的资料越丰富，投资估算逐步准确，所起的作用也越来越重要。

投资估算阶段划分情况可概括成见表 9－1。

表 9－1　　　　　　　　　　　　投资估算的阶段划分

投资估算阶段划分	投资估算误差率（%）	投资估算的主要作用
规划阶段的投资估算	±30	(1) 说明有关的各项目之间的相互关系； (2) 作为否定一个项目或决定是否继续进行研究的依据之一
项目建议书阶段的投资估算	±30 以内	(1) 从经济上判断项目是否应列入投资计划； (2) 作为领导部门审批项目建议书的依据之一； (3) 可否定一个项目，但不能完全肯定一个项目是否真正可行
可行性研究阶段的投资估算	±20 以内	可对项目真正可行作出初步的决定
评审阶段的投资估算	±10 以内	(1) 可作为对可行性研究结果进行最后评价依据； (2) 可作为对建设项目是否真正可行进行最后决定的依据
设计任务书阶段的投资估算	±10 以内	(1) 作为编制投资计划，进行资金筹措及申请贷款的主要依据； (2) 作为控制初步设计概算和整个工程造价的最高限额

二、投资估算的主要编制方法

投资估算的方法很多，不同的方法估算精度不同，适用的范围也不同。进行估算时，应根据建设项目的性质、现有技术资料和数据，有针对性地选择恰当的方法。

（一）生产能力指数法

生产能力指数法是指根据已建成的同类建设项目装置的生产能力与投资额和拟建建设项目装置的生产能力来估算拟建项目的投资额。计算公式可表示为

$$\text{拟建项目的投资估算造价} = \text{已建项目的投资额} \times \left[\frac{\text{拟建项目装置的生产能力}}{\text{已建项目装置的生产能力}}\right]^{n} f$$

式中　f——为不同时期、不同地区的定额、单价、费用变更等方面的差异系数；

　　　n——生产能力指数，$0 \leqslant n \leqslant 1 \sum$（应换入结构构件工程量×本地区相应的定额造价）。

当已建项目装置的生产能力与拟建项目装置的生产能力相差不大，生产能力比值在 0.5～2.0 之间时，生产能力指数 n 近似为 1。若已建项目装置的生产能力与拟建项目装置的生产能力差异较大，但生产能力比值在 50 以内，而且拟建项目的扩大是靠增大设备规格来实现时，n 取 0.6～0.7 之间；若拟建项目的扩大是靠增加设备的数量来实现时，则 n 取 0.8～0.9 之间。

（二）概算指标估算法

在初步设计深度较浅或在方案设计阶段，尚无法按分步分项计算工程量时，可采用概算指标编制拟建项目的估算造价。

根据概算指标编制投资估算，必须是拟建工程的结构形式与概算指标项目的结构类型、层次完全一致，且构造特征大体相同。

由于受市场调节的作用，人工工日单价、材料预算价格和机械台班单价不断发生变化，造价指标也将随之而变化。为此，概算指标也应体现"量价分离"的原则。根据不同结构类型的预决算资料，整理出各种结构类型建筑物或结构物的单方建筑面积耗用的数量标准，作为确定概算指标的依据。估算造价时，可根据当地人工工日单价、材料预算价格和机械台班单价和间接费标准等资料，计算出适用的概算指标，然后按下面公式估算拟建项目的投资造价

拟建项目投资估算造价＝拟建项目建筑面积(或建筑体积)×相应的概算指标

当结构特征不完全相符时，应根据差别情况先行调整概算指标。调整公式为

调整指标单价＝原造价指标单价－$\sum$（应换出结构构件工程量×本地区相应的定额单价）

　　　　　　　　＋$\sum$（应换入结构构件工程量×本地区相应的定额造价）

（三）类似工程预算法

类似工程预算法是以原有的相似工程的预算为基础，按编制概算指标的方法，求出单位工程的概算指标，再按概算指标法编制投资估算。利用类似预算编制估算，可以大大节省编制投资估算的工程量，缩短编制时间，也可以解决编制估算依据不足的问题。

利用类似工程预算编制投资估算，要注意选择与拟建工程在结构类型、层次、构造特征建筑面积相类似的工程预（结）算，同时还应考虑以下问题。

（1）拟建工程与类似预算工程在结构上的差异。

（2）拟建工程与类似预算工程在建筑上的差异。

（3）地区工资的差异。

（4）材料预算价格的差异。

（5）机械台班使用费的差异。

（6）间接费、利润和税金的差异。

其中第（1），（2）项差异可以参考修正概算指标的方法加以修正；第（3）～（6）项须测算调整系数，对类似预算单价进行调整。

调整系数可按下列步骤确定。

（1）计算类似工程预、结算中的人工费、材料费、机械费及有关费用分别在全部工程造价中所占的百分比。分别用 $a\%$，$b\%$，$c\%$ 和 $d\%$ 表示

$$a\% = \frac{类似工程的人工费}{类似工程的总造价} \times 100\%$$

$$b\% = \frac{类似工程的材料费}{类似工程的总造价} \times 100\%$$

$$c\% = \frac{类似工程的机械费}{类似工程的总造价} \times 100\%$$

$$d\% = \frac{类似工程的有关费用}{类似工程的总造价} \times 100\%$$

（2）计算人工费、材料费、机械费及有关费用的单项调整系数。分别用 K_a，K_b，K_c 和 K_d 表示：

$$K_a = \frac{拟建工程所在地区一级工工资标准}{类似工程所在地区一级工工资标准} \times 100\%$$

$$K_b = \frac{\sum(类似工程主要材料数量 \times 拟建工程所在地区材料预算价格)}{\sum 类似工程主要材料费用} \times 100\%$$

$$K_c = \frac{\sum(类似工程主要机械台班数 \times 拟建工程所在地区机械台班单价)}{\sum 类似工程各种主要机械的使用费} \times 100\%$$

$$K_d = \frac{拟建工程所在地区的综合费率}{类似工程所在地区的综合费率} \times 100\%$$

（3）计算总调整系数。其公式为

$$K = K_a \times a\% + K_b \times b\% + K_c \times c\% + K_d \times d\%$$

有了调整系数，将其与该项工程的预（结）算价值相乘，就可以得到拟建工程的投资估算造价。其表达式为

$$拟建工程造价 = K \times 类似工程预（结）算价值$$

式中　K——综合调整系数。

第二节　建设项目设计概算的编制

一、设计概算的构成与编制依据

（一）设计概算的构成

建设项目设计概算大体由建设项目总概算、综合概算、单位工程概算以及其他工程和费用等。总概算是由若干个单项工程的综合概算和独立工程概算以及其他费用组成，包括直灌费和其他工程费用等两大部分；综合概算是由各个单位工程概算所组成；单位工程概算是指各专业工程费用而言，如土建、采暖工程费用等，它由直接费、间接费和其他费用所组成。

设计概算的编制程序如图 9-1 表示。

（二）设计概算的编制依据

设计概算是根据初步或扩大初步设计编制的，编制概算书的主要依据如下：

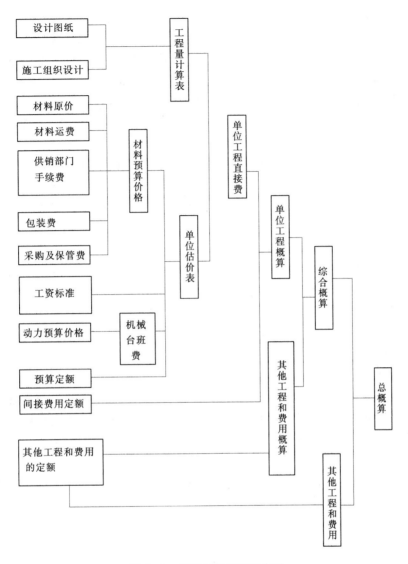

图 9-1　概算编制程序示意图

（1）已批准的计划任务书（或设计任务书）、投资估算书。

（2）初步设计或扩大初步设计的图纸资料和说明书。

（3）建设地区的自然、地理条件，如气象、工程地质条件和水文地质条件等。

（4）建设地区的人工工资标准，材料、设备预算价格等资料。

（5）各类专业工程概算定额或概算指标。

（6）施工条件和施工方法。

二、单位工程概算书的编制

单位工程概算的编制是在初步设计或扩大初步设计达到一定深度后，要求确定具有一定精确程度的工程造价时编制的，它是确定某一单项工程内的某个单位工程建设费用的文件，是初步设计文件的重要组成部分。设计单位在进行编制初步设计时，必须同时编制出

213

单位工程设计概算。

单位工程设计概算是利用国家颁布的概算定额、概算指标或综合定额等，按照设计要求，进行概略地计算建筑物或构筑物的造价，以及确定人工、材料和机械等的需要量。因此，其特点是编制工作较为简单，但在精度上不如施工图预算准确。

一般情况下，施工图预算造价不允许超过设计概算造价，以便使设计概算能起到控制施工图预算的作用。所以，单位工程设计概算的编制，既要保证它的及时性，又要保证它的正确性。

单位工程设计概算，一般有四种编制方法：① 根据概算定额进行编制；② 根据概算指标进行编制；③ 根据预算定额进行编制；④ 根据综合定额进行编制。对于小型工程项目可按概算指标进行编制设计概算，对于招标工程可采用概算定额或综合定额进行编制设计概算。

三、单项工程综合概算书的编制

单项工程综合概算是确定建设项目中每一个生产车间、独立的建筑物或构筑物所需建设费用的综合文件。它以整个工程项目为对象，由一个工程项目中的各个单位工程概算（如建筑工程设备及安装工程）和工程项目的其他工程和费用（如器具、工具生产家具的购置费以及其他费用）的概算组成，其内容包括编制说明和综合概算书两部分。

（一）编制说明

编制说明列在综合概算表的前面。内容一般包括以下几点。

（1）工程概况。介绍该单项工程的规模、投资、主要材料和设备的消耗数量。

（2）编制依据。说明设计文件的依据、定额依据、价格依据及费用指标依据。

（3）编制方法。说明编制概算是利用的概算定额、概算指标还是类似工程预（结）算。

（4）主要设备和材料的数量。说明主要机械设备、电气设备及主要建筑安装材料（钢材、木材、冰泥等）的数量。

（5）其他有关问题的说明。

（二）综合概算表

单项工程综合概算表是按照国家统一规定的格式进行设计的，见表9-2。综合概算是除将单项工程所包括的所有单位工程概算，按费用构成和项目划分填入表内外，还须列出技术经济指标。

表 9-2 　　　　　　　　综 合 概 算 表

根据_____年材料预算价格
和_____年概算定额编制
综合概算价值_____元
其中：回收值_____元

建设项目：_____
单项工程：_____

序号	工程或费用名称	概 算 价 值						技术经济指标			占投资额（%）	备注
		建筑工程费	安装工程费	设备购置费	工器具购置费	其他费用	合计	单位	数量	指标		
（一）	建筑工程											

序号	工程或费用名称	概 算 价 值					合计	技术经济指标			占投资额（％）	备注
		建筑工程费	安装工程费	设备购置费	工器具购置费	其他费用		单位	数量	指标		
1	一般土建工程											
2	给水，排水工程											
3	暖气工程											
4	电气照明工程											
	小　计											
（二）	设备及其安装工程											
5	机械设备及其安装工程											
6	电气设备及其安装工程											
	小　计											
7	工器具购置											
8	合　计											

审核＿＿＿＿＿　　校对＿＿＿＿＿　　编制＿＿＿＿＿＿＿　　年＿＿月＿＿日

四、建设项目总概算书的编制

建设项目总概算是确定建设项目从筹建到竣工验收交付使用的全部建设费用的文件，它由各主要生产工程项目、附属、辅助生产和服务性工程项目、动力、运输和通信系统等工程项目的综合概算、其他工程和费用的概算汇总编制的。

建设项目总概算的内容，一般包括编制说明、总概算表、投资项目性质分析表和投资费用构成表等内容。

（一）编制说明

（1）工程概况。说明建设项目的建设规模、地点、条件、建造期限及建成后产品的品种与产量等主要情况。

（2）编制依据。说明设计文件的依据、定额依据、价格依据及费用指标依据。

（3）编制方法。对使用各项依据进行编制的具体方法加以说明。

（4）投资分析。说明各项投资费用价值及其占总投资的比例，以及与类似工程比较，分析投资高低产生的原因，说明设计的经济合理性。

（5）主要设备材料的数量。说明设计文件的依据、定额依据、价格依据及费用指标依据。

（6）其他有关问题的说明。

（二）总概算表

为了便于投资分析，总概算表格中的单项工程按工程性质分成以下三部分。

（1）工程项目费用。它包括主要生产项目、辅助生产项目、公共设施项目以及生活福利和文化教育等工程项目。

（2）其他工程和项目费用。主要包括土地征用费、建设单位管理费、勘察设计费、研究试验费、施工机构迁移费以及办公和生活用具购置费等。

（3）预备费。是指在初步设计和概算中难以预料的费用，其中包括实行施工图预加系数包干费用。按照各单项工程综合概算和其他工程和费用之和及主管部门规定的预备费率计算，费率指标一般取 2%～5%。

表 9-3、表 9-4 和表 9-5 分别为建设项目总概算表、建设项目投资构成分析表和投资项目性质分析表。

表 9-3　　　　　　　　　　建 设 项 目 总 概 算 表

总概算价值_____元

建设项目名称_____　　　　　　　　　　　　　　根据_____年的预算价格和定额编制

序号	工程或费用名称	概　算　价　值						技术经济指标			占投资比例（%）
		建筑工程费用	安装工程费	设备购置费	工器具购置费	其他费用	合计	单位	数量	单位造价	
1	2	3	4	5	6	7	8	9	10	11	12
一	第一部分费用										
	1. 主要生产和辅助生产项目										
	2. 公共设施项目										
	3. 生活、福利、文化教育服务项目										
	小计										
二	第二部分费用										
	1. 土地征用费										
	2. 建设单位管理费										
	3. 研究试验费										
	……										
	其他费用										
	小计										
三	预备费										
四	总计										

审核_____　　校对_____　　编制_____　　　　年_____月_____日

表 9-4　　投资构成分析表

序号	费用名称	投资	占投资比例（%）
1	建筑工程费		
2	安装工程费		
3	设备购置费		
4	工器具家具购置费		
5	其他工程和费用		
	总　　计		

表 9-5　　投资项目性质分析表

序号	工程和费用名称	投资	占投资比例（%）
一	工程项目费用		
1	主要生产和辅助生产费用		
2	公共设施项目		
3	生活、福利、文化教育服务性费用		
二	其他工程和项目费用		
三	预备费		
	总概预算或决算价值		

习　题

1. 什么是投资估算？投资估算的阶段如何划分的？
2. 投资估算有哪些编制方法？
3. 设计概算是由什么构成的？其编制依据是什么？

附录 1

某别墅楼图纸

建筑设计总说明

一、工程概况

(1) 本工程为某别墅。

(2) 本工程地上两层。

室内±0.000层各座楼根据地形不同各异,详见总平面图。

本工程耐久年限为二级耐久年限,抗震设计按6度设防,耐火等级为二级。结构形式采用砖混结构体系。

二、施工图纸代号及单位尺寸

工种	建筑	结构	给排水暖通	电气
施工图代号	建施	结施	设施	电施

本施工图中除标高及总平面图以m计,其余尺寸均以mm计。

三、设计依据

(1) 别墅楼设计任务书。

(2) 该地区总体规划。

(3) 国家有关设计规范、规定、标准。

四、防水

(1) 屋面防水。本工程屋面防水等级按Ⅲ级设计,采用一道防水设防,具体详见建筑做法说明。

(2) 楼面防水。卫生间加设聚脂防水涂层,涂膜厚度2mm,分两次涂刷。

除注明外,此类房间相对标高均比相应的楼面降低20,凡有水湿房间、楼地面找坡,坡向地漏或排水口,坡度0.5%～1%,以不积水为原则,凡管道穿过此类房间,均须预埋套管,高出地面30。

五、墙体

(1) 墙身防潮。本工程室外地坪无高差只做一道水平防潮。

做法:采用30厚1:2水泥砂浆加5%防水剂。

位置:右图所示(室内地坪无高差只做水平防潮)。

(2) 墙体图例。

1) 实心烧结墙

≥1:50

<1:50

2) 轻质隔墙

室内地坪(高)
水平防潮层
09
实心烧结砖
室内地坪(低)
垂直防潮层
水平防潮层
室外地坪(低)

六、外装修

(1) 为避免外墙雨水渗漏、外墙抹灰中加适量防水剂,并应保证砌砖时砂浆饱满,垂直和水平缝中均不得有漏浆现象。

(2) 所有外饰面、施工前均须经有建筑师确认。

七、门窗工程

(1) 本工程门窗按不同材料和用途分别编号,详见门窗表,外墙门窗框料及玻璃颜色除注明外,均采用白色塑钢框、透明中空玻璃。

(2) 本工程门窗框料尺寸,玻璃料表面要求光滑平整,玻璃厚度由厂家根据立面规格高度、风压等结构受力因素确定,框料品种及构造大样,由业主和建筑师共同确定,氧化膜厚度不小于1.5,门窗五金配件由厂家提供样品及图纸。除注明外,均按以下原则立樘。

(3) 立樘位置。除注明图纸注明外,均按以下原则立樘。

外门:居墙中

外窗:居墙中

内门:居墙中

内窗:居墙中

八、室内装修

住宅室内装修设计应符合合建设部《住宅室内装饰装修管理办法》的要求。本工程室内装修设计单位或者具有相应设计资质的设计单位提出设计方案,变动建筑主体和承重结构。

(1) 未经室内装饰设计单位同意,严禁止下列行为:

(2) 将设有防水要求的房间或者阳台改为卫生间和厨房。

(3) 扩大承重墙上原有门窗尺寸。

(4) 损坏房屋原有节能设施,降低节能效果。

九、其他

(1) 本工程施工及验收均应严格按照国家现行建筑,安装工程施工及验收规范以及当地的有关建筑法规。本施工图未尽事项,请有关各方在施工中密切配合、共同商定,有问题及时与设计单位协商解决。

(2) 楼梯、阳台、上人屋面临空处设置的栏杆的空设置应采用不易攀登的构造,垂直栏杆净距不应大于110。

(3) 施工中应认真参阅电气施工图,协调与土建施工的关系,做好预埋件、预留孔洞等。

	审定	院审核	所审核	设计号	
专业负责人	校对	设计		专业	建筑
				日期	
工程名称					
项目		建筑设计说明			
资质证书编号		盖章编号			

门 窗 表

名称	编号	代号	洞口尺寸 宽	洞口尺寸 高	-0.450	+0.000	3.000	合计	采用图集	备注
木质夹板门	M1	M2d-71	900	2500	1	3	3	7	L92J601-59	
木质夹板门	M2	M2d-14	800	2100		2	2	4	L92J601-57	
木质夹板门	M3	M2d-11	700	2100		1		1	L92J601-57	选择成品防盗门
防盗门	M4		1800	2100		1		1		选择成品防盗门
防盗门	M5		1000	2100		1		1		
塑钢平开门	M6	PM-93-K-S	900	2100			1	1	L99J605-76	
塑钢平开门	M7	PM-94-K-S	900	2100			1	1	L99J605-76	
隔断式推拉门	GTM1		5400	2700	1			1	详见大样图	
隔断式推拉门	GTM2		2460	3050	1			1	详见大样图	
隔断式推拉门	GTM3	GTM-02-K-S	1800	2100				1	L99J605-115	宽度改为1800
塑钢推拉窗	C1	TC-72	1500	1700		4	1	5	L92J601-42	高度改为1700
塑钢平开窗	C2		450	1700			3	4	L92J601-44	高度改为1700
塑钢推拉窗	C3	PC-10	600	800		2	2	4	L92J601-21	高度改为800
塑钢推拉窗	C4	TC-71	1200	1700		2		2	L92J601-42	高度改为1700
塑钢推拉窗	C5	TC-10	1800	1200		1		1	L92J601-39	
塑钢固定窗	C6		1060	2550		1		1	详见大样图	
塑钢推拉窗	C7	TC-68	2100	1800	1			1	L92J601-42	
塑钢平开窗	C8	PC-81	600	1800	1			1	L92J601-23	高度改为800
塑钢推拉窗	C9		2460	2100	1			1	详见大样图	
塑钢推拉窗	C10	TC-115	2700	1700		1		1	L92J601-44	高度改为1700
塑钢推拉窗	C11	TC-09	1500	1200		1		1	L92J601-39	
塑钢推拉窗	C12		1800	1200		1		1	详见大样图	
塑钢推拉窗	C13	TC-31	2400	800		1		1	L92J601-40	
塑钢推拉窗	C14		1260	900			3	3	详见大样图	
塑钢推拉窗	C15	TC-68	2100	1700		1		1	L92J601-42	高度改为1700
塑钢推拉窗	C16	TC-08	1200	1200		1		1	L92J601-39	高度改为1700

建筑做法说明

本工程各部建筑做法除注明者外均执行 L96J002 《建筑做法说明》

一 散水 混凝土水泥散水 散2 宽度800
二 地面 地面（一）混凝土水泥地面 地3 用于一层除卫生间、厨房所有地面
　　　 地面（二）铺地砖防潮地面 地26 用于卫生间、厨房
三 楼面 楼面（一）水泥楼面 楼1 用于二层除卫生间外所有楼面
　　　 楼面（二）铺地砖防水隔音楼面 楼19 用于卫生间
四 屋面 屋面（一）平瓦保温屋面 屋4 用于坡屋面
　　　 屋面（二）铺地砖缸砖保护层上人屋面 屋46 用于露台
　　　 屋面（三）卷材防水膨胀蛭石保温屋面 屋24 用于非上人平屋顶
五 内墙面 内墙（一）瓷砖防水墙面 内墙31 用于卫生间、厨房
　　　　 内墙（二）水泥砂浆抹面 内墙9 用于其余房间
六 外墙面 外墙（一）贴瓷砖墙面 外墙32 位置见立面图
　　　　 外墙（二）涂料墙面 外墙23 位置见立面图
七 踢脚 踢脚 水泥踢脚 踢1 高150 用于除卫生间、厨房外所有
八 顶棚 顶棚（一）乳胶漆顶棚 棚9 位置见剖面图
　　　 顶棚（二）装饰石膏板吊顶 棚17 位置见剖面图
　　　 顶棚（三）板条钢板网抹灰吊顶 棚12 位置见剖面图
九 油漆 油漆（一）木材木油油漆（亚光清漆）用于各种木装修
　　　 油漆（二）调合漆 白色 用于楼梯栏杆

C14 立面图 1:50

C12 立面图 1:50

C9 立面图 1:50

C6 立面图 1:50

C2 立面图 1:50

GTM2 立面图 1:50

GTM1 立面图 1:50

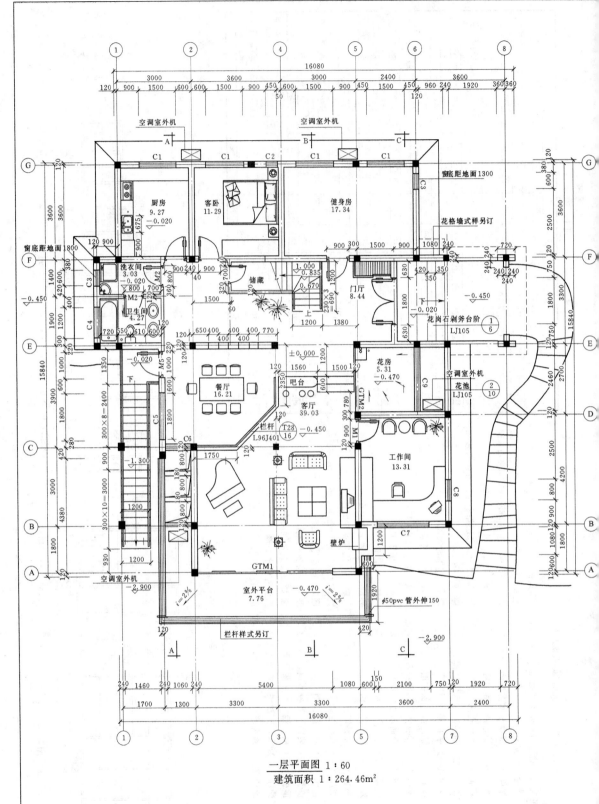

一层平面图 1：60
建筑面积 1：264.46m²

注：1. 家具布置仅供参考，以日后室内装修为准。
   2. 除注明外，外墙、内墙宽均为 240。

北

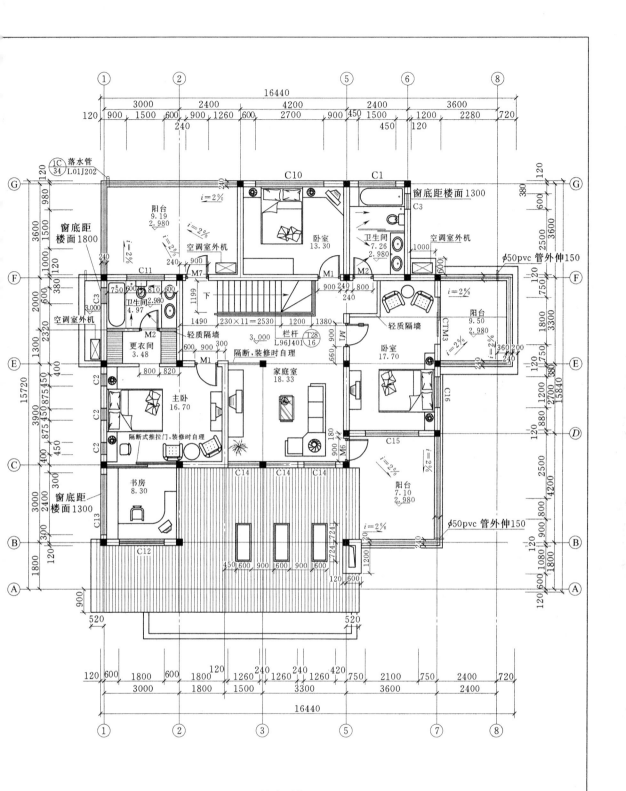

二层平面图 1:60

注：平面尺寸及做法除注明外,其余均与其下一层相同。

屋顶平面图 1:60

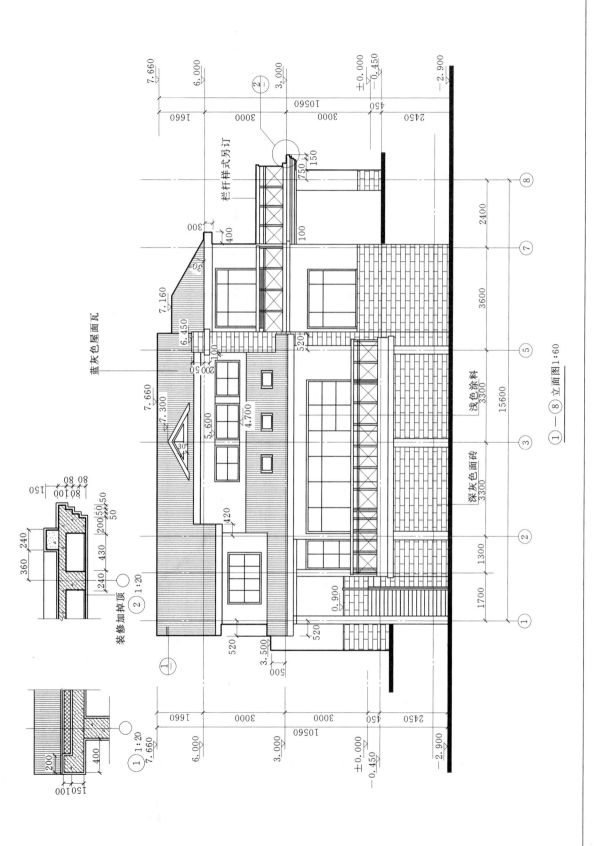

①—⑧ 立面图 1:60

蓝灰色屋面瓦

浅色涂料

深灰色面砖

栏杆样式另订

装修加掉顶 ② 1:20

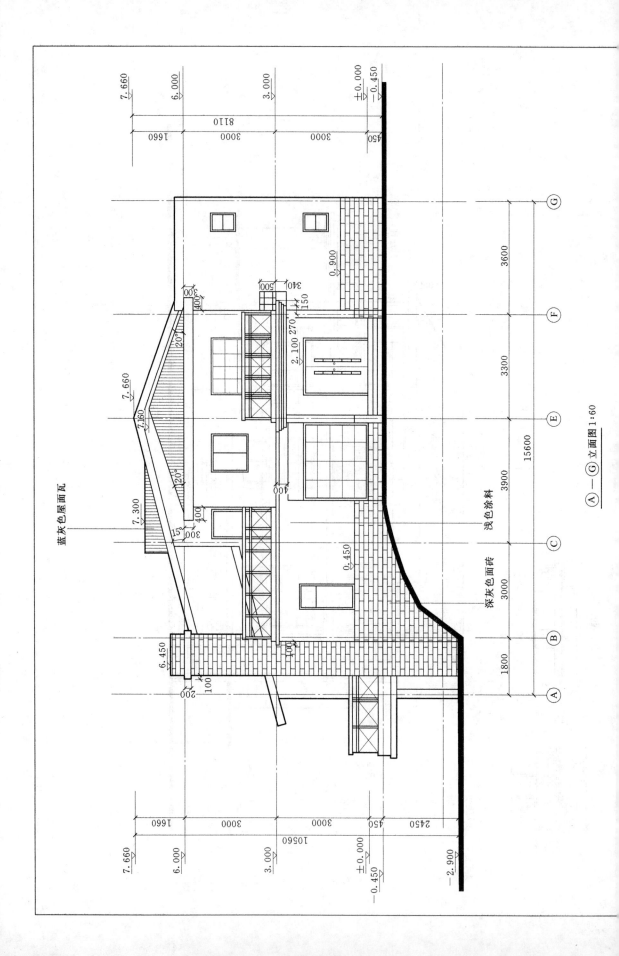

Ⓐ — Ⓖ 立面图 1:60

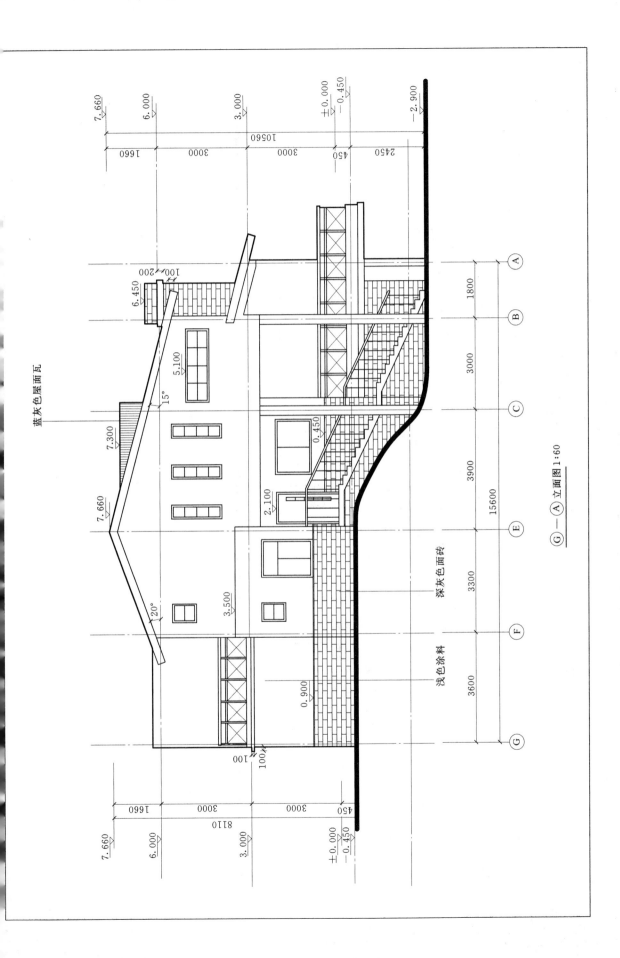

蓝灰色屋面瓦

深灰色面砖

浅色涂料

$\overline{\underline{G} - \underline{A}\ 立面图\ 1{:}60}$

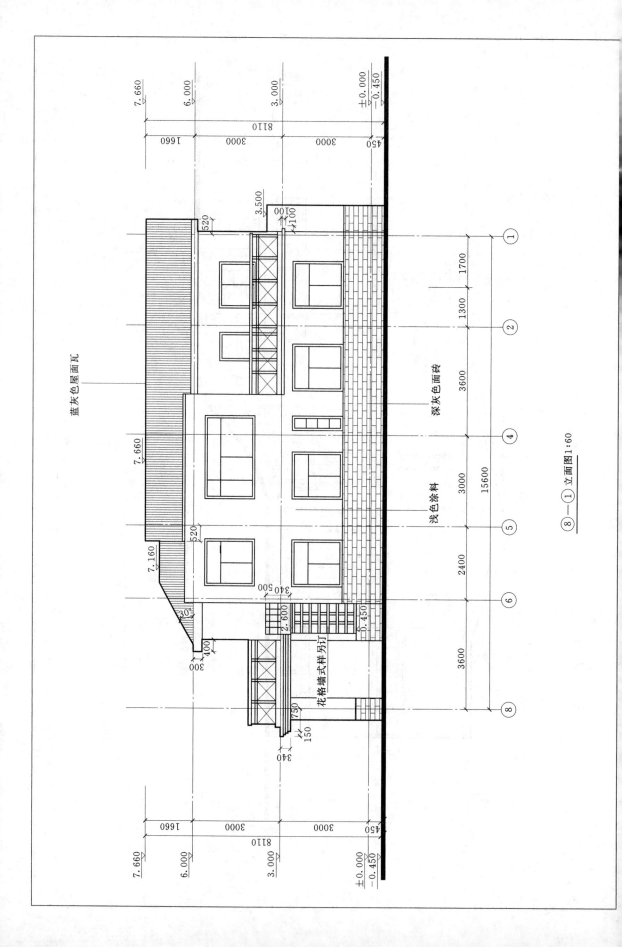

⑧—① 立面图 1:60

蓝灰色屋面瓦

深灰色面砖

浅色涂料

花格墙式样另订

7.660
6.000
3.000
±0.000
-0.450

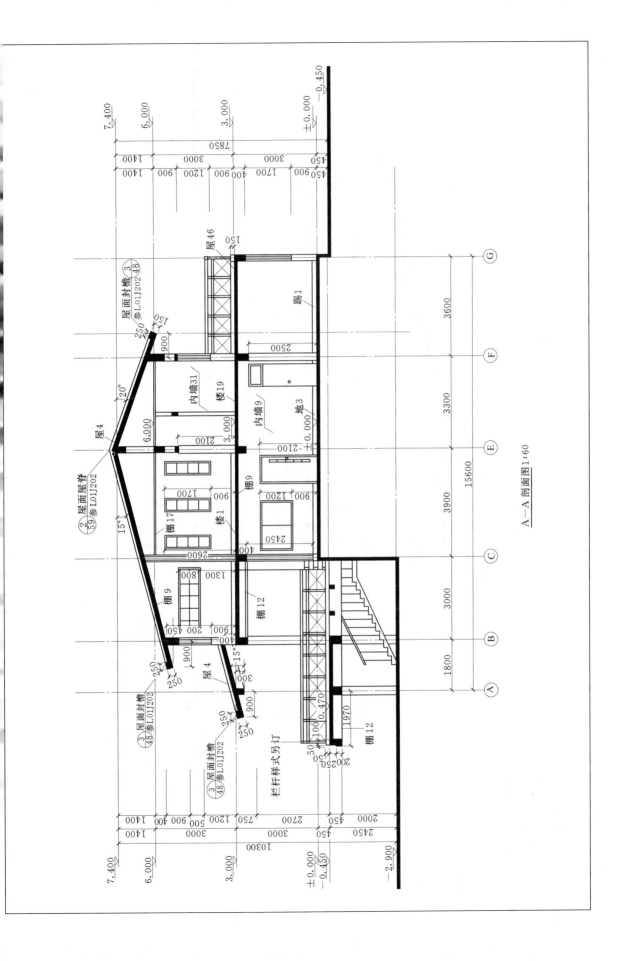

A—A 剖面图1:60

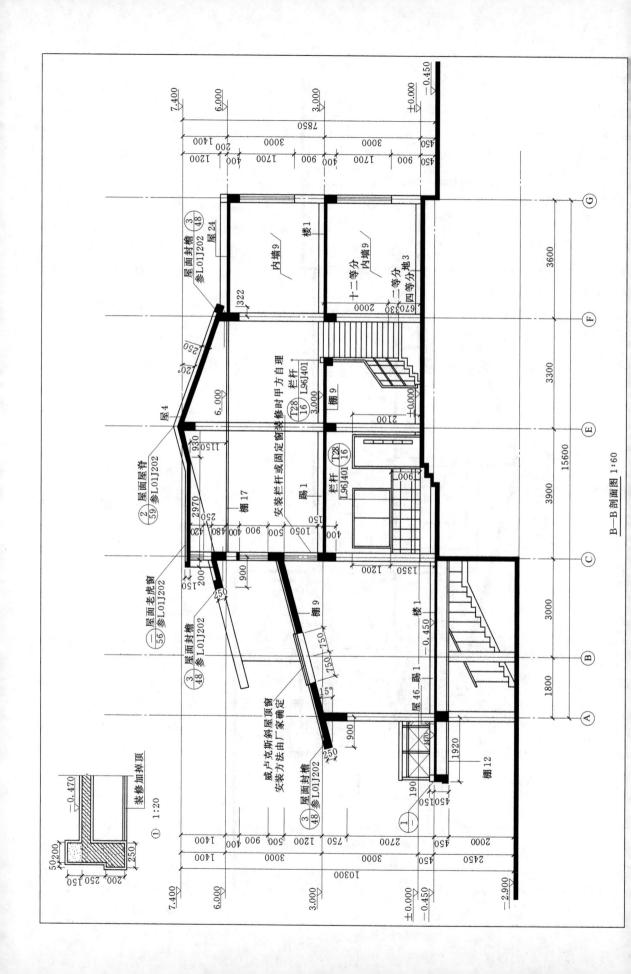

B—B 剖面图 1:60

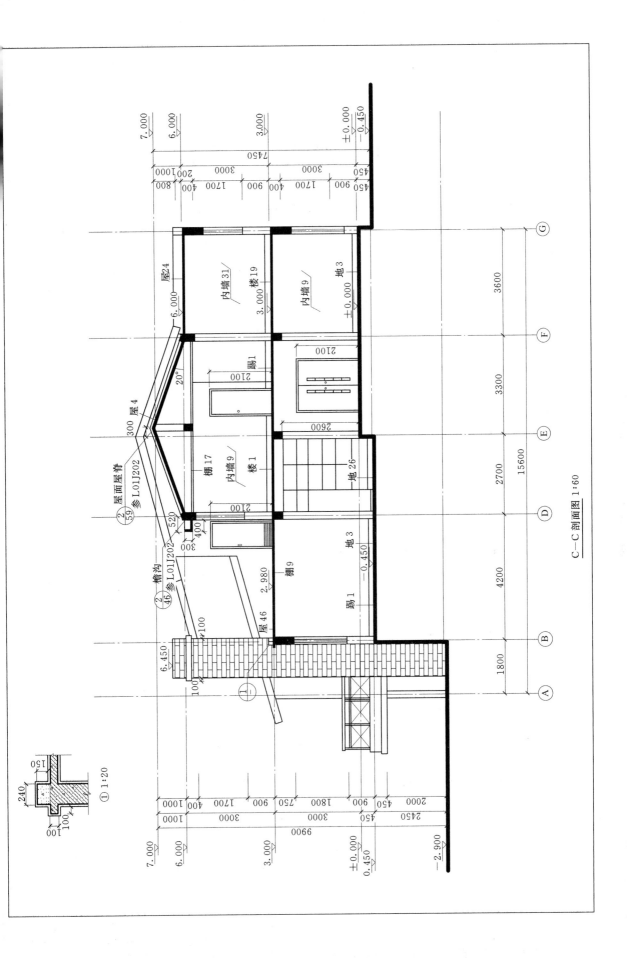

C—C 剖面图 1:60

某别墅楼消耗量定额预算

附表 2－1　　　　　**2003 年山东省建筑工程消耗量定额费用表**　　　　建筑面积：m²

工程类别：工民建Ⅲ类工程

代号	费率名称	计算公式	计算结果
A	一、直接费	B＋AE＋CC＋CD＋CE＋CF＋CG＋CH＋CI＋CJ＋CK	262106.79
B	（一）直接工程费	AA＋BA＋AO	231974.68
BA	1. 费用调整	AK＋AL＋AM	33368.62
BC	2. 材料价差	AL	33368.62
C	（二）措施费	CA＋CB	36650.60
CA	1. 技术措施项目基价合计	AE	30132.11
CB	2. 措施费合计	B×0.0281	6518.49
D	二、企业管理费	A×0.0407	10667.75
E	三、利润	A×0.026	6814.78
Q	其他费用	AP＋AN	52054.09
FC	社会保障费	（A＋D＋E）×0.026	7269.32
G	五、税金	（A＋D＋E＋F＋FC）×0.0341	9781.88
H	六、建筑工程费用合计	A＋D＋E＋F＋G＋Q	341425.28

附表 2－2　　　　　**2003 年山东省建筑工程消耗量定额其他费用表**　　　　建筑面积：m²

序号	名　称	计　算　公　式	结果
1	木质夹板门	23.94m²×120 元	2872.80
2	防盗门（大）	1 个×2500 元	2500.00
3	防盗门（小）	1 个×1200 元	1200.00
4	隔断推拉门	25.86m²×366.57 元	9479.50
5	钢塑推拉窗	53.54m²×366.57 元	19626.16
6	钢塑平开门	3.78m²×366.57 元	1385.63
7	不锈钢栏杆（阳台）	51.88m×187 元	9701.56
8	不锈钢扶手（楼梯）	15.08m×187 元	2819.96
9	增加钢塑窗	6.734m²×366.57 元	2468.48
	合计		52054.09

附表 2－3　　　2003 年山东省建筑工程消耗量定额建筑工程议价差表　　　建筑面积：m²

序号	编号	代号	材机名称	单位	总用量	市场价（元）	省基价（元）	价差（元）	合价（元）
1	2	2	钢筋 φ12	t	2.724	3700.00	2420.15	1279.85	3485.67
2	7	7	钢筋 φ6.5	t	0.891	3680.00	2510.86	1169.14	1014.47
3	8	8	钢筋 φ8	t	3.968	3680.00	2468.84	1211.16	4806.37
4	9	9	钢筋 φ10	t	4.575	3700.00	2420.15	1279.85	5855.44
5	22	22	螺纹钢筋 φ12	t	1.456	3800.00	2430.91	1369.09	1992.71
6	23	23	螺纹钢筋 φ14	t	1.154	3800.00	2430.91	1369.09	1579.38
7	24	24	螺纹钢筋 φ16	t	0.849	3500.00	2410.41	1089.59	924.63
8	25	25	螺纹钢筋 φ18	t	4.623	3500.00	2410.41	1089.59	5036.74
9	26	26	螺纹钢筋 φ20	t	2.274	3500.00	2384.79	1115.21	2535.54
10	27	27	螺纹钢筋 φ22	t	1.205	3500.00	2384.79	1115.21	1343.38
11	28	28	螺纹钢筋 φ25	t	0.471	3500.00	2384.79	1115.21	525.49
12	147	147	模板材	m³	0.668	2280.00	1163.12	1116.88	745.63
13	169	169	普通硅酸盐水泥 32.5MPa	t	14.026	275.00	276.64	－1.64	－23.00
14	191	191	机制红砖 240×115×53	千块	80.756	150.00	168.01	－18.01	－1454.41
15	230	230	英红主瓦 420×332	块	1881.797	4.56	6.93	－2.37	－4459.86
16	235	235	英红脊瓦	块	69.604	8.00	10.39	－2.39	－166.35
17	255	255	石灰	t	16.038	125.00	72.32	52.68	844.90
18	258	258	黏土	m³	73.116		9.25	－9.25	－676.33
19	261	261	黄砂（过筛中砂）	m³	44.633	65.00	38.00	27.00	1205.10
20	287	287	毛石	m³	5.185	22.00	42.93	－20.93	－108.52
21	365	365	AC 板 厚 120mm	m²	13.750	150.00	168.31	－18.31	－251.76
22	545	545	聚氨酯甲乙料	kg	755.273	17.10	20.88	－3.78	－2854.93
23	617	617	SBS 防水卷材	m²	151.996	25.00	18.59	6.41	947.30
24	2020	20	C20 现浇混凝土＜20mm	m³	0.487	197.84	149.83	48.01	23.39
25	2021	21	C25 现浇混凝土＜20mm	m³	4.092	212.56	163.79	48.77	199.56
26	2021	21	C25 现浇混凝土＜20mm	m³	58.398	212.56	163.79	48.77	2848.09
27	2028	28	C25 现浇混凝土＜31.5mm	m³	79.182	206.78	154.68	52.10	4125.39
28	2036	36	C15 现浇混凝土＜40mm	m³	13.473	168.38	118.50	49.88	672.05
29	2037	37	C20 现浇混凝土＜40mm	m³	1.843	187.58	136.48	51.10	94.16
30	2037	37	C20 现浇混凝土＜40mm	m³	1.655	187.58	136.48	51.10	84.54
31	2038	38	C25 现浇混凝土＜40mm	m³	7.440	200.99	149.23	51.76	385.09
32	2038	38	C25 现浇混凝土＜40mm	m³	39.291	200.99	149.23	51.76	2033.69
33	2046	46	C20 细石混凝土	m³	0.034	205.20	173.15	32.05	1.08
								材料价差：	33368.62

附表 2－4　　　　**2003 年山东省建筑工程消耗量定额建筑工程预算表**　　　建筑面积：m²

序号	定额编号	额 定 名 称	单位	工程量	基 价（元）	合 价（元）	人工合计（元）	材料合计（元）	机械合计（元）
1		第 1 章　土石方工程							
2	1－3－15	挖掘机挖坚土自卸汽车运 1kW 内	10m³	102.000	90.92	9273.84	201.96	20.40	9050.46
3	1－4－2	场地平整　机械	10m²	34.500	2.70	93.15	7.59		85.56
4	1－4－3	竣工清理	10m³	108.900	3.52	383.33	383.33		
5	1－4－4	基底钎探	10 眼	4.150	25.08	104.08	104.08		
6	1－4－13	夯填土（沟槽．地坑）机械	10m³	45.600	34.58	1576.85	702.24		874.61
7	1－4－13	夯填土（沟槽．地坑）机械	10m³	2.500	34.58	86.45	38.50		47.95
8	1－4－13	夯填土（沟槽．地坑）机械	10m³	5.623	34.58	194.44	86.59		107.85
9		小计				11712.14	1524.29	20.40	10166.43
10		第 2 章　地基处理与防护工程							
11	2－1－1	3：7 灰土垫层	10m³	2.580	483.08	1246.35	475.08	743.97	27.30
12	2－1－13	无筋混凝土垫层（条形基础）	10m³	1.123	1451.56	1630.10	264.86	1353.61	11.75
13	2－1－13	无筋混凝土垫层（独立基础）	10m³	0.211	1463.29	308.75	52.13	254.33	2.31
14	2－2－1	夯填灰土加固	10m³	3.715	481.01	1786.95	663.65	1084.00	39.30
15		小计				4972.15	1455.72	3435.91	80.66
16		第 3 章　砌筑工程							
17	3－1－1	M10 水泥沙浆砌普通黏土砖　砖基础	10m³	6.664	1425.73	9501.06	1785.69	7616.82	98.36
18	3－1－12	M10 混浆实砌混水砖墙（墙厚 115mm）	10m³	0.312	1622.55	506.24	137.01	365.43	3.81
19	3－1－14	M10 混浆实砌混水砖墙（墙厚 240mm）	10m³	7.905	1502.65	11878.45	2674.74	9092.81	111.14
20	3－4－8	轻集斜混凝土多孔条板墙（板厚 120mm）	10m²	1.348	1964.43	2648.05	48.34	2572.35	27.36
21		小计				24533.80	4645.78	19647.41	240.67
22		第 4 章　钢筋及混凝土工程							

序号	定额编号	额定名称	单位	工程量	基价（元）	合价（元）	人工合计（元）	材料合计（元）	机械合计（元）
23	4-1-2	现浇构件圆钢筋 φ6.5	t	0.856	3143.73	2691.03	416.19	2251.97	22.87
24	4-1-3	现浇构件圆钢筋 φ8	t	3.886	2902.89	11280.63	1224.25	9937.98	118.45
25	4-1-4	现浇构件圆钢筋 φ10	t	4.462	2752.26	12280.58	1030.72	11126.67	123.20
26	4-1-5	现浇构件圆钢筋 φ12	t	2.527	2815.88	7115.73	514.80	6397.08	203.85
27	4-1-13	现浇构件螺纹钢筋 φ12	t	1.427	2840.19	4052.95	290.71	3628.10	134.15
28	4-1-14	现浇构件螺纹钢筋 φ14	t	1.131	2797.11	3163.53	196.57	2869.35	97.63
29	4-1-15	现浇构件螺纹钢筋 φ16	t	0.832	2751.00	2288.83	127.76	2090.46	70.62
30	4-1-16	现浇构件螺纹钢筋 φ18	t	4.532	2740.69	12420.81	613.18	11458.80	348.83
31	4-1-17	现浇构件螺纹钢筋 φ20	t	2.229	2694.37	6005.75	269.71	5567.98	168.07
32	4-1-18	现浇构件螺纹钢筋 φ22	t	1.181	2675.83	3160.16	129.65	2948.04	82.49
33	4-1-19	现浇构件螺纹钢筋 φ25	t	0.462	2667.51	1232.39	45.03	1158.51	28.86
34	4-2-4	C25 现浇混凝土带型基础　无梁式　混凝土	10m³	3.256	1672.99	5447.26	481.37	4948.18	17.71
35	4-2-7	C25 现浇混凝土独立基础　混凝土	10m³	0.615	1705.34	1048.78	109.46	935.65	3.67
36	4-2-17	C25 现浇混凝土矩形柱	10m³	0.744	1954.92	1454.46	313.61	1134.22	6.70
37	4-2-20	C25 现浇混凝土构造柱	10m³	0.990	2064.85	2044.20	472.41	1562.86	8.92
38	4-2-23	C25 现浇混凝土基础梁	10m³	3.070	1827.82	5611.41	732.81	4857.08	21.52
39	4-2-24	C25 现浇混凝土单梁连续梁	10m³	0.800	1875.62	1500.50	229.15	1265.74	5.61
40	4-2-25	C25 现浇混凝土异形梁	10m³	0.053	1891.86	100.27	16.02	83.88	0.37
41	4-2-26	C25 现浇混凝土圈梁	10m³	0.690	2067.41	1426.51	328.04	1093.64	4.84
42	4-2-27	C25 现浇混凝土过梁	10m³	0.275	2132.18	586.35	142.84	441.58	1.93
43	4-2-30	C25 现浇混凝土墙	10m³	1.909	1968.85	3758.53	716.49	3025.80	16.25
44	4-2-38	C25 现浇混凝土平板	10m³	2.830	1941.90	5495.58	686.11	4786.63	22.84
45	4-2-41	C25 现浇混凝土斜板折板	10m³	2.895	1977.23	5724.08	754.73	4943.99	25.36
46	4-2-42	C25 楼梯（板厚100mm）直形无斜梁	10m²	1.350	464.94	627.67	131.27	490.62	5.79
47	4-2-49	C25 现浇混凝土雨篷	10m²	0.364	215.75	78.53	16.74	61.34	0.46
48	4-2-56	C25 现浇混凝土挑檐天沟	10m³	0.076	2220.06	168.72	38.10	129.03	1.59
49	4-2-57	C20 现浇混凝土台阶	10m³	0.048	1910.72	91.71	16.09	74.62	1.00

续表

序号	定额编号	额定名称	单位	工程量	基价（元）	合价（元）	人工合计（元）	材料合计（元）	机械合计（元）
50	4-4-6	泵送混凝土 基础 15m³/h	10m³	7.045	205.54	1448.03	695.91	119.27	632.85
51	4-4-9	泵送混凝土 柱、墙、梁、板 15m³/h	10m³	11.762	322.28	3790.66	2323.70	199.13	1267.83
52		小计				106095.64	13063.42	89588.20	3444.26
53		第6章 屋面.防水.保温及防腐工程							
54	6-1-14	英红瓦屋面 两坡以内	10m²	15.080	869.23	13107.99	899.07	12178.76	30.16
55	6-1-15	英红瓦屋面 四坡以内	10m²	2.125	881.99	1874.23	153.81	1716.17	4.25
56	6-1-16	英红瓦屋面 正斜脊	10m	2.287	386.98	885.02	118.74	764.00	2.29
57	6-2-5	刚性防水 防水砂浆 20mm厚	10m²	1.345	80.35	108.07	31.96	73.76	2.35
58	6-2-11	防水砂浆 立面	10m²	1.557	82.28	128.11	47.96	77.51	2.65
59	6-2-32	SBS改性沥青卷材（满铺）二层 平面	10m²	6.388	710.61	4539.38	85.73	4453.65	
60	6-2-71	除膜防水 聚氨酯二遍	10m²	27.360	588.66	16105.74	246.79	15858.95	
61	6-3-5	混凝土板上保温 憎水珍珠岩块	10m³	0.581	4445.84	2583.03	194.29	2388.75	
62	6-3-13	混凝土板上保温 聚氨酯发泡厚40mm	10m²	17.210	430.77	7412.55	49.22	7331.29	33.04
63	6-3-15 (H)	混凝土板上保温 现浇水泥珍珠岩	10m³	0.400	1515.84	606.34	63.27	543.06	
64	6-4-9	塑料管排水 水落管 φ100	10m	1.450	215.41	312.34	15.95	296.38	
65	6-4-10	塑料管排水 水斗	10个	0.300	355.38	106.61	3.30	103.31	
66		小计				47770.41	1910.09	45785.59	74.74
67		第8章 构筑物及其他工程							
68	8-7-50	C20 现浇混凝土 <40mm混凝土散水 地瓜石垫层	10m²	2.824	321.01	906.53	214.96	681.40	10.14
69	8-7-16	C25混凝土砖砌化粪池 S213（一）1#无水	座	1.000	2053.09	2053.09	396.66	1620.27	36.16
70	8-7-33	C20 现浇混凝土 <40mm 砖砌井 S231φ700 无地下水井	个	1.000	562.30	562.30	94.16	465.09	3.03
71		小计				3521.92	705.78	2766.76	49.33
72		第9章 装饰工程							
73		小计							

续表

序号	定额编号	额定名称	单位	工程量	基价 (元)	合价 (元)	人工合计 (元)	材料合计 (元)	机械合计 (元)
74		第 10 章　施工技术措施项目							
75	10-1-4	（措施）外脚手架　钢管架　15m 以内　单排	10m²	24.470	62.87	1538.43	349.92	1043.65	144.86
76	10-1-5	（措施）外脚手架　钢管架　15m 以内　双排	10m²	43.050	84.91	3655.38	823.98	2483.55	347.84
77	10-1-21	（措施）里脚手架　钢管架　3.6m 以内　单排	10m²	51.170	19.11	977.86	439.04	235.89	302.93
78	10-2-5 (H)	（措施）20m 下垂直运机械建筑物混合结构	10m²	37.850	147.36	5577.58			5577.58
79	10-4-12	（措施）带形（无梁）无筋混凝土胶合板模木支撑	10m²	4.654	152.77	710.99	197.61	479.08	34.30
80	10-4-27	（措施）无筋混凝土独立基础胶合板模板木支撑	10m²	1.320	173.99	229.67	57.79	162.06	9.82
81	10-4-49	（措施）混凝土基础垫层　木模板	10m²	2.055	211.97	435.60	57.87	370.87	6.86
82	10-4-48	（措施）矩形柱　胶合板模板　钢支撑	10m²	11.706	159.71	1869.57	733.97	978.62	156.98
83	10-4-100	（措施）构造柱　复合木模板　钢支撑	10m²	7.680	251.44	1931.06	697.80	1123.51	109.67
84	10-4-108	（措施）基础梁　胶合板模板　钢支撑	10m²	3.330	139.13	463.30	168.50	274.56	20.25
85	10-4-114	（措施）单连续梁胶合板模对拉螺栓钢支撑	10m²	14.110	178.82	2523.15	875.38	1395.76	251.86
86	10-4-118	（措施）过梁　胶合板模板　木支撑	10m²	2.970	244.14	725.10	265.93	436.86	22.30
87	10-4-123	（措施）异形梁　木模板　木支撑	10m²	0.822	379.76	312.16	98.02	205.55	8.61
88	10-4-127	（措施）直形圈梁　胶合板模板　木支撑	10m²	6.800	138.03	938.60	360.54	548.83	29.31
89	10-4-136	（措施）直形墙胶合板模板对拉螺栓钢支撑	10m²	15.624	113.20	1768.64	570.59	1063.53	134.68
90	10-4-172	（措施）平板　胶合板模板　钢支撑	10m²	35.300	150.76	5321.83	1848.31	3036.51	437.72
91	10-4-201	（措施）直形楼梯　木模板　木支撑	10m²	1.350	697.15	941.15	315.71	591.23	34.22
92	10-4-203	（措施）直形悬挑板阳台雨篷木模板木支撑	10m²	0.364	582.52	212.04	59.58	143.55	8.91
93	10-5-15	（措施）履带式挖掘机 1m³ 内场外运输费用	台次	0.167	3600.33	601.26	44.09	80.41	476.76
94		小计							
95	合计	大型机械进出场费：601.26			措施费：30132.11	198606.06	23305.08	1244.27	14056.09

附表 2-5　　　　　　2003 年山东省建筑工程消耗量定额费用表　　　　　建筑面积：m²

工程类别：装饰Ⅲ类工程

代号	费率名称	计算公式	计算结果
A	一、直接费	B＋AE＋CC＋CD＋CE＋CF＋CG＋CH＋CI＋CJ＋CK	84569.01
B	（一）直接工程费	AA＋BB＋AO	84569.01
BA	1. 其中人工费 RI	AB＋AK	14578.16
BB	2. 费用调整	AK＋AL＋AM	−11677.07
BD	3. 材料价差	AL	−11677.07
C	（二）措施费	BA×0.5529	8060.26
D	二、企业管理费	（BA＋CL）×0.776	11312.65
E	三、利润	（BA＋CL）×0.2425	3535.20
FC	四、社会保障费	（A＋D＋E）×0.026	2584.84
G	五、税金	（A＋D＋E＋F＋FC）×0.0341	3478.26
H	六、装饰工程费用合计	A＋D＋E＋F＋G＋Q	102895.13

附表 2-6　　　　2003 年山东省建筑工程消耗量定额建筑工程议价差表　　　　建筑面积：m²

序号	编号	代号	材 机 名 称	单 位	总用量	市场价（元）	省基价（元）	价 差（元）	合 价（元）
1	169	169	普通硅酸盐水泥 32.5MPa	t	20.565	275.00	276.64	1.64	−33.73
2	255	255	石灰	t	0.636	125.00	72.32	52.68	33.49
3	256	256	石灰膏	m³	0.106	85.00	72.06	12.94	1.37
4	261	261	黄砂（过筛中砂）	m³	49.916	65.00	38.00	27.00	1347.72
5	297	297	花岗岩板	m²	24.570	70.00	276.14	−206.14	−5064.92
6	404	404	彩釉砖 300×300	块	952.590	3.24	2.69	0.55	523.92
7	419	419	瓷砖 200×300	m²	130.476	36.00	21.30	14.70	1918.00
8	427	427	瓷质外墙砖 150×75	块	35117.550	0.37	0.63	−0.26	−9130.56
9	593	593	乳胶漆	kg	289.103	11.67	17.67	−6.00	−1734.62
10	871	871	铜嵌条 2×7mm	m	68.688	5.00	5.70	−0.70	−48.08
11	2046	46	C20 细石混凝土	m³	15.076	207.00	173.15	33.85	510.33
								材料价差：	−11677.07

附表 2-7　　　　2003 年山东省建筑工程消耗量定额建筑工程预算表　　　　建筑面积：m²

序号	定额编号	额定名称	单位	工程量	基价	合价(元)	人工合计(元)	材料合计(元)	机械合计(元)
1	9-1-1	水泥砂浆找平在混凝土或硬基层上 20mm	10m²	30.850	55.01	1697.06	529.39	1115.23	52.45
2	9-1-1（H）	水泥砂浆找平在混凝土或硬基层上 20mm	10m²	20.460	59.54	1218.19	351.09	832.31	34.78
3	9-1-3（H）	水泥砂浆每增减 5mm	10m²	40.920	12.72	520.50	126.03	376.05	18.41
4	9-1-3	水泥砂浆每增减 5mm	10m²	4.274	11.58	49.49	13.16	34.41	1.92
5	9-1-9	水泥砂浆楼地面 20mm	10m²	13.723	68.82	944.42	310.96	610.12	23.33
6	9-1-26	细石混凝土地面 40mm 厚	10m²	34.800	107.96	3757.01	834.50	2880.05	42.46
7	9-1-27	钢筋混凝土地面 60mm 厚	10m²	1.670	156.44	261.25	46.29	212.26	2.71
8	9-1-31	楼梯台阶踏步防滑条铜嵌条 2×7mm	10m	6.480	79.06	512.31	105.49	396.45	10.37
9	9-1-57	楼梯水泥砂浆粘贴花岗石	10m²	1.350	4255.98	5745.57	187.41	5506.33	51.83
10	9-1-59	花岗岩台阶	10m²	0.321	4567.59	1466.20	35.38	1418.62	12.19
11	9-1-82	楼地面水泥砂浆彩釉砖周长 1200 内	10m²	5.520	403.11	2225.17	352.18	1831.59	41.40
12	9-1-82	楼地面水泥砂浆彩釉砖周长 1200 内	10m²	1.670	403.11	673.19	106.55	554.12	12.52
13	9-1-82	楼地面水泥砂浆彩釉砖周长 1200 内	10m²	1.240	403.11	499.86	79.11	411.44	9.30
14	9-2-20	水泥砂浆墙面、墙裙厚 14+6mm 砖墙	10m²	49.700	71.98	3577.41	1585.43	1895.06	96.92
15	9-2-184	水泥砂浆粘贴瓷砖墙面 200×300	10m²	12.717	360.01	4578.25	1007.19	3470.98	100.08
16	9-2-214	干粉胶粘剂贴面砖灰缝 10 内 150×75	10m²	44.850	1174.91	52694.71	5772.19	46567.31	355.21
17	9-3-5	混凝土面顶棚 抹灰 混合砂浆	10m²	25.730	38.95	1002.18	656.63	321.11	24.44
18	9-3-14	钢板网顶棚 石灰砂浆 三遍	10m²	5.234	63.04	329.95	164.66	154.82	10.47
19	9-3-22	方木顶棚龙骨（成品）一级 双层	10m²	5.234	203.54	1065.33	178.48	777.77	109.18
20	9-3-51	不上人 T 型铝合金龙骨 600×600 一级	10m²	8.140	593.42	4830.44	347.42	4483.11	
21	9-3-107	顶棚金属面层 钢板网	10m²	5.234	99.24	519.42	179.63	339.79	
22	9-3-125	顶棚钙塑板 安在 T 型铝合金龙骨上	10m²	8.130	130.60	1061.78	89.43	972.35	
23	9-4-151	顶棚刷乳胶漆二遍	10m²	25.730	60.24	1549.98	215.10	1335.13	
24	9-4-152	墙、柱面刷乳胶漆 二遍 光面	10m²	44.750	56.39	2523.45	315.04	2208.41	
25	9-4-157	顶棚刷乳胶漆 每增一遍	10m²	25.730	23.59	606.97	118.87	488.10	
26	9-4-158	墙、柱面刷乳胶漆每增一遍光面	10m²	44.750	28.72	1285.22	177.21	1108.01	
27	9-4-209	内墙抹灰面满刮腻子 二遍	10m²	72.390	14.68	1062.69	700.74	361.95	
28	9-4-210	内墙抹灰面满刮腻子 每增一遍	10m²	-2.241	5.32	-11.92	-7.40	-4.53	
	合计					96246.08	14578.16	80658.35	1009.97

附录3

建设工程工程量清单计价规范

Code of valuation with bill quantity of construction works

GB 50500—2008

主编部门：中华人民共和国住房和城乡建设部
批准部门：中华人民共和国住房和城乡建设部
施行日期：2008 年 12 月 1 日

前 言

　　本规范是根据《中华人民共和国建筑法》、《中华人民共和国合同法》、《中华人民共和国招投标法》等法律以及最高人民法院《关于审理建设工程施工合同纠纷案件适用法律问题的解释》（法释〔2004〕14 号），按照我国工程造价管理改革的总体目标，本着国家宏观调控、市场竞争形成价格的原则制定的。

　　本规范总结了《建设工程工程量清单计价规范》GB 50500—2003 实施以来的经验，针对执行中存在的问题，特别是清理拖欠工程款工作中普遍反映的，在工程实施阶段中有关工程价款调整、支付、结算等方面缺乏依据的问题，主要修订了原规范正文中不尽合理、可操作性不强的条款及表格格式，特别增加了采用工程量清单计价如何编制工程量清单和招标控制价、投标报价、合同价款约定以及工程计量与价款支付、工程价款调整、索赔、竣工结算、工程计价争议处理等内容，并增加了条文说明。原规范的附录 A～E 除个别调整外，基本没有修改。原由局部修订增加的附录 F，此次修订一并纳入规范中。

　　本规范中以黑体字标志的条文为强制性条文，必须严格执行。本规范由住房和城乡建设部负责管理和强制性条文的解释。部标准定额研究所负责具体技术内容的解释。为了提高规范质量，请各单位在执行中注意积累资料，总结经验，如发现需要修改和补充之处，请将意见和有关资料寄住房和城乡建设部标准定额司（北京三里河路九号，邮政编码100835），供以后修订时参考。

　　　　　　　　　　　　　　　　　　　　　住房和城乡建设部标准定额司
　　　　　　　　　　　　　　　　　　　　　二〇〇八年七月

1　总　则

1.0.1　为规范工程造价计价行为，统一建设工程工程量清单的编制和计价方法，根据《中华人民共和国建筑法》、《中华人民共和国合同法》、《中华人民共和国招标投标法》等法律法规，制定本规范。

1.0.2　本规范适用于建设工程工程量清单计价活动。

1.0.3　**全部使用国有资金投资或国有资金投资为主（以下二者简称"国有资金投资"）的工程建设项目，必须采用工程量清单计价。**

1.0.4　非国有资金投资的工程建设项目，可采用工程量清单计价。

1.0.5　工程量清单、招标控制价、投标报价、工程价款结算等工程造价文件的编制与核对应由具有资格的工程造价专业人员承担。

1.0.6　建设工程工程量清单计价活动应遵循客观、公正、公平的原则。

1.0.7　本规范附录 A、附录 B、附录 C、附录 D、附录 E、附录 F 应作为编制工程量清单的依据。

　　1　附录 A 为建筑工程工程量清单项目及计算规则，适用于工业与民用建筑物和构筑物工程。

　　2　附录 B 为装饰装修工程工程量清单项目及计算规则，适用于工业与民用建筑物和构筑物的装饰装修工程。

　　3　附录 C 为安装工程工程量清单项目及计算规则，适用于工业与民用安装工程。

　　4　附录 D 为市政工程工程量清单项目及计算规则，适用于城市市政建设工程。

　　5　附录 E 为园林绿化工程工程量清单项目及计算规则，适用于园林绿化工程。

　　6　附录 F 为矿山工程工程量清单项目及计算规则，适用于矿山工程。

1.0.8　建设工程工程量清单计价活动，除应遵守本规范外，尚应符合国家现行有关标准的规定。

2　术　语

2.0.1　工程量清单

　　建设工程的分部分项工程项目、措施项目、其他项目、规费项目和税金项目的名称和相应数量等的明细清单。

2.0.2　项目编码

　　分部分项工程量清单项目名称的数字标识。

2.0.3　项目特征

　　构成分部分项工程量清单项目、措施项目自身价值的本质特征。

2.0.4　综合单价

　　完成一个规定计量单位的分部分项工程量清单项目或措施清单项目所需的人工费、材料费、施工机械使用费和企业管理费与利润，以及一定范围内的风险费用。

2.0.5　措施项目（措施项目为非实体工程项目）

　　为完成工程项目施工，发生于该工程施工准备和施工过程中的技术、生活、安全、环境保护等方面的非工程实体项目。

2.0.6 暂列金额

招标人在工程量清单中暂定并包括在合同价款中的一笔款项。用于施工合同签订时尚未确定或者不可预见的所需材料、设备、服务的采购，施工中可能发生的工程变更、合同约定调整因素出现时的工程价款调整以及发生的索赔、现场签证确认等的费用。

2.0.7 暂估价

招标人在工程量清单中提供的用于支付必然发生但暂时不能确定价格的材料的单价以及专业工程的金额。

2.0.8 计日工

在施工过程中，完成发包人提出的施工图纸以外的零星项目或工作，按合同中约定的综合单价计价。

2.0.9 总承包服务费

总承包人为配合协调发包人进行的工程分包自行采购的设备、材料等进行管理、服务以及施工现场管理、竣工资料汇总整理等服务所需的费用。

2.0.10 索赔

在合同履行过程中，对于非己方的过错而应由对方承担责任的情况造成的损失，向对方提出补偿的要求。

2.0.11 现场签证

发包人现场代表与承包人现场代表就施工过程中涉及的责任事件所作的签认证明。

2.0.12 企业定额

施工企业根据本企业的施工技术和管理水平而编制的人工、材料和施工机械台班等的消耗标准。

2.0.13 规费

根据省级政府或省级有关权力部门规定必须缴纳的，应计入建筑安装工程造价的费用。

2.0.14 税金

国家税法规定的应计入建筑安装工程造价内的营业税、城市维护建设税及教育费附加等。

2.0.15 发包人

具有工程发包主体资格和支付工程价款能力的当事人以及取得该当事人资格的合法继承人。

2.0.16 承包人

被发包人接受的具有工程施工承包主体资格的当事人以及取得该当事人资格的合法继承人。

2.0.17 造价工程师

取得《造价工程师注册证书》，在一个单位注册从事建设工程造价活动的专业人员。

2.0.18 造价员

取得《全国建设工程造价员资格证书》，在一个单位注册从事建设工程造价活动的专业人员。

2.0.19　工程造价咨询人

取得工程造价咨询资质等级证书，接受委托从事建设工程造价咨询活动的企业。

2.0.20　招标控制价

招标人根据国家或省级、行业建设主管部门颁发的有关计价依据和办法，按设计施工图纸计算的，对招标工程限定的最高工程造价。

2.0.21　投标价

投标人投标时报出的工程造价。

2.0.22　合同价

发、承包双方在施工合同中约定的工程造价。

2.0.23　竣工结算价

发、承包双方依据国家有关法律、法规和标准规定，按照合同约定确定的最终工程造价。

3　工程量清单编制

3.1　一般规定

3.1.1　工程量清单应由具有编制能力的招标人或受其委托，具有相应资质的工程造价咨询人编制。

3.1.2　采用工程量清单方式招标，工程量清单必须作为招标文件的组成部分，其准确性和完整性由招标人负责。

3.1.3　工程量清单是工程量清单计价的基础，应作为编制招标控制价、投标报价、计算工程量、支付工程款、调整合同价款、办理竣工结算以及工程索赔等的依据之一。

3.1.4　工程量清单应由分部分项工程量清单、措施项目清单、其他项目清单、规费项目清单、税金项目清单组成。

3.1.5　编制工程量清单应依据：

1　本规范；

2　国家或省级、行业建设主管部门颁发的计价依据和办法；

3　建设工程设计文件；

4　与建设工程项目有关的标准、规范、技术资料；

5　招标文件及其补充通知、答疑纪要；

6　施工现场情况、工程特点及常规施工方案；

7　其他相关资料。

3.2　分部分项工程量清单

3.2.1　分部分项工程量清单应包括项目编码、项目名称、项目特征、计量单位和工程量。

3.2.2　分部分项工程量清单应根据附录规定的项目编码、项目名称、项目特征、计量单位和工程量计算规则进行编制。

3.2.3　分部分项工程量清单的项目编码，应采用十二位阿拉伯数字表示。一至九位应按附录的规定设置，十至十二位应根据拟建工程的工程量清单项目名称设置。同一招标工程的项目编码不得有重码。

3.2.4 分部分项工程量清单的项目名称应按附录的项目名称结合拟建工程的实际确定。

3.2.5 分部分项工程量清单中所列工程量应按附录中规定的工程量计算规则计算。

3.2.6 分部分项工程量清单的计量单位应按附录中规定的计量单位确定。

3.2.7 分部分项工程量清单项目特征应按附录中规定的项目特征，结合拟建工程项目的实际予以描述。

3.2.8 编制工程量清单出现附录中未包括的项目，编制人应作补充，并报省级或行业工程造价管理机构备案，省级或行业工程造价管理机构应汇总报住房和城乡建设部标准定额研究所。

补充项目的编码由附录的顺序码与 B 和三位阿拉伯数字组成，并应从×B001 起顺序编制，同一招标工程的项目不得重码。工程量清单中需附有补充项目的名称、项目特征、计量单位、工程量计算规则、工程内容。

3.3 措施项目清单

3.3.1 措施项目清单应根据拟建工程的实际情况列项。通用措施项目可按表 3.3.1 选择列项，专业工程的措施项目可按附录中规定的项目选择列项。若出现本规范未列的项目，可根据工程实际情况补充。

表 3.3.1   通用措施项目一览表

序　号	项　目　名　称
1	安全文明施工（含环境保护、文明施工、安全施工、临时设施）
2	夜间施工
3	二次搬运
4	冬雨季施工
5	大型机械设备进出场及安拆
6	施工排水
7	施工降水
8	地上、地下设施，建筑物的临时保护设施
9	已完工程及设备保护

3.3.2 措施项目中可以计算工程量的项目清单宜采用分部分项工程量清单的方式编制，列出项目编码、项目名称、项目特征、计量单位和工程量计算规则；不能计算工程量的项目清单，以"项"为计量单位。

3.4 其他项目清单

3.4.1 其他项目清单宜按照下列内容列项：

1　暂列金额；

2　暂估价：包括材料暂估单价、专业工程暂估价；

3　计日工；

4　总承包服务费。

3.4.2　出现本规范第 3.4.1 条未列的项目，可根据工程实际情况补充。

3.5　规　费　项　目　清　单

3.5.1　规费项目清单应按照下列内容列项：

1　工程排污费；

2　工程定额测定费；

3　社会保障费：包括养老保险费、失业保险费、医疗保险费；

4　住房公积金；

5　危险作业意外伤害保险。

3.5.2　出现本规范第 3.5.1 条未列的项目，应根据省级政府或省级有关权力部门的规定列项。

3.6　税　金　项　目　清　单

3.6.1　税金项目清单应包括下列内容：

1　营业税；

2　城市维护建设税；

3　教育费附加。

3.6.2　出现本规范第 3.6.1 条未列的项目，应根据税务部门的规定列项。

4　工 程 量 清 单 计 价

4.1　一　般　规　定

4.1.1　采用工程量清单计价，建设工程造价由分部分项工程费、措施项目费、其他项目费、规费和税金组成。

4.1.2　分部分项工程量清单应采用综合单价计价。

4.1.3　招标文件中的工程量清单标明的工程量是投标人投标报价的共同基础，竣工结算的工程量按发、承包双方在合同中约定应予计量且实际完成的工程量确定。

4.1.4　措施项目清单计价应根据拟建工程的施工组织设计，可以计算工程量的措施项目，应按分部分项工程量清单的方式采用综合单价计价；其余的措施项目可以"项"为单位的方式计价，应包括除规费、税金外的全部费用。

4.1.5　措施项目清单中的安全文明施工费应按照国家或省级、行业建设主管部门的规定计价，不得作为竞争性费用。

4.1.6　其他项目清单应根据工程特点和本规范第 4.2.6、4.3.6、4.8.6 条的规定计价。

4.1.7　招标人在工程量清单中提供了暂估价的材料和专业工程属于依法必须招标的，由承包人和招标人共同通过招标确定材料单价与专业工程分包价。

若材料不属于依法必须招标的，经发、承包双方协商确认单价后计价。

若专业工程不属于依法必须招标的，由发包人、总承包人与分包人按有关计价依据进计价。

4.1.8　规费和税金应按国家或省级、行业建设主管部门的规定计算，不得作为竞争性费用。

4.1.9　采用工程量清单计价的工程，应在招标文件或合同中明确风险内容及其范围（幅度），不得采用无限风险、所有风险或类似语句规定风险内容及其范围（幅度）。

4.2　招标控制价

4.2.1　国有资金投资的工程建设项目应实行工程量清单招标，并应编制招标控制价。招标控制价超过批准的概算时，招标人应将其报原概算审批部门审核。投标人的投标报价高于招标控制价的，其投标应予以拒绝。

4.2.2　招标控制价应由具有编制能力的招标人，或受其委托具有相应资质的工程造价咨询人编制。

4.2.3　招标控制价应根据下列依据编制：

1　本规范；

2　国家或省级、行业建设主管部门颁发的计价定额和计价办法；

3　建设工程设计文件及相关资料；

4　招标文件中的工程量清单及有关要求；

5　与建设项目相关的标准、规范、技术资料；

6　工程造价管理机构发布的工程造价信息；工程造价信息没有发布的参照市场价；

7　其他的相关资料。

4.2.4　分部分项工程费应根据招标文件中的分部分项工程量清单项目的特征描述及有关要求，按本规范第4.2.3条的规定确定综合单价计算。

综合单价中应包括招标文件中要求投标人承担的风险费用。

招标文件提供了暂估单价的材料，按暂估的单价计入综合单价。

4.2.5　措施项目费应根据招标文件中的措施项目清单按本规范第4.1.4、4.1.5和4.2.3条的规定计价。

4.2.6　其他项目费应按下列规定计价：

1　暂列金额应根据工程特点，按有关计价规定估算；

2　暂估价中的材料单价应根据工程造价信息或参照市场价格估算；暂估价中的专业工程金额应分不同专业，按有关计价规定估算；

3　计日工应根据工程特点和有关计价依据计算；

4　总承包服务费应根据招标文件列出的内容和要求估算。

4.2.7　规费和税金应按本规范第4.1.8条的规定计算。

4.2.8　招标控制价应在招标时公布，不应上调或下浮，招标人应将招标控制价及有关资料报送工程所在地工程造价管理机构备查。

4.2.9　投标人经复核认为招标人公布的招标控制价未按照本规范的规定进行编制的，应在开标前5天向招投标监督机构或（和）工程造价管理机构投诉。

招投标监督机构应会同工程造价管理机构对投诉进行处理，发现确有错误的，应责成招标人修改。

4.3　投标价

4.3.1　除本规范强制性规定外，投标价由投标人自主确定，但不得低于成本。

投标价应由投标人或受其委托具有相应资质的工程造价咨询人编制。

4.3.2 投标人应按招标人提供的工程量清单填报价格。填写的项目编码、项目名称、项目特征、计量单位、工程量必须与招标人提供的一致。

4.3.3 投标报价应根据下列依据编制：

1 本规范；

2 国家或省级、行业建设主管部门颁发的计价办法；

3 企业定额，国家或省级、行业建设主管部门颁发的计价定额；

4 招标文件、工程量清单及其补充通知、答疑纪要；

5 建设工程设计文件及相关资料；

6 施工现场情况、工程特点及拟定的投标施工组织设计或施工方案；

7 与建设项目相关的标准、规范等技术资料；

8 市场价格信息或工程造价管理机构发布的工程造价信息；

9 其他的相关资料。

4.3.4 分部分项工程费应依据本规范第 2.0.4 条综合单价的组成内容，按招标文件中分部分项工程量清单项目的特征描述确定综合单价计算。

综合单价中应考虑招标文件中要求投标人承担的风险费用。

招标文件中提供了暂估单价的材料，按暂估的单价计入综合单价。

4.3.5 投标人可根据工程实际情况结合施工组织设计，对招标人所列的措施项目进行增补。

措施项目费应根据招标文件中的措施项目清单及投标时拟定的施工组织设计或施工方案按本规范第 4.1.4 条的规定自主确定。其中安全文明施工费应按照本规范第 4.1.5 条的规定确定。

4.3.6 其他项目费应按下列规定报价：

1 暂列金额应按招标人在其他项目清单中列出的金额填写；

2 材料暂估价应按招标人在其他项目清单中列出的单价计入综合单价；专业工程暂估价应按招标人在其他项目清单中列出的金额填写；

3 计日工按招标人在其他项目清单中列出的项目和数量，自主确定综合单价并计算计日工费用；

4 总承包服务费根据招标文件中列出的内容和提出的要求自主确定。

4.3.7 规费和税金应按本规范第 4.1.8 条的规定确定。

4.3.8 投标总价应当与分部分项工程费、措施项目费、其他项目费和规费、税金的合计金额一致。

4.4 工程合同价款的约定

4.4.1 实行招标的工程合同价款应在中标通知书发出之日起 30 天内，由发、承包双方依据招标文件和中标人的投标文件在书面合同中约定。

不实行招标的工程合同价款，在发、承包双方认可的工程价款基础上，由发、承包双方在合同中约定。

4.4.2 实行招标的工程，合同约定不得违背招、投标文件中关于工期、造价、质量等方面的实质性内容。招标文件与中标人投标文件不一致的地方，以投标文件为准。

4.4.3 实行工程量清单计价的工程，宜采用单价合同。

4.4.4 发、承包双方应在合同条款中对下列事项进行约定；合同中没有约定或约定不明的，由双方协商确定；协商不能达成一致的，按本规范执行。

1 预付工程款的数额、支付时间及抵扣方式；

2 工程计量与支付工程进度款的方式、数额及时间；

3 工程价款的调整因素、方法、程序、支付及时间；

4 索赔与现场签证的程序、金额确认与支付时间；

5 发生工程价款争议的解决方法及时间；

6 承担风险的内容、范围以及超出约定内容、范围的调整办法；

7 工程竣工价款结算编制与核对、支付及时间；

8 工程质量保证（保修）金的数额、预扣方式及时间；

9 与履行合同、支付价款有关的其他事项等。

4.5 工程计量与价款支付

4.5.1 发包人应按照合同约定支付工程预付款。支付的工程预付款，按照合同约定在工程进度款中抵扣。

4.5.2 发包人支付工程进度款，应按照合同约定计量和支付，支付周期同计量周期。

4.5.3 工程计量时，若发现工程量清单中出现漏项、工程量计算偏差，以及工程变更引起工程量的增减，应按承包人在履行合同义务过程中实际完成的工程量计算。

4.5.4 承包人应按照合同约定，向发包人递交已完工程量报告。发包人应在接到报告后按合同约定进行核对。

4.5.5 承包人应在每个付款周期末，向发包人递交进度款支付申请，并附相应的证明文件。除合同另有约定外，进度款支付申请应包括下列内容：

1 本周期已完成工程的价款；

2 累计已完成的工程价款；

3 累计已支付的工程价款；

4 本周期已完成计日工金额；

5 应增加和扣减的变更金额；

6 应增加和扣减的索赔金额；

7 应抵扣的工程预付款；

8 应扣减的质量保证金；

9 根据合同应增加和扣减的其他金额；

10 本付款周期实际应支付的工程价款。

4.5.6 发包人在收到承包人递交的工程进度款支付申请及相应的证明文件后，发包人应在合同约定时间内核对和支付工程进度款。发包人应扣回的工程预付款，与工程进度款同期结算抵扣。

4.5.7 发包人未在合同约定时间内支付工程进度款，承包人应及时向发包人发出要求付款的通知，发包人收到承包人通知后仍不按要求付款，可与承包人协商签订延期付款协议，经承包人同意后延期支付。协议应明确延期支付的时间和从付款申请生效后按同期银行贷款利率计算应付款的利息。

4.5.8 发包人不按合同约定支付工程进度款，双方又未达成延期付款协议，导致施工无法进行时，承包人可停止施工，由发包人承担违约责任。

4.6 索 赔 与 现 场 签 证

4.6.1 合同一方向另一方提出索赔时，应有正当的索赔理由和有效证据，并应符合合同的相关约定。

4.6.2 若承包人认为非承包人原因发生的事件造成了承包人的经济损失，承包人应在确认该事件发生后，按合同约定向发包人发出索赔通知。

发包人在收到最终索赔报告后并在合同约定时间内，未向承包人作出答复，视为该项索赔已经认可。

4.6.3 承包人索赔按下列程序处理：

1 承包人在合同约定的时间内向发包人递交费用索赔意向通知书；

2 发包人指定专人收集与索赔有关的资料；

3 承包人在合同约定的时间内向发包人递交费用索赔申请表；

4 发包人指定的专人初步审查费用索赔申请表，符合本规范第 4.6.1 条规定的条件时予以受理；

5 发包人指定的专人进行费用索赔核对，经造价工程师复核索赔金额后，与承包人协商确定并由发包人批准；

6 发包人指定的专人应在合同约定的时间内签署费用索赔审批表，或发出要求承包人提交有关索赔的进一步详细资料的通知，待收到承包人提交的详细资料后，按本条第 4、5 款的程序进行。

4.6.4 若承包人的费用索赔与工程延期索赔要求相关联时，发包人在作出费用索赔的批准决定时，应结合工程延期的批准，综合作出费用索赔和工程延期的决定。

4.6.5 若发包人认为由于承包人的原因造成额外损失，发包人应在确认引起索赔的事件后，按合同约定向承包人发出索赔通知。

承包人在收到发包人索赔通知后并在合同约定时间内，未向发包人作出答复，视为该项索赔已经认可。

4.6.6 承包人应发包人要求完成合同以外的零星工作或非承包人责任事件发生时，承包人应按合同约定及时向发包人提出现场签证。

4.6.7 发、承包双方确认的索赔与现场签证费用与工程进度款同期支付。

4.7 工 程 价 款 调 整

4.7.1 招标工程以投标截止日前 28 天，非招标工程以合同签订前 28 天为基准日，其后国家的法律、法规、规章和政策发生变化影响工程造价的，应按省级或行业建设主管部门或其授权的工程造价管理机构发布的规定调整合同价款。

4.7.2 若施工中出现施工图纸（含设计变更）与工程量清单项目特征描述不符的，发、承包双方应按新的项目特征确定相应工程量清单项目的综合单价。

4.7.3 因分部分项工程量清单漏项或非承包人原因的工程变更，造成增加新的工程量清单项目，其对应的综合单价按下列方法确定：

1 合同中已有适用的综合单价，按合同中已有的综合单价确定；

2 合同中有类似的综合单价，参照类似的综合单价确定；

3 合同中没有适用或类似的综合单价，由承包人提出综合单价，经发包人确认后执行。

4.7.4 因分部分项工程量清单漏项或非承包人原因的工程变更，引起措施项目发生变化，造成施工组织设计或施工方案变更，原措施费中已有的措施项目，按原措施费的组价方法调整；原措施费中没有的措施项目，由承包人根据措施项目变更情况，提出适当的措施费变更，经发包人确认后调整。

4.7.5 因非承包人原因引起的工程量增减，该项工程量变化在合同约定幅度以内的，应执行原有的综合单价；该项工程量变化在合同约定幅度以外的，其综合单价及措施项目费应予以调整。

4.7.6 若施工期内市场价格波动超出一定幅度时，应按合同约定调整工程价款；合同没有约定或约定不明确的，应按省级或行业建设主管部门或其授权的工程造价管理机构的规定调整。

4.7.7 因不可抗力事件导致的费用，发、承包双方应按以下原则分别承担并调整工程价款。

1 工程本身的损害、因工程损害导致第三方人员伤亡和财产损失以及运至施工场地用于施工的材料和待安装的设备的损害，由发包人承担；

2 发包人、承包人人员伤亡由其所在单位负责，并承担相应费用；

3 承包人的施工机械设备损坏及停工损失，由承包人承担；

4 停工期间，承包人应发包人要求留在施工场地的必要的管理人员及保卫人员的费用，由发包人承担；

5 工程所需清理、修复费用，由发包人承担。

4.7.8 工程价款调整报告应由受益方在合同约定时间内向合同的另一方提出，经对方确认后调整合同价款。受益方未在合同约定时间内提出工程价款调整报告的，视为不涉及合同价款的调整。

收到工程价款调整报告的一方应在合同约定时间内确认或提出协商意见，否则，视为工程价款调整报告已经确认。

4.7.9 经发、承包双方确定调整的工程价款，作为追加（减）合同价款与工程进度款同期支付。

4.8 竣 工 结 算

4.8.1 工程完工后，发、承包双方应在合同约定时间内办理工程竣工结算。

4.8.2 工程竣工结算由承包人或受其委托具有相应资质的工程造价咨询人编制，由发包人或受其委托具有相应资质的工程造价咨询人核对。

4.8.3 工程竣工结算应依据：

1 本规范；

2 施工合同；

3 工程竣工图纸及资料；

4 双方确认的工程量；

5 双方确认追加（减）的工程价款；

6 双方确认的索赔、现场签证事项及价款；

7 投标文件；

8 招标文件；

9 其他依据。

4.8.4 分部分项工程费应依据双方确认的工程量、合同约定的综合单价计算；如发生调整的，以发、承包双方确认调整的综合单价计算。

4.8.5 措施项目费应依据合同约定的项目和金额计算；如发生调整的，以发、承包双方确认调整的金额计算，其中安全文明施工费应按本规范第4.1.5条的规定计算。

4.8.6 其他项目费用应按下列规定计算：

1 计日工应按发包人实际签证确认的事项计算；

2 暂估价中的材料单价应按发、承包双方最终确认价在综合单价中调整；专业工程暂估价应按中标价或发包人、承包人与分包人最终确认价计算；

3 总承包服务费应依据合同约定金额计算，如发生调整的，以发、承包双方确认调整的金额计算；

4 索赔费用应依据发、承包双方确认的索赔事项和金额计算；

5 现场签证费用应依据发、承包双方签证资料确认的金额计算；

6 暂列金额应减去工程价款调整与索赔、现场签证金额计算，如有余额归发包人。

4.8.7 规费和税金应按本规范第4.1.8条的规定计算。

4.8.8 承包人应在合同约定时间内编制完成竣工结算书，并在提交竣工验收报告的同时递交给发包人。

承包人未在合同约定时间内递交竣工结算书，经发包人催促后仍未提供或没有明确答复的，发包人可以根据已有资料办理结算。

4.8.9 发包人在收到承包人递交的竣工结算书后，应按合同约定时间核对。

同一工程竣工结算核对完成，发、承包双方签字确认后，禁止发包人又要求承包人与另一个或多个工程造价咨询人重复核对竣工结算。

4.8.10 发包人或受其委托的工程造价咨询人收到承包人递交的竣工结算书后，在合同约定时间内，不核对竣工结算或未提出核对意见的，视为承包人递交的竣工结算书已经认可，发包人应向承包人支付工程结算价款。

承包人在接到发包人提出的核对意见后，在合同约定时间内，不确认也未提出异议的，视为发包人提出的核对意见已经认可，竣工结算办理完毕。

4.8.11 发包人应对承包人递交的竣工结算书签收，拒不签收的，承包人可以不交付竣工工程。

承包人未在合同约定时间内递交竣工结算书的，发包人要求交付竣工工程，承包人应当交付。

4.8.12　竣工结算办理完毕，发包人应将竣工结算书报送工程所在地工程造价管理机构备案。竣工结算书作为工程竣工验收备案、交付使用的必备文件。

4.8.13　竣工结算办理完毕，发包人应根据确认的竣工结算书在合同约定时间内向承包人支付工程竣工结算价款。

4.8.14　发包人未在合同约定时间内向承包人支付工程结算价款的，承包人可催告发包人支付结算价款。如达成延期支付协议的，发包人应按同期银行同类贷款利率支付拖欠工程价款的利息。如未达成延期支付协议，承包人可以与发包人协商将该工程折价，或申请人民法院将该工程依法拍卖，承包人就该工程折价或者拍卖的价款优先受偿。

4.9　工程计价争议处理

4.9.1　在工程计价中，对工程造价计价依据、办法以及相关政策规定发生争议事项的，由工程造价管理机构负责解释。

4.9.2　发包人以对工程质量有异议，拒绝办理工程竣工结算的，已竣工验收或已竣工未验收但实际投入使用的工程，其质量争议按该工程保修合同执行，竣工结算按合同约定办理；已竣工未验收且未实际投入使用的工程以及停工、停建工程的质量争议，双方应就有争议的部分委托有资质的检测鉴定机构进行检测，根据检测结果确定解决方案，或按工程质量监督机构的处理决定执行后办理竣工结算，无争议部分的竣工结算按合同约定办理。

4.9.3　发、承包双方发生工程造价合同纠纷时，应通过下列办法解决：

　　1　双方协商；

　　2　提请调解，工程造价管理机构负责调解工程造价问题；

　　3　按合同约定向仲裁机构申请仲裁或向人民法院起诉。

4.9.4　在合同纠纷案件处理中，需作工程造价鉴定的，应委托具有相应资质的工程造价咨询人进行。

5　工程量清单计价表格

5.1　计价表格组成

5.1.1　封面：

　　1　工程量清单：封-1

　　2　招标控制价：封-2

　　3　投标总价：封-3

　　4　竣工结算总价：封-4

5.1.2　总说明：表-01

5.1.3　汇总表：

　　1　工程项目招标控制价/投标报价汇总表：表-02

　　2　单项工程招标控制价/投标报价汇总表：表-03

　　3　单位工程招标控制价/投标报价汇总表：表-04

　　　　_____工程

工 程 量 清 单

工程造价
招　标　人：_____　咨　询　人：_____
　　　　　（单位盖章）　　　　　　　　　　　　　（单位资质专用章）

法定代表人　　　　　　　　　　　　　法定代表人
或其授权人：_____　或其授权人：_____
　　　　　（签字或盖章）　　　　　　　　　　　　（签字或盖章）

编　制　人：_____　复　核　人：_____
　　　　（造价人员签字盖专用章）　　　　　　　（造价工程师签字盖专用章）

编制时间：　　年　　月　　日　　复核时间：　　年　　月　　日

_____工程

招 标 控 制 价

招标控制价(小写):_____

（大写）:_____

工 程 造 价

招 标 人:_____ 咨 询 人:_____

（单位盖章）   （单位资质专用章）

法定代表人   法定代表人

或其授权人:_____ 或其授权人:_____

（签字或盖章）   （签字或盖章）

编 制 人:_____ 复 核 人:_____

（造价人员签字盖专用章）   （造价工程师签字盖专用章）

编 制 时 间: 年 月 日   复 核 时 间: 年 月 日

封-2

投 标 总 价

招 标 人:_____

工 程 名 称:_____

投 标 总 价(小写):_____

（大写）:_____

投 标 人:_____

（单位盖章）

法定代表人

或其授权人:_____

（签字或盖章）

编 制 人:_____

（造价人员签字盖专用章）

编 制 时 间: 年 月 日

封-3

_____工程

竣 工 结 算 总 价

中标价（小写）：_____ （大写）：_____
结算价（小写）：_____ （大写）：_____

发 包 人：_____ 承 包 人：_____ 工 程 造 价
咨 询 人：_____
　　　　　（单位盖章）　　　　　　　　　（单位盖章）　　　　　　　　（单位资质专用章）

法定代表人　　　　　　　　　 法定代表人　　　　　　　　　 法定代表人
或其授权人：_____ 或其授权人：_____ 或其授权人：_____
　　　　　（签字或盖章）　　　　　　　　（签字或盖章）　　　　　　　　（签字或盖章）

编 制 人：_____ 核 对 人：_____
　　　　　（造价人员签字盖专用章）　　　　　　　　（造价工程师签字盖专用章）

编 制 时 间：　年　月　日　　核 对 时 间：　年　月　日

封－4

总 说 明

工程名称：　　　　　　　　　　　　　　　　　　　　　　　　第　页　共　页

表－01

工程项目招标控制价/投标报价汇总表

工程名称：   第 页 共 页

序 号	单项工程名称	金额（元）	其 中		
			暂估价（元）	安全文明施工费（元）	规费（元）
合 计					

注 本表适用于工程项目招标控制价或投标报价的汇总。

表-02

单项工程招标控制价/投标报价汇总表

工程名称：   第 页 共 页

序 号	单项工程名称	金额（元）	其 中		
			暂估价（元）	安全文明施工费（元）	规费（元）
合 计					

注 本表适用于单项工程招标控制价或投标报价的汇总。暂估价包括分部分项工程中的暂估价和专业工程暂估价。

表-03

单位工程招标控制价/投标报价汇总表

工程名称：　　　　　　　　标段：　　　　　　　　第　页　共　页

序　号	汇　总　内　容	金额（元）	其中：暂估价（元）
1	分部分项工程		
1.1			
1.2			
1.3			
1.4			
1.5			
2	措施项目		
2.1	安全文明施工费		
3	其他项目		
3.1	暂列金额		
3.2	专业工程暂估价		
3.3	计日工		
3.4	总承包服务费		
4	规费		
5	税金		
招标控制价合计＝1＋2＋3＋4＋5			

注　本表适用于单位工程招标控制价或投标报价的汇总，如无单位工程划分，单项工程也使用本表汇总。

表-04

工程项目竣工结算汇总表

工程名称：　　　　　　　　　　　　　　　　　　第　页　共　页

序　号	单项工程名称	金额（元）	其　中	
			安全文明施工费（元）	规费（元）
	合　　计			

表-05

单项工程竣工结算汇总表

工程名称： 第 页 共 页

序 号	单项工程名称	金额（元）	其 中	
			安全文明施工费（元）	规费（元）
合 计				

表-06

单位工程竣工结算汇总表

工程名称： 标段： 第 页 共 页

序 号	汇 总 内 容	金额（元）
1	分部分项工程	
1.1		
1.2		
1.4		
1.5		
2	措施项目	
2.1	安全文明施工费	
3	其他项目	
3.1	专业工程结算价	
3.2	计日工	
3.3	总承包服务费	
3.4	索赔与现场签证	
4	规费	
5	税金	
竣工结算总价合计＝1＋2＋3＋4＋5		

注 如无单位工程划分，单项工程也使用本表汇总。

表-07

分部分项工程量清单与计价表

工程名称：　　　　　　　　　　标段：　　　　　　　　　第　页 共　页

序号	项目编码	项目名称	项目特征描述	计量单位	工程量	金额（元）		
						综合单价	合价	其中：暂估价
		本页小计						
		合　　计						

注 根据建设部、财政部发布的《建筑安装工程费用组成》（建标〔2003〕206号）的规定，为计取规费等的使用，可在表中增设其中："直接费"、"人工费"或"人工费＋机械费"。

表-08

257

工程量清单综合单价分析表

工程名称：　　　　　　　　　　标段：　　　　　　　　第 页 共 页

项目编码				项目名称				计量单位			
清单综合单价组成明细											
定额编号	定额名称	定额单位	数量	单 价				合 价			
				人工费（元）	材料费（元）	机械费（元）	管理费和利润（元）	人工费（元）	材料费（元）	机械费（元）	管理费和利润（元）
人工单价		小　计									
元/工日		未计价材料费									
清单项目综合单价											

	主要材料名称、规格、型号	单位	数量	单价（元）	合价（元）	暂估单价（元）	暂估合价（元）
材料费明细							
	其他材料费			—		—	
	材料费小计			—		—	

注　1. 如不使用省级或行业建设主管部门发布的计价依据，可不填定额项目、编号等。
　　2. 招标文件提供了暂估单价的材料，按暂估的单价填入表内"暂估单价"栏及"暂估合价"栏。

表-09

258

措施项目清单与计价表（一）

工程名称：　　　　　　　　　　标段：　　　　　　　第 页 共 页

序 号	项目名称	计 算 基 础	费 率（%）	金 额（元）
1	安全文明施工费			
2	夜间施工费			
3	二次搬运费			
4	冬雨季施工			
5	大型机械设备进出场及安拆费			
6	施工排水			
7	施工降水			
8	地上、地下设施、建筑物的临时保护设施			
9	已完工程及设备保护			
10	各专业工程的措施项目			
11				
12				
	合　　　计			

注　1. 本表适用于以"项"计价的措施项目。

　　2. 根据建设部、财政部发布的《建筑安装工程费用组成》（建标〔2003〕206 号）的规定，"计算基础"可为"直接费"、"人工费"或"人工费＋机械费"。

表-10

措施项目清单与计价表（二）

工程名称：　　　　　　　　　　标段：　　　　　　　第 页 共 页

序号	项目编码	项目名称	项目特征描述	计量单位	工程量	金 额（元）	
						综合单价	合价
				本页小计			
				合　　计			

注　本表适用于以综合单价形式计价的措施项目。

表-11

其他项目清单与计价汇总表

工程名称：　　　　　　　　　　　　标段：　　　　　　　　　　第　页　共　页

序　号	项目名称	计量单位	金　额（元）	备　注
1	暂列金额			明细详见 表-12-1
2	暂估价			
2.1	材料暂估价			明细详见 表-12-2
2.2	专业工程暂估价			明细详见 表-12-3
3	计日工			明细详见 表-12-4
4	总承包服务费			明细详见 表-12-5
5				
	合　计			—

注　材料暂估单价进入清单项目综合单价，此处不汇总。

表-12

暂 列 金 额 明 细 表

工程名称：　　　　　　　　　　　　标段：　　　　　　　　　　第　页　共　页

序　号	项目名称	计量单位	暂定金额（元）	备　注
1				
2				
3				
4				
5				
6				
7				
8				
9				
10				
11				
	合　计			—

注　此表由招标人填写，如不能详列，也可只列暂定金额总额，投标人应将上述暂列金额计入投标总价中。

表-12-1

材 料 暂 估 单 价 表

工程名称：   标段：   第 页 共 页

序 号	材料名称、规格、型号	计量单位	单价（元）	备 注

注   1. 此表由招标人填写，并在备注栏说明暂估价的材料拟用在哪些清单项目上，投标人应将上述材料暂估单价计入工程量清单综合单价报价中。

　　　2. 材料包括原材料、燃料、构配件以及按规定应计入建筑安装工程造价的设备。

表-12-2

专 业 工 程 暂 估 价 表

工程名称：   标段：   第 页 共 页

序 号	工 程 名 称	工 程 内 容	金额（元）	备 注
合　计				

注   此表由招标人填写，投标人应将上述专业工程暂估价计入投标总价中。

表-12-3

计 日 工 表

工程名称：　　　　　　　　　　标段：　　　　　　　　　第 页 共 页

编号	项目名称	单位	暂定数量	综合单价	合价
一	人 工				
1					
2					
3					
4					
人 工 小 计					
二	材 料				
1					
2					
3					
4					
5					
6					
材 料 小 计					
三	施工机械				
1					
2					
3					
4					
施工机械小计					
总　计					

注　此表项目名称、数量由招标人填写，编制招标控制价时，单价由招标人按有关计价规定确定；投标时，单价由
　投标人自主报价，计入投标总价中。

表-12-4

总承包服务费计价表

工程名称： 标段： 第 页 共 页

序号	项 目 名 称	项目价值（元）	服务内容	费率（%）	金额（元）
1	发包人发包专业工程				
2	发包人供应材料				
	合　计				

表-12-5

索赔与现场签证计价汇总表

工程名称： 标段： 第 页 共 页

序号	签证及索赔项目名称	计量单位	数量	单价（元）	合价（元）	索赔及签证依据
	本页小计					—
	合　计					—

注 签证及索赔依据是指经双方认可的签证单和索赔依据的编号。

表-12-6

费用索赔申请（核准）表

工程名称： 　　　　　　　　　标段： 　　　　　　　　编号：

致：　　　　　　　　　　　　　　　　　　　　　　　　　　　　　　　　（发包人全称）

根据施工合同条款第＿＿＿＿条的约定，由于＿＿＿＿＿＿原因，我方要求索赔金额（大写）＿＿＿＿＿＿＿＿＿

元，（小写）＿＿＿＿＿＿元，请予核准。

附：1. 费用索赔的详细理由和依据：

2. 索赔金额的计算：

3. 证明材料：

承包人（章）

承包人代表＿＿＿＿＿＿

日　　　期＿＿＿＿＿＿

复核意见：	复核意见：
根据施工合同条款第＿＿＿＿＿＿条的约定，你方提出的费用索赔申请经复核： □不同意此项索赔，具体意见见附件。 □同意此项索赔，索赔金额的计算，由造价工程师复核。 　　　　　　　　　　监理工程师＿＿＿＿＿ 　　　　　　　　　　日　　　期＿＿＿＿＿	根据施工合同条款第＿＿＿＿条的约定，你方提出的费用索赔申请经复核，索赔金额为（大写）＿＿＿＿＿＿元，（小写）＿＿＿＿元。 　　　　　　　　　　造价工程师＿＿＿＿＿ 　　　　　　　　　　日　　　期＿＿＿＿＿

审核意见：

□不同意此项索赔。

□同意此项索赔，与本期进度款同期支付。

发包人（章）

发包人代表＿＿＿＿＿＿

日　　　期＿＿＿＿＿＿

注　1. 在选择栏中的"□"内作标识"√"。

2. 本表一式四份，由承包人填报，发包人、监理人、造价咨询人、承包人各存一份。

表-12-7

现 场 签 证 表

工程名称：　　　　　　　　　　标段：　　　　　　　　　　编号：

施工部位		日　期	

致：＿＿＿＿＿＿＿＿＿＿＿＿＿＿＿＿＿＿＿＿＿＿＿＿（发包人全称）

　　根据＿＿＿＿（指令人姓名）　年　月　日的口头指令或你方＿＿＿＿＿＿＿（或监理人）　年　月　日的书面通知，我方要求完成此项工作应支付价款金额为（大写）＿＿＿＿＿＿＿＿＿元，（小写）＿＿＿＿＿元，请予核准。

附：1. 签证事由及原因：

　　2. 附图及计算式：

　　　　　　　　　　　　　　　　　　　　　　　　　承包人（章）

　　　　　　　　　　　　　　　　　　　　　　　　　承包人代表＿＿＿＿＿＿＿

　　　　　　　　　　　　　　　　　　　　　　　　　日　　期＿＿＿＿＿＿＿

复核意见：

　　你方提出的此项签证申请经复核：

　　□不同意此项签证，具体意见见附件。

　　□同意此项签证，签证金额的计算，由造价工程师复核。

　　　　　　　　　　　　监理工程师＿＿＿＿＿＿＿

　　　　　　　　　　　　日　　期＿＿＿＿＿＿＿

复核意见：

　　□此项签证按承包人中标的计日工单价计算，金额为（大写）＿＿＿＿＿＿＿元，（小写）＿＿＿＿＿＿＿元。

　　□此项签证因无计日工单价，金额为（大写）＿＿＿＿＿＿＿元，（小写）＿＿＿＿＿元。

　　　　　　　　　　　　造价工程师＿＿＿＿＿＿＿

　　　　　　　　　　　　日　　期＿＿＿＿＿＿＿

审核意见：

　　□不同意此项签证。

　　□同意此项签证，价款与本期进度款同期支付。

　　　　　　　　　　　　　　　　　　　　　　　　　发包人（章）

　　　　　　　　　　　　　　　　　　　　　　　　　发包人代表＿＿＿＿＿＿＿

　　　　　　　　　　　　　　　　　　　　　　　　　日　　期＿＿＿＿＿＿＿

注　1. 在选择栏中的"□"内作标识"√"。

　　2. 本表一式四份，由承包人在收到发包人（监理人）的口头或书面通知后填写，发包人、监理人、造价咨询人、承包人各存一份。

表-12-8

规费、税金项目清单与计价表

工程名称：　　　　　　　　　　　　标段：　　　　　　　　　　　　第　页　共　页

序　号	项 目 名 称	计 算 基 础	费率（％）	金额（元）
1	规费			
1.1	工程排污费			
1.2	社会保障费			
（1）	养老保险费			
（2）	失业保险费			
（3）	医疗保险费			
1.3	住房公积金			
1.4	危险作业意外伤害保险			
1.5	工程定额测定费			
2	税金	分部分项工程费＋措施项目费＋其他项目费＋规费		
	合　　计			

注 根据建设部、财政部发布的《建筑安装工程费用组成》（建标〔2003〕206 号）的规定，"计算基础"可为"直接费"、"人工费"或"人工费＋机械费"。

表-13

工程款支付申请（核准）表

工程名称：　　　　　　　　　　标段：　　　　　　　　　　　编号：

致			（发包人全称）

我方于＿＿＿＿＿至＿＿＿＿＿期间已完成了＿＿＿＿＿工作，根据施工合同的约定，现申请支付本期的工程款额（大写）＿＿＿＿＿元，（小写）＿＿＿＿＿元，请予核准。

序　号	名　　称	金额（元）	备　注
1	累计已完成的工程价款		
2	累计已实际支付的工程价款		
3	本周期已完成的工程价款		
4	本周期完成的计日工金额		
5	本周期应增加和扣减的变更金额		
6	本周期应增加和扣减的索赔金额		
7	本周期应抵扣的预付款		
8	本周期应扣减的质保金		
9	本周期应增加或扣减的其他金额		
10	本周期实际应支付的工程价款		

承包人（章）

承包人代表＿＿＿＿＿＿

日　　期＿＿＿＿＿＿

复核意见： □与实际施工情况不相符，修改意见见附表。 □与实际施工情况相符，具体金额由造价工程师复核。 　　　　　监理工程师＿＿＿＿＿＿ 　　　　　日　　期＿＿＿＿＿＿	复核意见： 　　　你方提出的支付申请经复核，本期间已完成工程款额为（大写）＿＿＿＿＿元，（小写）＿＿＿＿＿元，本期间应支付金额为（大写）＿＿＿＿＿元，（小写）＿＿＿＿＿元。 　　　　　造价工程师＿＿＿＿＿＿ 　　　　　日　　期＿＿＿＿＿＿

审核意见

□不同意。

□同意，支付时间为本表签发后的 15 天内。

发包人（章）

发包人代表＿＿＿＿＿＿

日　　期＿＿＿＿＿＿

注　1. 在选择栏中的"□"内作标识"√"。

　　2. 本表一式四份，由承包人填报，发包人、监理人、造价咨询人、承包人各存一份。

表-14

5.2 计价表格使用规定

5.2.1 工程量清单与计价宜采用统一格式。各省、自治区、直辖市建设行政主管部门和行业建设主管部门可根据本地区、本行业的实际情况，在本规范计价表格的基础上补充完善。

5.2.2 工程量清单的编制应符合下列规定：

1 工程量清单编制使用表格包括：封-1、表-01、表-08、表-10、表-11、表-12（不含表-12-6～表-12-8）、表-13。

2 封面应按规定的内容填写、签字、盖章，造价员编制的工程量清单应有负责审核的造价工程师签字、盖章。

3 总说明应按下列内容填写：

1) 工程概况：建设规模、工程特征、计划工期、施工现场实际情况、自然地理条件、环境保护要求等。

2) 工程招标和分包范围。

3) 工程量清单编制依据。

4) 工程质量、材料、施工等的特殊要求。

5) 其他需要说明的问题。

5.2.3 招标控制价、投标报价、竣工结算的编制应符合下列规定：

1 使用表格：

1) 招标控制价使用表格包括：封-2、表-01、表-02、表-03、表-04、表-08、表-09、表-10、表-11、表-12（不含表-12-6～表-12-8）、表-13。

2) 投标报价使用的表格包括：封-3、表-01、表-02、表-03、表-04、表-08、表-09、表-10、表-11、表-12（不含表-12-6～表-12-8）、表-13。

3) 竣工结算使用的表格包括：封-4、表-01、表-05、表-06、表-07、表-08、表-09、表-10、表-11、表-12、表-13、表-14。

2 封面应按规定的内容填写、签字、盖章，除承包人自行编制的投标报价和竣工结算外，受委托编制的招标控制价、投标报价、竣工结算若为造价员编制的，应有负责审核的造价工程师签字、盖章以及工程造价咨询人盖章。

3 总说明应按下列内容填写：

1) 工程概况：建设规模、工程特征、计划工期、合同工期、实际工期、施工现场及变化情况、施工组织设计的特点、自然地理条件、环境保护要求等。

2) 编制依据等。

5.2.4 投标人应按招标文件的要求，附工程量清单综合单价分析表。

5.2.5 工程量清单与计价表中列明的所有需要填写的单价和合价，投标人均应填写，未填写的单价和合价，视为此项费用已包含在工程量清单的其他单价和合价中。

参 考 文 献

［1］ 钱昆润，戴望炎，沈杰．建筑工程定额与预算．南京：东南大学出版社，2003．

［2］ 山东省建设厅编．山东省建筑工程消耗量定额．北京：中国建筑工业出版社，2003．

［3］ 王广月，张敬明，徐赟，等．建筑工程定额与工程量清单计价．北京：中国水利水电出版社，2005．

［4］ 王广月，王银山，王宗文，等．建设工程概预算与招标投标．北京：石油工业出版社，2002．

［5］ 黄伟典．建筑工程计量与计价．北京：中国电力出版社，2007．

［6］ 孙震．建筑工程概预算与工程量清单计价．北京：人民交通出版社，2003．

［7］ 张志勇．建筑工程监理造价建造案例分析．北京：中国环境科学出版社，2004．

［8］ GB 50500—2008 建设工程工程量清单计价规范．北京：中国计划出版社，2008．

［9］ 山东省建设厅．山东省建设工程工程量清单计价办法．北京：中国建筑工业出版社，2004．

［10］ 山东省标准建设定额站．山东省建设工程工程量清单计价办法应用教材，2004．

［11］ 李希伦．建设工程工程量清单计价编制实用手册．北京：中国计划出版社，2003．

［12］ 杜晓玲，廖小建，陈红艳．工程量清单及报价快速编制技巧与实例．北京：中国建筑工业出版社，2004．

［13］ 唐明怡，石志峰．建筑工程定额与预算．北京：中国水利水电出版社，知识产权出版社，2006．

［14］ 唐明怡．建筑工程定额与预算习题集．北京：中国水利水电出版社，知识产权出版社，2006．

［15］ 王秀册，于香梅．建筑工程定额与预算．北京：清华大学出版社，2006．

［16］ 工程造价员网校编．建筑工程工程量清单分部分项计价与预算定额计价对照实例讲解．北京：中国建筑工业出版社，2009．